Entwicklungsphysiologie der Tiere

von

Friedrich Seidel

II
Bildung der Körpergrundgestalt

Mit 47 Abbildungen

Zweite, neubearbeitete Auflage

1975

Walter de Gruyter · Berlin · New York

SAMMLUNG GÖSCHEN 2601

Dr. *Friedrich Seidel*
o. Prof. em. der Univ. Marburg/Lahn

ISBN 3 11 002011 4

Vorbemerkungen

Unter dem Eindruck der vielen neuen Untersuchungsmöglichkeiten zur Entwicklungsphysiologie der tierischen Morphogenese, deren Wiedergabe den ursprünglich vorgesehenen Rahmen eines GÖSCHENbandes hätte sprengen müssen, haben wir den vorliegenden Band II der „Entwicklungsphysiologie der Tiere" auf die Darstellung der „Bildung der Körpergrundgestalt" beschränkt. Die „Morphologische und histologische Differenzierung der Organe" wird in Band III abgehandelt werden. Am Ende des Band III befinden sich auch für alle drei Bände die Literaturhinweise.

Mancher Leser wird fragen, ob es nicht möglich gewesen sei, zugunsten neuer biophysikalischer und biochemischer Untersuchungsweisen die Beschreibung klassischer Fragestellungen und ihrer Lösungversuche noch mehr zusammenzudrängen und dadurch einen dritten Band zu vermeiden. Dazu sei bemerkt: Die Kluft zwischen den Ergebnissen aus einer rein biologischen Experimentierweise und einer molekularbiologischen ist heute noch außerordentlich groß. Nur sehr wenige Wege führen hin und her. Bei dieser Sachlage mußte es dem Verfasser ein wichtiges Anliegen sein, neben den Experimentalbefunden auf Molekularebene die Einsichten aus der klassischen Kausal- und Systemanalyse nicht verloren gehen zu lassen. Diese Haltung soll verhüten, daß der Leser auf Grund vorwiegend biophysikalischer und biochemischer Sehweise sich die Probleme in zu sehr einseitiger und vereinfachter Form zu eigen macht. Unter den klassischen Untersuchungsergebnissen sind diejenigen beibehalten und in genügender Ausführlichkeit geschildert, die dem Experimentator helfen können, die ganze Verwickeltheit der entwicklungsphysiologischen Systeme ständig vor Augen zu halten. Aus dieser Sicht heraus will die Darstellung den Leser befähigen, molekularbiologische Fragestellungen in angemessener Weise zu formulieren und ihre Ergebnisse systemgerecht einzuordnen.

Meinen im Vorwort zum ersten Band genannten Helfern und dem Verlag habe ich wieder außerordentlich zu danken.

Marburg/Lahn, im Dezember 1974

FRIEDRICH SEIDEL

INHALT

INHALT der Bände I–III

Erster Band

Zweiter Band

Dritter Band

3. Bildung der Körpergrundgestalt

Die allgemeinen Organisationszüge des tierischen Eies sind im ersten Band dargestellt. Daß diese ihrem Typus nach für die einzelnen Tierformen verschieden sind, ist eines der wesentlichen Ergebnisse morphologischer und entwicklungsphysiologischer Untersuchungen. Je nach der systematischen und organisatorischen Zugehörigkeit prägt sich der Typus des Eies in einer besonderen Anordnungsweise der Faktorenbereiche aus. Das Ei ist ein Organismus wie das ausgebildete Tier, nur von abgewandelter Erscheinungsform und Struktur. Ein zunächst in wenigen Richtungen festgelegtes System differenziert sich in immer mehr Bezirken, und immer deutlicher beginnen sich Gliederung und Gestalt des Elternsystems herauszuheben. Nachdem das Ei durch die Furchung in Zellen aufgeteilt und zum Stadium der Blastula gelangt ist, schreitet der Embryo entweder auf dem Wege über die Gastrula oder über eine Keimscheibe zu dem entscheidenden Entwicklungsabschnitt vor, dem der Bildung der Körpergrundgestalt. Mit dem Aufbau des Innenaußen, der Blastemschichten des Keimes, der Keimblätter, geht der des Vorn-hinten und bei Bilaterien des Rechts-links einher. Am Abschluß dieser Periode sind die wesentlichen Stammesmerkmale eines Tieres sichtbar. Entsprechend der großen Verschiedenartigkeit der Baupläne äußern sich auch die entwicklungsphysiologischen Vorgänge, die zu diesen führen, in jeweils besonderer, nicht von vornherein vergleichbarer Weise. Ihre Analyse steht noch am Anfang und vermag nur einzelne Grundvorgänge sichtbar werden zu lassen. Wollte man bei diesem Stand der Untersuchungen die Vorgänge losgelöst von ihrem zugehörigen Gefüge betrachten, könnte man sie kaum in ihrer wirklichen Bedeutung schildern und wäre allzuleicht einer vorschnellen Verallgemeinerung erlegen. So sind im folgenden zur Darstellung der wesentlichen bisher bekannten Entwicklungsreaktionen Beispiele aus vier Tierstämmen ausgewählt. Sie führen zur Ableitung einiger Entwicklungsprinzipien, die erstes

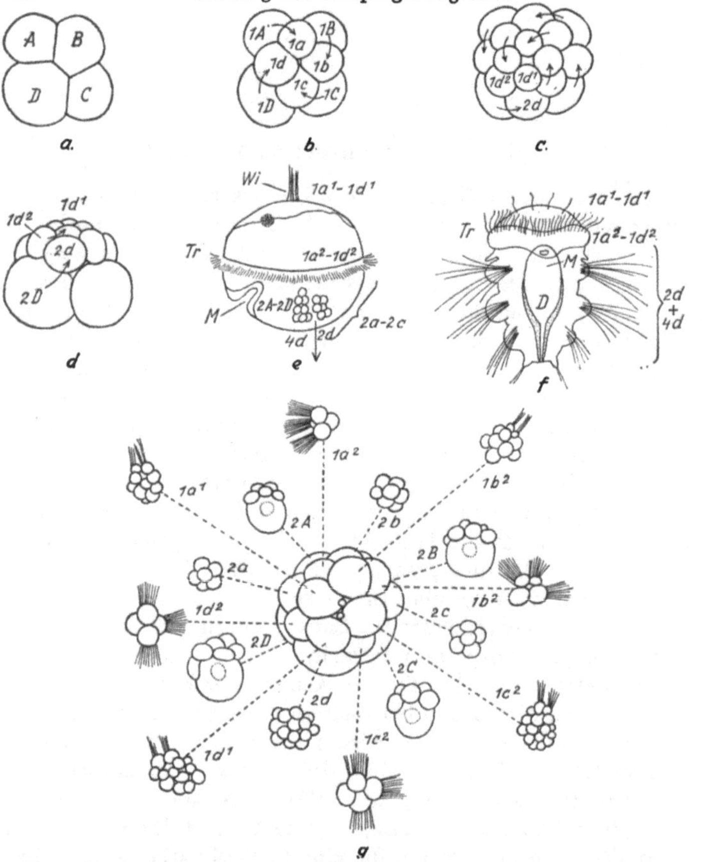

Abb. 1. *Nereis* (Borstenwurm). Schema der normalen Entwicklung (Spiralfurchung) und Ergebnisse der Blastomeren-Isolierung im 16-Zellenstadium (Original). f) nach WILSON, g) nach COSTELLO 1945

a) Vierzellenstadium, A–D vier Quadranten, vom animalen Pol. b) 8-Zellenstadium, nach der Bildung des ersten Quartetts 1a–1d durch dexiotrope Teilung. c) 16-Zellenstadium, nach Bildung des zweiten Quartetts 2a-2d und läotrope Teilung des 1. Quartetts in die Kreuzzellen $1a^1$-$1d^1$ und die Trochoblasten $1a^2$-$1d^2$. d) 16-Zellenstadium von der Seite. e) Trochophora, Seite, mit Bezeichnung der Bildungszellen für Körperbereiche. Pfeil: Verlagerung von 2d+4d durch vorwärts (animal) gerichtete Rumpfkeimsprossung. f) Übergang zum Wurm mit 3 Segmenten (Nectochaeta), Ventralseite. g) Isolierungsergebnisse von Blastomeren aus dem in der Mitte abgebildeten 16-Zellenstadium, das vom animalen Pol her gesehen ist. Die Bezeichnungen gelten für die jeweils isolierte Blastomere.

D Darm. *M* Mund. *Tr* Trochus. *Wi* Wimperplatte mit Wimperschopf

Material für eine zukünftige allgemeine Entwicklungsphysiologie abgeben können.

a) Ringelwürmer (Annelida)

Die unmittelbare Entwicklung zielt bei den marinen Ringelwürmern, wie am Beispiel von **Nereis** gezeigt werden soll, auf die **Trochophoralarve,** eine schwimmende Becherlarve (Gastrula, Abb. 1 e).

Diese bildet am animalen Pol eine Wimperschopfplatte (Wi) als Nervenzentrum und Sinnesorgan aus und trägt am Äquator einen oder mehrere Wimperringe, den Trochus (Tr), welcher die Larve in kreiselnder Bewegung hält. Der vom vegetativen Pol zur Ventralseite sich neigende Urmund schließt sich im hinteren Teil seiner ursprünglich sehr großen Öffnung und läßt sein vorderes subäquatoriales Ende als definitiven Mund (M) bestehen. Vom blinden Ende des Urdarms stößt später der After am vegetativen Pol nach außen durch.

Jede der Furchungsblastomeren besitzt eine bestimmte prospektive Bedeutung für die Gestalt der Blastula, von der aus durch Invagination des Urdarms die Trochophora entsteht. Durch den **Modus der Spiralfurchung** werden von jeder Blastomere des Vierzellenstadiums aus in animaler Richtung Zellen abgefurcht, die ihren Ursprungszellen gegenüber alternierend auf Lücke treten, indem die Teilungsspindeln einmal im Sinne des Uhrzeigers (dexiotrop, Abb. 1 b), beim nächsten Teilungsschritt ihm entgegen (läotrop, c) sich schräg zur animal-vegetativen Achse einstellen (d). Die Benennungen der Zellen sind aus Abb. 1 a–d zu entnehmen. Abb. 1 e gibt darüber Aufschluß, welche Blastomeren für den Aufbau bestimmter Teile der Trochophora verwandt werden.

In der folgenden Weise führt das System der Spiralfurchung unmittelbar zur Entwicklung der Larvengestalt, der Trochophora. Die ganz animalwärts abgefurchten Mikromeren des 16-Zellenstadiums bauen deren animale Halbkugel (Episphäre) auf. Aus dem animalen Quartett $1\,a^1$–$1\,d^1$ gehen Wimperschopf und Gehirnregion (Scheitelplatte) hervor, aus dem vegetativ sich anschließenden Quartett $1\,a^2$–$1\,d^2$ (= Trochoblasten) der Trochus. Die noch weiter vegetativ liegenden Mikromeren des 2. Quartetts 2 a–2 d gestalten die vegetative Halbkugel (Hyposphäre). Das 3. Mikromeren-Quartett formt den Urmundrand, und die Makromeren A–D liefern das dotterreiche Material für den sich einstülpenden Urdarm. Jede Blastomere des 16-Zellenstadiums der Abb. 1 d entspricht einem bestimmten Teilstück der ebenfalls von der Seite dargestellten Trochophoralarve der Abb. 1 e. Der Furchungskeim wird bei den marinen „Spiraliern" (Ringelwürmern und Weichtieren) sehr schnell und präzise in die planktonische Larve überführt.

Hierbei machen in der Entwicklung der Ringelwürmer (Anneliden) nur zwei Blastomeren eine Ausnahme: Eine Mikromere aus dem 2. Quartett, und zwar aus dem D-Quadranten, die Zelle 2 d (Abb. 1 e); weiterhin eine den Makromeren entstammende Zelle des 4. Quartetts, die Zelle 4 d. Diese beiden Zellen werden Ursprungszellen für den in der **Metamorphose** aus der Larve hervorgehenden Wurmkörper. Man nennt sie „Somatoblasten". Von ihnen aus sproßt der Keimstreif nach vorn als ventrale Bildungsgrundlage für die Körpergrundgestalt des adulten Wurmes. Der 1. Somatoblast 2 d sproßt für den Keimstreif das Ektoblastem, der 2. Somatoblast 4 d das Mesoblastem. Beide Keimstreifschichten gliedern sich von vorn nach hinten in Segmente. Der Darm entsteht vom Urdarm aus, welcher sich in die Keimstreifzone hinein verlängert. Der Kopf des Wurmes formt sich aus der Scheitelplattenregion der Trochophora. Ihr restlicher Körper wird in der Metamorphose nahezu ganz abgeworfen (Abb. 1 f und darauf folgende Stadien). Mit der Ausgestaltung der Seitenteile des ventralen Keimstreifs zur röhrenförmigen Körperwandung, die den Darm umgibt, schließt die Metamorphose ab.

Das 0,14 mm große Ei des Ringelwurmes *Nereis* gehört zum Typus von Eiern mit stark differenzierter Zytoplasma-Architektur. Bei seiner Furchung werden die entstehenden **Blastomeren** vollständig von der Rinde und dem subcortikalen Plasma umgeben. Sie sind nach I, S. 71 je für sich aus dem Eimaterial heraus **als gesonderte Einheiten** entwickelt und enthalten sehr unterschiedliche Teile der ursprünglichen Plasma-Architektur dieser Eier. Da sie zum stark differenzierten Eitypus gehören, ist es nur natürlich, daß die *Blastomeren* z. B. des 16-Zellenstadiums, durch eine feine Glasnadel voneinander *isoliert*, auch sehr unterschiedliche Teile des Gesamtsystems ausbilden, sich also so verhalten, als wenn sie sich noch im Verbande des Ganzen befänden (Abb. 1 g, COSTELLO). Die animalen Zellen $1\,a^1$ bis $1\,d^1$, aus denen normalerweise die Episphäre der Trochophora hervorgeht, teilen sich nach der Isolierung eine Zeitlang und bringen dann einen schmalen Wimperschopf hervor. Aus den Trochoblasten $1\,a^2$–$1\,d^2$ entstehen nach zweimaliger Teilung breite Zilienbündel. Die Blastomeren 2 a–c teilen sich wie sonst zur Bildung der Hyposphaere der Trochophora auf, und die Blastomeren 2 A–2 C bilden einerseits gleichartige, auch zur Hyposphäre gehörige Zellen, andererseits große ölkugelhaltige Zellen, welche das Innere der Trochophora erfüllen und an der Bildung des Darmes teilhaben.

Die besondere jeweils unterschiedliche Entwicklungsweise der Blastomeren wird man nach dem in Band I über Eitypen mit stark differenzierter Zytoplasma-Architektur Gesagten (S. 67 ff.) sowohl auf materielle wie auf dynamische Faktoren der Blastomerenbereiche zurückführen. Vor allem aber muß man der differenzierten Struktur der festgefügten Rinde dabei einen entscheidenden Anteil zuschreiben.

Der Anteil der **Kernfaktoren** an den frühembryonalen Prozessen ist Bd. I, S. 93 ff. für Echinodermen, I, S. 105 f. für Insekten, I, S. 111 ff. für Amphibien gekennzeichnet. Vergleichbar sind hier am besten die an Echinodermen erhobenen Befunde: Den Prozeß der Furchung als solchen stört gleichzeitige Einwirkung von Actinomycin D nicht. Denn er kommt wesentlich in Gang durch die Information stabiler m-RNS-Moleküle, die in der Oogenese transcribiert wurden. Neusynthesen sind allerdings für die Einhaltung des charakteristischen Musters der Blastomeren, für die ordnungsgemäße primäre Mesenchymbildung und die Vorbereitung der Gastrulation nötig. Die Gen-Transcriptionen zur Durchführung des Gastrulationsprozesses werden im Blastulastadium beendet (Abb. 31 a). Bei Spiraliern sind die Verhältnisse, die allerdings nicht für Anneliden, sondern für die marine Schlammschnecke *Ilianassa* studiert wurden (Collier), insofern etwas abgewandelt, als stabile m-RNS-Moleküle nicht nur für die Furchung, sondern auch für den Gastrulationsprozeß hinreichen. Während bei den Echinodermen die Gastrulation als Invaginationsprozeß nicht ohne starke Beteiligung von Zellteilungen ablaufen kann und daher erheblicher m-RNS-Neusynthesen bedarf, bildet sich bei Spiraliern die Gastrula durch Epibolie (S. 15). Die dafür erforderlichen Umlagerungen der Blastomeren können offenbar ohne gleichzeitige unmittelbare Gentranscription vor sich gehen. Sowohl bei Spiraliern, wie bei Echinodermen ist dann die weitere postgastruläre Entwicklung wieder an Neusynthesen von m-RNS gebunden (Abb. 31 b). Sie werden für einzelne bestimmte Differenzierungsschritte bei *Ilianassa* schon in der Blastula vorausgenommen und offenbar aus stabilisiertem Zustande heraus später zeitgerecht verwandt.

Die obigen Ergebnisse über Blastomeren-Isolierungen haben dazu geführt, die Begriffe „Mosaikei" und „Mosaikfurchung" auch in entwicklungsphysiologischem Sinne zu gebrauchen. Solche Mosaikentwicklung könnte besondere Möglichkeiten bieten, an den isolierten Blastomeren die Genaktivierung für einzelne Differenzierungsschritte der Spiralier zu studieren und die Bedeutung des Ooplasmas für diese Aktivierungen zu kennzeichnen. Bd. I, S. 67 ff. wurde die ooplasmatische Segregation am Beispiel der Gastropoden genauer geschildert. Sie geht der Spiralfurchung voraus und erfährt zum Teil durch diese ihre Vollendung.

Durch die Bezeichnung Mosaikentwicklung wird allerdings der Tatbestand nicht vollständig und widerspruchslos beschrieben. Die Entwicklung bis zur Trochophora geschieht **nicht** durch **reine Selbstdifferenzierung** der Blastomeren. **Auch abhängige Differenzierung** spielt eine Rolle. So bilden sich Augenflecken nur bei Isolierung der Blastomeren aus dem 4-Zellenstadium, seltener von denen aus dem 8-Zellenstadium. Falls man diesen Unterschied nicht auf vermehrte methodisch bedingte Schäden zurückführen will, muß man daraus schließen, daß die Augenflecken nur auf Grund des Zusammenwirkens ungetrennter Zellen der Nachkommenschaft von $^1/_4$-Blastomeren entstehen können. Die Zilien isolierter Trochoblasten schlagen sämtlich in der gleichen Richtung und können nicht die Wellenbewegung entfalten, wie etwa noch bei einer Trochophora aus einer $^1/_2$-Blastomere. Eine Gastrula, die bei *Nereis* normalerweise nicht durch Invagination, sondern epibolisch zustande kommt, indem die Ektoblastemzellen (1 a–1 d, 2 a–2 c, 3 a–3 d) die Entoblastemzellen (4 A–4 D, 4 a bis 4 c) umwachsen, kann aus Ektoblastemzellen allein nicht gebildet werden. Sie vermögen sich zur Außenwand der Becherform nur anzuordnen, wenn eine Entoblastemzelle vorhanden ist, auf deren Oberfläche sie sich flach ausbreiten können (vgl. 2a–2c mit 2A–2D auf Abb. 1 g). Die beiden Zellarten besitzen positive Affinität zueinander. – Vollends kann man *abhängige Differenzierung beim Auswachsen des Wurmkörpers* feststellen: Die „Somatoblasten“ 2 d und 4 d (letzterer auf Abb. 1 g noch in 2 D enthalten), welche aus sich durch den nach vorn gerichteten Sprossungsvorgang die ektoblastemale und mesoblastemale Schicht des Rumpfkeimes hervorgehen lassen (Pfeil Abb. 1 e), weisen nach Isolierung wohl eine etwas stärkere Zellvermehrung (Abb. 1 g), aber keinerlei Sprossungswachstum auf, welches die Fähigkeit zur Bildung von Rumpfsegmenten oder Muskulatur anzeigen könnte. Um dieses zu erreichen, bedürfte es wiederum der Wechselwirkung von Zellen beiderlei Konstitution, in diesem Falle der ektoblastemalen Abkömmlinge von 2 d und der mesoblastemalen von 4 d, vielleicht dazu auch derjenigen des auswachsenden Darmes.

Bei Spiraliern, deren Larven nicht nur Teilen der adulten Tierform entsprechen, wie bei Anneliden dem Wurmkopf, sondern dem ganzen Adultus, finden sich auffallende Bestätigungen abhängiger Differenzierungen bereits auch *innerhalb der Trochophora.* So konnte bei der Schlammschnecke *Limnaea* wohl für die Entstehung des Stomodäums Selbstdifferenzierung aus einem plasmatischen Faktorenbereich der AB-Zelle (Hess), aber für die Bildung der Schalendrüse nur die abhängige Differenzierung von den blinden Urdarmenden verantwortlich gemacht werden (RAVEN). Ändert man durch Einwirkung von LiCl (wie bei Seeigelkeimen, vgl. I, Abb. 42) die Lage des Urdarmes, so daß dieser etwa statt innerhalb der Hyposphäre in der Episphäre endet, so entsteht an der Berührungsstelle mit dem Ektoblastem die Schalendrüse innerhalb der Episphäre. Dies kann an jeder Stelle des Ektoblastems eintreten. Die Wirkung des Darmendes auf das Ektoblastem muß man als Induktion einer Schalendrüse bezeichnen (vgl. S. 88).

Die Analyse über Selbstdifferenzierung und abhängige Differenzierung innerhalb eines Eisystems mit stark differenzierter Architektur wurde von PENNERS bei dem Süßwasserborstenwurm **Tubifex** besonders gefördert.

Eitypus und Furchungsweise seines nicht ganz einen halben mm messenden Eies gleichen weitgehend denen von *Nereis* (Abb. 2a, b). Aus der epibolischen Gastrula wird eine Trochophoralarve nicht ausgebildet, wohl aber entstehen an diesem Keim wie an der Trochophoralarve die Somatoblasten 2d und 4d und geben durch bestimmte Teilungsfolgen zehn Teloblasten (Tel) den Ursprung, von welchen je fünf auf jeder Seite den *Keimstreif* sprossen. Jeweils unter den vier auf Abb. 2c sichtbaren ektoblastemalen Teloblasten liegt im Innern des Keimes je ein mesoblastemaler Teloblast. Jeder sproßt eine Zellreihe. In Richtung des Pfeiles auf Abb. 2c wächst auf den dotterreichen Entoblastemzellen jederseits eine Längshälfte dieses Keimstreifs von hinten aus nach vorn vor. Beide Seitenteile schließen sich dann (Abb. 2e). Die beiden innen liegenden Zellreihen sind Neuroblasten. Sie bilden Bauchmark. Die seitlich sich anschließenden drei Reihen entwickeln als Myoblasten Ringmuskulatur. Von den darunterliegenden mesoblastemalen Zellreihen werden neben den Urgeschlechtszellen (Abb. 2d, UG) Kopfmesenchym, Nierenkanäle, vor allem die Längsmuskeln ausgebildet. Aus je einem nebeneinanderliegenden Paar von gesproßten Mesoblastemzellen geht immer ein ganzes Segment hervor. Deshalb nennt man die einzelnen Zellen Zölomblocks (Coel). Der gesamte Keimstreif stellt die ventrale Seite der Körpergrundgestalt des Wurms mit den beiden äußeren Keimschichten dar. Die fertige Wurmform entsteht da-

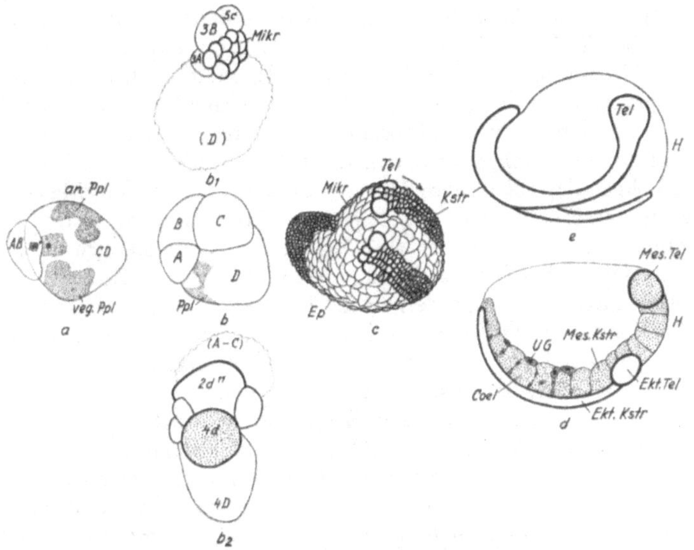

Abb. 2. *Tubifex* (Borstenwurm). Normale Entwicklung und Ergebnisse von Defektversuchen (nach PENNERS 1922–1924, verändert)

a) Zweizellenstadium. b) Vierzellenstadium, Vereinigung von an. und veg. Polplasma in Blastomere D. b_1) Entwicklungsergebnisse nach Abtötung des D-Quadranten mit ultraviolettem Licht. b_2) Desgleichen nach Abtötung der Quadranten A–C. 2 d^{11} = Erster Somatoblast (Ektoblastem). 4 d = zweiter Somatblast (Mesoblastem). c) Stadium mit ventral verlagerten und vorn zusammengerückten Keimstreifhälften, von links hinten dorsal. Die Pfeile geben die Sprossungsrichtung an. Die sprossenden Teloblasten rücken nach hinten (links im Bild). d) Stadium mit etwa 20 Segmenten. Längsschnitt. Schematisch. Sprossung der mesoblastemalen Keimstreifzellen für je 1 Segment (Zölomblocks). e) Noch älteres Stadium, Seitenansicht. Keimstreifteile von vorn her bis zur Keimmitte aneinandergelegt

an. Ppl animales Polplasma. *Coel* Zölomblocks. *Ekt. Kstr* Ektoblastemaler Keimstreif. *Ep* Epidermiszellen. *H* Hinterende. *Kstr* Keimstreif. *Mes. Kstr* Mesoblastemaler Keimstreif. *Mikr* Mikromeren. *Tel* Teloblasten. *UG* Urgeschlechtszellen. *veg. Ppl* vegetatives Polplasma

durch, daß dieser Keimstreif mit seinen seitlichen Partien den Dotterkern bis zur Dorsalseite umwächst. Er wird dabei durch Ektoblastemzellen unterstützt, welche sich unmittelbar von den animalen Furchungszellen (Mikromeren, Abb. 2 b_1, c Mikr) herleiten. Der Darm geht aus dem Entoblastemkern hervor. Mit dem Abbau des Dotters streckt sich der Keim (Abb. 4 b).

Die **Faktorenbereiche für die Keimstreifentwicklung** ließen sich bei *Tubifex* durch *Defektversuche* ermitteln (PENNERS). Diese Versuche sind mit den am *Nereis*-Ei durchgeführten Isolierungsversuchen nur in wenigen Fällen auf eine Stufe zu stellen, weil man bei ihnen die Entwicklungsleistung einzelner isolierter Blastomeren selten positiv beurteilen kann. Meistens muß man aus Ausfallerscheinungen die Aufgabe der fehlenden Blastomeren erschließen. Mittels begrenzter Strahlenfelder ultravioletten Lichtes wurden einzelne Zellen abgetötet, die sich dann aus dem lebenden Verband lösten. So ist A–C entfernt (Abb. 2 b_2) und gezeigt, daß die Zelle D, der ja beide Polplasmen (Ppl) zugeteilt werden, allein imstande ist, selbstdifferenzierend die Somatoblasten 2 d und 4 d hervorzubringen (Abb. 2 b_2). Fehlt die Zelle D einschließlich der Polplasmen, so sind die übrigen Zellen nicht dazu befähigt, den Verlust zu ersetzen. Ein Keim wie der der Abb. 2 b_1, dem die Somatoblasten und daher ebenfalls die Polplasmen fehlen, konnte nie einen Keimstreif bilden. Dieser entwicklungsmechanisch geführte Beweis für die Notwendigkeit bestimmter Teile der Plasmaarchitektur für gewisse Bildungsprozesse ist dem am *Dentalium*-Ei erbrachten (Abb. 17, Bd. I) unmittelbar zu vergleichen und ergänzt die topochemischen Feststellungen (Bd. I, S. 74 ff.) an *Ilyanassa* und *Tubifex*: Die *Polplasmen* stellen *Faktorenbereiche* dar, deren Entwicklungsfaktoren in der *Tubifex*entwicklung *für die Bildung des Keimstreifs* nicht entbehrt werden können und die aus dem übrigen Zytoplasma nicht ersetzbar sind.

Dagegen sind **innerzellige Regulationen,** wie schon I, S. 179 berichtet, möglich. Übergewicht eines Polplasmas innerhalb der Eizelle reguliert sich, wie bei den Eifragmenten von *Dentalium,* so vollkommen, daß ein harmonischer Organismus entsteht. Auch ein Zuwenig an Polplasmasubstanz, z. B. bei der Aufteilung der *Tubifex*-Polplasmen auf zwei gleichgroße Blastomeren, kann ausgeglichen werden. Es entstehen Doppelbildungen zweier vollständiger Keimstreifen (Abb. 3). Wenn schließlich durch Zentrifugieren bei gleichlaufender Zentrifugal- und Eischwere-Achse animale und vegetative Polplasmen an einem der Eipole vereinigt werden, so hindert auch diese vorzeitige Zusammenführung der Plasmen, die ja normalerweise im 4-Zellenstadium in der D-Zelle erfolgt, den Keim in vielen Fällen nicht, einen Ganzkeim zu bilden. Versammlung der Plasmen am animalen Pol wirkt sich günstiger aus, als wenn sie am vegetativen Pol geschieht. Während im ersten Falle stets ganze Embryonen entstehen, erreichen die Embryonalplasmen vom vegetativen Pol aus diesen Status seltener, vermutlich weil der ordnungsgemäßen Vermehrung und der Bewegung der Plasmen zufolge verminderter Cortexaktivität größere Schwierigkeiten entgegen stehen (vgl. I, S. 78). Die Plasmen werden nicht genügend gesammelt, sie können nicht in eine 2d-Zelle gelangen, oder es wird infolge Beeinträchtigung durch die Zentrifugierung dieser Somatoblast überhaupt nicht gebildet.

Im *Tubifex*-Ei sind, wie man nunmehr in überschauender Darstellung zusammen mit den Einzelangaben aus I, S. 78 f. sagen kann, innerzellige Regulationen möglich, weil die Bildung der Polplasmen in Bewegungsvorgängen abläuft, bei denen die Aktivitäten der Eirinde, die Reaktionen der Entoplasmakonstituenten, sowie die Ausbildung und Stellung der Meiose- und Furchungsspindeln in enger Wechselwirkung miteinander stehen (F. E. Lehmann). Nach der Stellung der Spindeln, die man durch Zentrifugierung zu ändern vermag, richtet sich die Größe der entstehenden Zellen. Da die Rinde an den Eipolen, insbesondere am animalen Pol, am dicksten ist, am Eiäquator aber dünn und dehnbar, formt sie durch die animalen Meiosespindeln kleine Zellen, wie die Polkörperchen. Durch eine äquatorial liegende erste Furchungsspindel entstehen jedoch größere Zellen. Nach der Lage der Spindeln aber richten sich auch Art und Ausmaß der Lobulationen des Cortex und damit die Volumina der Ansammlungen von Polplasmamaterial. Lobulationen entstehen immer mit Beginn einer Anaphase und verschwinden wieder in der Interphase. Möglicherweise wird die Rinde durch anaphasische Wirkstoffe der Kernspindeln aktiviert (Roetheli). In den verschiedenen Phasen dieses ganzen in Bewegung befindlichen Systems voneinander abhängiger Reaktionen können Substanz- oder Lageunstimmigkeiten ausgeglichen werden, so daß im Eistadium dieser „Mosaikkeime" die als Faktorenbereiche für die Entwicklung nötigen Polplasmen sich störungsfrei aufbauen können.

Trotz der Steuerung der ektoplasmatischen *Rindenreaktionen* durch die *Ausrichtung der Kernspindeln* muß man diesen *beiden Komponenten* des Eizellensystems in ihrer Aktivität *eine gewisse Selbständigkeit* zubilligen. Wie dies bereits I, S. 77 für die Bewegungen des vom Kernbereich isolierten Pollappens von *Dentalium* gezeigt wurde, so lassen auch *Tubifex*-Eier, deren Kerntätigkeit durch Colchicin ausgeschaltet ist (WOKER), autonom rhythmische Rindenverformungen erkennen. Demnach dürfte der Furchungsrhythmus plasmatisch bedingt sein. Genauer gesagt: Die rhythmische Folge von einem anfänglichen Zustand der Ruhe in Zytoplasma und Kern und von einem Zustand der Zytoplasmaverformung, verbunden mit mitotischer Kernaktivität, könnten selbständig im Plasma verankert sein. Andererseits laufen auch dann, wenn die Rinde durch Einwirkung von Naphtochinon versteift ist und Richtungskörperbildung wie Lobulationen ausgeschaltet sind, im Keiminneren und sogar in unmittelbarer Nähe der Eirinde Kernteilungen ungehindert weiter. Auch ihrem Rhythmus kommt anscheinend eine gewisse Autonomie zu.

Eine unmittelbare Parallele zu diesen am *Tubifex*-Ei gewonnenen Ergebnissen stellen die bereits vor längerer Zeit erhobenen Beobachtungen an der „unizellulären Trochophora" beim marinen Röhrenwurm *Chaetopterus* dar: Zerstört man durch KCl-Zusatz zum Meerwasser die Eimembran und löst dadurch eine künstliche Parthenogenese aus, so vollzieht das Ei Entwicklungsschritte in Richtung auf die Trochophora, ohne sich zu furchen, als Einzeller. In dieser Eizelle ordnen sich die Zytoplasmabestandteile in ähnlicher Weise wie in der normalen Blastementwicklung an und lassen Fähigkeiten entsprechend den eben geschilderten des *Tubifex*-Eies hervortreten: Ein Pollappen wölbt sich aus. In der Mikromerenphase bilden sich zahlreiche kleine Lobulationen am animalen Pol. Große Abschnürungen findet man am vegetativen Pol in den Phasen, in denen normalerweise die Zellen 2 d und 4 d entstehen. Schließlich erfolgen gastrulationsartige Bewegungen, bei denen das Ektoplasma epibolisch das Entoplasma überzieht (vgl. S. 15) und sich dann mit Zilien bekleidet. In der gleichen Region, in der normal unter dem Prototroch große Vakuolen liegen, entstehen sie auch hier.

Während der Entwicklung dieser „unizellulären Trochophora" wechselt demnach die Tendenz, kleine Mikromerenplasmen zu bilden, rhythmisch mit derjenigen zur Abschnürung größerer Plasmaareale. Auch die Lokalisation der Oberflächentätigkeit ist eine sehr typische. Zugleich entsprechen diesen rhythmischen Zustandsänderungen des Eiplasmas solche des Kernes insofern, als während der Plasmaverformungen ein eigener Kernzyklus abläuft (LILLIE, PASTEELS). Durch mehrfach sich wiederholende Endomitosen wächst ein Riesenkern heran. Der wechselnde Funktionszustand des Keimplasmas wird auch in der Normalentwicklung die besondere Form des Furchungsmusters und gewisse Züge der weiteren Entwicklung zur Körpergrundgestalt ermöglichen. In welcher Weise das Kerngeschehen in diesen plasmatischen Funktionszustand eingeordnet ist, läßt sich noch nicht sagen. Die „ooplasmatische Segregation" in der Furchung, wie sie aus Abb. 1 hervorgeht, ist jedenfalls ohne die stark hervortretenden Funktionen von Cortex und Subcortex, die die Plasma-Architektur jeweils in getrennte Einheiten aufgliedern, nicht verständlich.

Über die besondere **Bedeutung des Zellteilungsmusters für den Differenzierungsprozeß** sind noch einige Tatsachen hinzuzufügen. Allein ist das Polplasma nicht imstande, die Keimstreifsprossung hervorzurufen. Es bedarf dazu der Überführung in Somatoblasten. Dies geht aus Versuchen über Abänderung des Furchungsmusters hervor.

Auf verschiedene äußere Störungen, z. B. durch Einwirkung von 1,4-Naphtochinon, welches den Cortex versteift und dadurch die Ansammlungsmöglichkeit der Polplasmen herabmindert, oder durch 9,10-Phenanthrenchinon, das den Spindelapparat des Kernes verändert, aber auch durch Quetschung der Eier beim Herausnehmen aus dem Kokon, kurzdauernde Behandlung mit hypertonischen Salzlösungen, reagiert das *Tubifex*-Ei mit Abnormitäten der Furchung. So können an die Stelle der typischen Somatoblasten mehrere kleine Zellen treten. Da das

Polplasma mit den darin enthaltenen zahlreichen Mitochondrien sich durch die Indophenoloxydase-Reaktion elektiv blau färbt (F. E. LEHMANN), so läßt sich der Weg der Polplasmen während der normalen Furchung gut verfolgen und auch für diesen Experimentalfall nachweisen, daß das Polplasma als solches in den kleinen Zellen vorhanden ist. Trotzdem kommt es *nicht* zu einer *Keimstreifbildung*: Diese ist *gebunden an den ordnungsgemäßen Ablauf der Furchungsfolge*. Die aus den Somatoblasten hervorgehenden Teloblasten sind in besonderer Weise polarisiert, insofern sie die Keimstreifzellen in einer Richtung sprossen. Es hat den Anschein, als ob diese Polarität nur durch den ordnungsgemäßen Ablauf der vorhergehenden Teilungsschritte (BOVERI) erlangt werden kann.

Nicht nur wirken Polplasmen lediglich in der Zellform und Zellfolge der Somatoblasten, sondern umgekehrt kann man **Entstehung von Somatoblasten** auch nur dann beobachten, wenn funktionsfähige Polplasmen vorliegen. Infolge der Einwirkung hoher Temperatur oder sauerstoffarmen Wassers auf ungefurchte *Tubifex*-Eier verläuft in 1–2 % der Fälle die erste

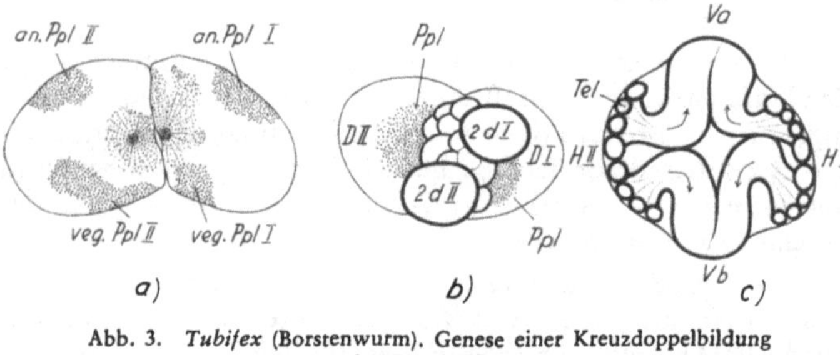

Abb. 3. *Tubifex* (Borstenwurm). Genese einer Kreuzdoppelbildung (nach PENNERS 1924)

a) Längsschnitt durch ein Vierzellenstadium eines anfänglich äqual gefurchten Eies (zwei Mikromeren außerhalb der Schnittebene). Verdoppelung und ganzheitliche Verteilung der Polplasmen (I und II). b) Entwicklung des ersten Somatoblasten (2 d) beider Individualteile (I, II). c) Entstehung der Duplicitas cruciata durch Sprossung der Keimstreife I und II von den Teloblasten an ihren Hinterenden (H I und H II) und Vereinigung der rechten und linken Hälften entgegengesetzter Partner zu zwei neuen Vorderenden (V a und V b)

an. Ppl animales Polplasma. *Tel* Teloblasten. *veg. Ppl* vegetatives Polplasma

Furchung äqual, wobei entweder die Polplasmen ganz unterdrückt oder aber in jeder der beiden Blastomeren zugleich ausgebildet werden (Abb. 3 a). Im ersteren Falle fehlen auch die Somatoblasten. *Die Somatoblastenform der Zelle ist die den Polplasmen bzw. den ganzen selbständigen Faktorenbereichen gemäße Zellform.* Da im zweiten Falle beide äqual geteilten Blastomeren mit ihren Polplasmaanteilen selbständig zur Somatoblastenbildung schreiten (Abb. 3 b), so kann aus jeweils der halben Menge der Polplasmen eine Ganzbildung entstehen (Abb. 3 c): Beide Somatoblasten haben Teloblasten hervorgebracht, aus denen je zwei Keimstreifhälften einander entgegensprossen. Die rechte Hälfte der einen Seite verbindet sich jeweils mit der linken Hälfte der anderen Seite zu einem neuen Vorderende. Es formt sich eine *Duplicitas cruciata.*

Durch Isolierung von Keimstreifteilen (Abb. 2) gewinnt man Einblicke in **Wechselwirkungen innerhalb des Keimstreifs.** Laterale oder frontale Keimstreifhälften vermögen sich nicht zum Ganzen zu regulieren. Die beiden *seitlichen Hälften* sind, ebenso wie der ektoblastemale und mesoblastemale Keimstreif, zur Bildung eines vollkommenen Embryo aufeinander angewiesen. Tötet man die mesoblastemalen Teloblasten ab, so daß allein ein *ektoblastemaler Keimstreif* gesproßt wird, so vermögen sich seine Zellen zwar histologisch vollständig auszudifferenzieren, aber quantitativ wie topographisch entbehren diese Differenzierungen der normalen Ordnung. *Der Keimstreif bleibt ohne jegliche Segmentierung.* Die gesproßten Zellen vermehren sich ohne bestimmte Regel. Im neuralen Material vermißt man die segmentalen An- und Abschwellungen, die Sonderung in Ganglien und Konnektive. Das Bauchmark ist im ganzen zu breit und zu mächtig. Die Fasermassen sind nicht in zwei Strängen gesammelt, sondern vielfach verteilt. Die wenigen Borstenanlagen verstreuen sich regellos über die ganze Epidermis. Ringmuskeln bilden sich nur spärlich und bedecken die Epidermis ungleichmäßig. Man beobachtet an solchen Keimen nie Kontraktionen. Im Entoblastem segmentiert sich der Darm nicht und weist auch kein Lumen auf. Der Keimstreif vermag den Dotter nicht oder nur ungenügend zu umwachsen. Der ganze Keim bleibt kugelig und streckt sich weder in die Länge, noch rollt er sich wie ein normaler spiralig auf.

Im Gegenversuch, der Entfernung der ektoblastemalen Teloblasten, treten die *Fähigkeiten des mesoblastemalen Keimstreifs* hervor. Dieser kann die *reguläre Formgebung* selbständig vollziehen. Er umwächst den Dotter, wenn auch langsamer als bei Anwesenheit von Ektoblastem, so daß sich der Keim zu strecken und auch spiralig aufzurollen vermag. Auf Grund seiner großen Zellelemente, der Zölomblocks, geschieht die *Segmentierung durchaus normal*. Es bilden sich Zölome mit der zugehörigen Wandmuskulatur und Nierenkanälchen. Auch der Darm segmentiert sich.

Um die Auswirkungen dieser formbildenden Fähigkeiten des Mesoblastems auf die Formung des ganzen Keimes richtig zu beurteilen, muß man die **Beziehungen der Segmentierung zum Zellgeschehen** genauer betrachten. Nimmt man dem Keim nach der Bildung der Somatoblasten lediglich Dottermaterial, etwa durch Abtöten der Zelle 4 D (Abb. 2 b_1), so erhalten die Somatoblastem für den Sprossungsprozeß zu wenig Nährmaterial, und es entsteht ein Zwergwurm (Abb. 4 a) mit einer verminderten Anzahl verkleinerter Segmente. Diese Segmente bestehen sehr wahrscheinlich aus ebensoviel Zellen wie normale, aber ihre Zellen sind in sämtlichen Organen kleiner als diejenigen normaler Würmer. Die von den Teloblasten gesproßten mesoblastemalen Keimstreifzellen müssen eine geringere Ausgangsgröße als die normalen besessen haben. Denn im Gegensatz zum Verhalten der ektoblastemalen Keimstreifzellen scheinen *Teilungsfolge und Teilungsrate der gesproßten Zölomblocks genau bestimmt* zu sein. Zu Gunsten dieses Teilungsmusters ist die Abänderung der Kern-Plasma-Relation, die infolge der Verminderung des Dottermaterials eintrat, nicht wieder ausgeglichen. Die abgeänderte Kern-Plasma-Relation bleibt erhalten und wirkt sich unmittelbar in der Organverkleinerung aus.

Demnach sind wesentliche Differenzierungsleistungen sowohl bei der Bildung des Keimstreifs wie auch bei seiner Ausformung an eine bestimmte Zellform und an ein bestimmtes Zellmuster gebunden. In der gleichen Weise, wie ein solches Zell-

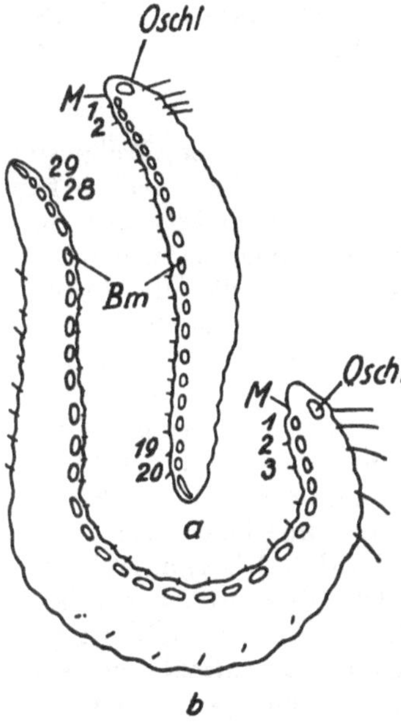

Abb. 4. *Tubifex* (Borstenwurm). Ergebnis der Ausschaltung der Blastomeren 4 D mittels U. V.-Strahlenstich im 24-Zellenstadium (nach PENNERS 1925, 1935) a) Verkürztes Würmchen mit 20 Segmenten. b) Normale Kontrolle (29 Segmente) *Bm* Bauchmark. *M Mund. Oschl* Oberschlundganglion

muster während der Furchung der Eier mariner Borstenwürmer unmittelbar die Form der Trochophoralarve bis zu den einzelnen Organzellen vorbildet, ist es auch als mesoblastemales Rückgrat der Differenzierung im auswachsenden Wurm entscheidender Ordnungsfaktor, dem sich andere formvariable Zellen, eben die des ektoblastemalen Keimstreifs, unterordnen. Die *Vorrangstellung des Zellmusters bei der Differenzierung* bedeutet, daß *Plasmabereichen besonderer Anteil* an der Differenzierung zukommt. Dies wird immer zu berücksichtigen sein, wenn wesentliche Differenzierungsprozesse sich nicht nur in den Reaktionen zwischen Zellen, sondern in einer *Wechselwirkung von Plasmen innerhalb der Zellen* abspielen, wie bei *Tubifex* im ungefurchten Ei, in den Somatoblasten, in den Zölomblocks. Insofern bedeutet relative „Großzelligkeit" häufig nicht einfach ein quantitatives Merkmal, sondern einen besonderen

Entwicklungsstil. Die Zelle birgt in ihrem Innern deutlich gegeneinander abgesetzte Faktorenbereiche. Der Keim zeichnet sich durch „Differenziertzelligkeit“ aus.

Dem gesteigerten Wert der Einzelzelle und des Zellmusters entsprechend verlaufen **Blastemregulationen** in ganz anderen Bahnen als bei Keimen mit kleinzelligen und zellmusterindifferenten Blastemen. Sobald Zellbegrenzungen als faktorentragende Rindenfelder auftauchen, vermögen diese den Zellen noch größere Teilselbständigkeit zu verleihen als sie schon die in ihnen enthaltenen qualitativ ausgezeichneten Plasmen besitzen. Diese werden ja im Ei bei Zentrifugierung meist auch als einheitlich zusammengehörige Bezirke verlagert. Weder die einen noch die anderen sind ersetzbar und begrenzen dadurch das Ausmaß der Regulationen. Daß solche aber auch trotz Bildung der Zellwände grundsätzlich möglich sind, wurde bereits bei der Besprechung der Eiorganisation gezeigt (I, S. 179 f.) und gilt auch hier: Im Stadium der Bildung der Körpergrundgestalt kann sich, wie oben beschrieben, ektoblastemales und entoblastemales Zellmaterial an die Größenverhältnisse des Mesoblastems anpassen. Weiterhin bilden Kurzkeime von 10–11 Segmenten, hergestellt durch Abtötung der mesoblastemalen Teloblasten, bevor diese ihre Sprossungstätigkeit beendet haben, häufig Nierenkanälchen und Gonaden in weiter vorn liegenden Segmenten, als es normalerweise geschieht. Sie erlangen dadurch in dem verkleinerten Wurm eine relativ normale Lagerung. Werden ektoblastemlose Keime lange genug aufgezogen, so kann sich vom Mesoblastem aus unter reger Zellvermehrung, Abspaltung, Auswanderung von Zellen, welche sich in die nicht keimstreifentstandenen formbildungsunfähigen Hautzellen einfügen, regenerativ ein Ersatzektoblastem mit segmentiertem Bauchmark, Ringmuskeln und Borstensäcken bilden. Die Ganglienknoten weisen zunächst ein ziemlich bizarres Aussehen auf, vervollkommnen sich aber mit zunehmendem Alter sehr. Der 2. Somatoblast muß demnach als die entscheidende Zelle zur Gewährleistung einer harmonischen Entwicklung für adulte Ringelwürmer gelten.

b) Insekten (Hexapoda)

Durch die Art der **Furchung und die Bildungsweise des Keimstreifs** scheinen sich die Insekten in ihrer Entwicklung grundsätzlich von den Ringelwürmern zu unterscheiden. Doch offenbart genauere Analyse auch nähere Zusammenhänge entsprechend der gemeinsamen Zugehörigkeit zu den Articulata. Überdies verlaufen die weiteren Bildungsprozesse, die zur Körpergrundgestalt und zur Vollendung des Embryos führen, bei beiden Tiergruppen sehr ähnlich.

In den Eiern der Insekten kann die Zytoplasmaarchitektur weniger oder aber stärker differenziert sein.

Das 0,8 mm lange Ei der Libellen *Platycnemis, Ischnura,* das Ei der Gewächshausheuschrecke *Tachycines* (2,5 mm) und von *Acheta* (= *Gryllus*; 2,5 mm) gehören zu den ersteren, das 1 mm lange Ei der Kleinzikade *Euscelis,* die um die Hälfte größeren der Honigbiene *Apis,* des Kartoffelkäfers *Leptinotarsa* und des Speckkäfers *Dermestes,* das 1 mm lange, an einem Eistiel befestigte des Netzflüglers *Chrysopa,* wie auch das nur halb so große der Fruchtfliege *Drosophila* zählen mehr zu den letzteren. Diese embryonale Gruppierung geht derjenigen der Jugendentwicklung parallel. Die schwächere Differenzierung der Eiarchitektur eignet den Hemimetabolen. Aus weniger spezialisierter Eiarchitektur heraus leiten sie schon während der ersten Stadien der Eientwicklung verwickelte Differenzierungsprozesse für die definitive Gestalt ein, welche dann in der Jugendentwicklung in stufenförmig weiterführenden Häutungen erreicht wird. Die Embryonalentwicklung der stärker differenzierten Eier der Holometabolen steuert dagegen auf eine meist einfach gebaute, lediglich für besondere Ernährung spezialisierte Larve unmittelbar zu. Sie bedarf einschneidender Metamorphose zur Ausbildung der Imago.

Allgemein ist die Furchung vorwiegend eine superfizielle: Im Innern des mehr oder weniger dicht gepackten Dotters breitet sich ein Plasmanetz aus, welches sich an der Eioberfläche zu einer sehr dünnen einheitlichen Schicht, dem Periplasma, verdichtet. Dieses ist, mindestens in seinen äußeren

Lagen, mit der Rinde anderer Eier zu vergleichen. An der Stelle im Eiinnern, an der sich der Eikern befindet, sammelt sich das Netz-Entoplasma zu einem Plasmahof an. Von hier aus, dem **Furchungszentrum** (KRAUSE), treten die Kerne mitsamt ihren Plasmahöfen, die Energiden, auseinander (Abb. 5 a–d), erfüllen das Eiinnere und wandern dann bis auf einzelne in den Dotter hinein abgegebene Vitellophagen an die Eioberfläche, wo die Furchungsenergiden mit dem Periplasma zusammen

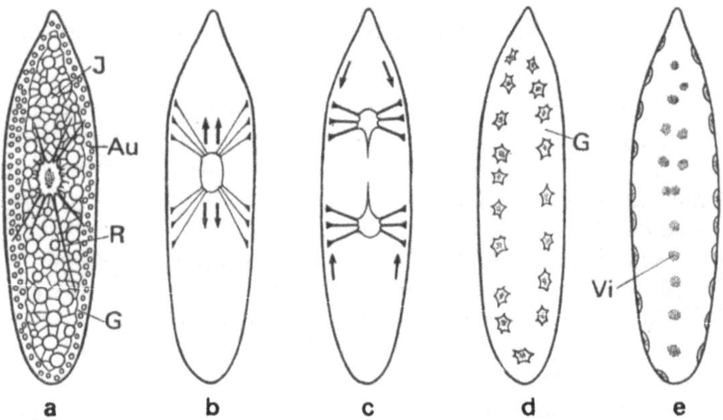

Abb. 5. *Ischnura* (Libelle). Eistruktur, Funktion der Radialsysteme, Furchung und Bildung des Präblastoderms (nach den Untersuchungen von HEIDRUN HUJER 1970) a) Prophase der 1. Teilung nach Verschmelzung von männlichem und weiblichem Vorkern. Ausbildung des Radialsystems *(R)* vom Hofplasma des Prophasekerns aus. Optischer Tangentialschnitt. Der Zygotenplasmahof liegt tiefer als abgebildet. Innere Schicht *(J)* des Dotter-Entoplasma-Systems mit großen Fettdotterkugeln und kantigen Eiweißdotterschollen, umsponnen von Netzplasma. Zwischen der großscholligen inneren Schicht und den kleinscholligen Außenschichten *(Au)* des Dotter-Entoplasma-Systems kann eine Gleitschranke *(G)* entstehen. b, c) Schema der Energidenbewegung nach der ersten Mitose. b) Formierung von vorderem und hinterem Tochter-Radialsystem, deren Radien sich an der Eioberfläche verankern. Pfeile: Bewegung nach der ersten Mitose. c) Kontrahierte Tochter-Radialsysteme, unmittelbar vor deren Inaktivierung, und vollendete Bewegung der Tochterenergidenkörper. Pfeile: Darauf folgende Gegenbewegung der äußeren Dotter-Entoplasma-Schichten. d) 32-Energiden-Stadium. Optischer Schnitt. Die peripherwärts sich ausbreitenden Energiden sind in die Gleitschrankenebene *(G)* gelangt. e) Etwa 200-Energiden-Stadium. Energiden erreichen die Eioberfläche und bilden dort ein Präblastoderm. Im Anschluß an Stadium Abb. d wurden Vitellophagen *(Vi)* ins Innere des Dotter-Entoplasma-Systems abgegeben, die sich dort auf etwa 10 vermehrten und zunächst in der Zentralsäule bleiben

ein plasmodiales Präblastoderm, einen Zellmantel ohne Zellwände, bilden (Abb. 5 e, 7 i, 8). Hieraus geht eine einzige das Dotter-Entoplasma-System umgebende Zellschicht, das Blastoderm, hervor. Dies Stadium entspricht der Blastula anderer Embryonen. Beim stärker differenzierten Eitypus der *Coleopteren* und *Dipteren* wird noch sekundär aus dem Eiinnern Entoplasma zur Vermehrung des Blastoderm-Zellplasmas zugesteuert (Abb. 13 b; I, Abb. 27 III). Die Keimanlage entsteht durch Zusammenschluß und Vermehrung der Blastodermzellen. Dies geschieht zunächst in 2 seitlichen Partien (Abb. 8 e, Vor-Keimanlage), die sich ventral zur einheitlichen Keimanlage zusammenschieben (Abb. 13 i–m, 14). An ihr heben sich die Kopflappen (Ko) gegenüber den Rumpfteilen ab (I, Abb. 20 c).

Die Mosaikfurchung ermöglichte es bei der Wurmblastula, genau zu verfolgen, was die prospektive Bedeutung der einzelnen Teile ist. Um diese für die einzelnen Bereiche des Blastoderms im Libellenei zu ergründen, dessen Zellen völlig gleich förmig die Eioberfläche bedecken (vgl. Abb. 8 b), muß man *künstliche Marken* anbringen. Mittels starker Dosen ultravioletten Lichtes vom Strahlenstichapparat, die eine frühzeitige Heilung verhindern, wurden z. B. beim Libellenei genau abgemessene kleinste Bereiche abgetötet. Aus den entstehenden Defekten am Embryo ließ sich rückschließend eine *Karte der präsumptiven Organanlagen*, ein Anlagenplan für das Blastoderm aufstellen (Abb. 7 i).

Während bei den Ringelwürmern der *Keimstreif* von vornherein durch die Somatoblasten (Teloblasten) zweischichtig gesproßt wird, geht er bei den Insekten aus der einschichtigen Anlage des Blastoderms durch einen Aufteilungsprozeß hervor. Auf der späteren Ventralseite wird in der Längsrichtung eine Mittelplatte (Abb. 6 a, b, Mpl) abgegrenzt, welche sich auf den Dotter zu nach innen einsenkt und deren Zellen sich dann als meso-entoblastemale Schicht unter den ekto-blastemalen Seitenplatten (Spl) ausbreiten. Die seitlichen Teile dieser Schicht bilden die Zölome (Abb. 6 c_2, Coel), ihre medianen die Auskleidung des Darmes (Ent). Währenddessen sind an der Keimoberfläche die Segmente deutlich geworden (Abb. 6 b_1). Unter

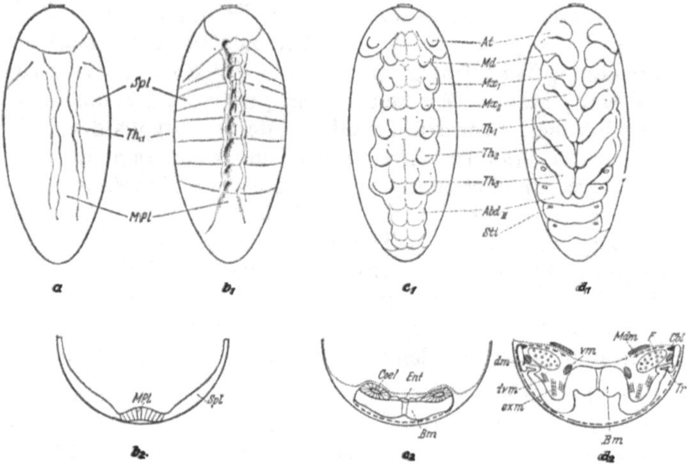

Abb. 6. *Chrysopa* (Netzflügler). Bildung der Körpergrundgestalt. Schemata (nach BOCK 1940, 1941)

a) Abgrenzung der Mittelplatte. Erste Segmentbildung im prothorakalen Differenzierungszentrum (Initialbereich). b_1) Bildung der Primitivrinne zur Einsenkung der Mittelplatte. Segmentierung. Oberflächenbild von der Ventralseite. b_2) Querschnitt durch die Ventralseite eines Thoraxsegmentes in diesem Stadium. c_1) Körpergrundgestalt vollendet. c_2) Querschnitt dazu. d_1) Stadium der morphologischen und histologischen Differenzierung der Organe. Oberflächenbild und d_2) Querschnitt durch die ventrale Eihälfte

Abd Abdomensegment. *At* Antenne. *Bm* Bauchmark. *Cbl* Cardioblasten. *Coel* Zölom. *dm* Dorsalmuskulatur. *dvm* Dorsoventralmuskel. *Ent* Entoblastemaler Mittelstreif. *exm* Extremitätenmuskulatur. *F* Fettgewebe. *Md* Mandibel. *Mdm* Mitteldarmmuskelzellen. *Mpl* Mittelplatte. *Mx* Maxillarsegment. *Mu* Muskulatur. *Spl* Seitenplatte. *Sti* Stigma. *Th* Thoraxsegment. *Tr* Trachee. *vm* Ventralmuskel

der Hypodermis ging aus den Seitenplatten das Bauchmark hervor (Abb. 6 c_2, Bm). Nach außen hin wölben sich die Extremitätenanlagen (c_1, d_1). Vorn im Keimstreif öffnet sich die Anlage des Mundes, hinten die des Afters gegen den Dotter. Ebenso wie bei den Ringelwürmern umwächst der Keimstreif, nach den Seiten sich verbreiternd, mit seinen (hier drei) Keimschichten das Dottersystem, so daß dieses in den Darm gerät.

Die **Differenzierungsordnung** ist bei den Würmern durch den Sprossungsvorgang bedingt. Am Insektenkeimstreif macht sich eine eigene raum-zeitliche Differenzierungsordnung bemerkbar: In der Längsrichtung schreitet das Gebiet des Prothorax den übrigen voraus (Abb. 6 a, Th_1), in der Querrichtung gehen die inneren Teile den äußeren voran. Das Prothoraxgebiet wird daher als **Differenzierungszentrum** (SEIDEL) bezeichnet. Hier versammeln sich die Blastodermzellen zuerst zur Bildung der Keimanlage (Abb. 8 c), hier beginnt die Mittelplatte, sich in den Dotter zu versenken, hier treten die ersten Segmente auf und entstehen die ersten Extremitäten. In der Medio-lateral-Richtung grenzt sich zuerst die Mittelplatte ab (Abb. 6 a). Darauf kommen nacheinander in den ektoblastemalen Seitenplatten die Ganglienzellen, dann die Extremitätenknospen und schließlich die weiter außen folgenden Zelldifferenzierungen hervor (BOCK). Einer Welle gleich pflanzen sich die Differenzierungsprozesse vom Differenzierungszentrum aus nach allen Seiten hin fort.

Das Differenzierungszentrum ist, wenn man es nach seiner morphologischen Bedeutung kennzeichnen will, ein **Initialbereich der Differenzierung** (KRAUSE). An dieser Stelle liegt jedoch nicht nur der Höhepunkt eines vom Initialbereich aus ringsum absinkenden Gefälles im Differenzierungszustand, sondern es hat beim Insektenkeim auch vielfach eine *Bedeutung für den kausalen Ablauf* des Entwicklungsgeschehens. Hier befindet sich dann ein **Faktorenbereich der Differenzierung** (vgl. I, S. 57).

Sehr ausführlich sind diese Verhältnisse an Insekten mit w e n i g d i f f e r e n z i e r t e r E i a r c h i t e k t u r untersucht und sollen daher an Hemimetabolen erläutert werden:

Legt man dem Ei der Libelle im Stadium des gleichförmigen Blastoderms (Abb. 8 b) eine Schnur vor oder hinter dem präsumptiven Differenzierungszentrum an, so bildet nur derjenige Teil, der dieses Zentrum enthält, eine Keimanlage (Abb. 7 a, c). Wird die Schnur mitten im Gebiet des Zentrums angebracht, so entwickeln beide Eiteile eine Keimanlage (Abb. 7 b).

Die **Aktivierung des Differenzierungszentrums** geschieht **durch das Bildungszentrum.** Der Verlauf dieser Aktivierung läßt

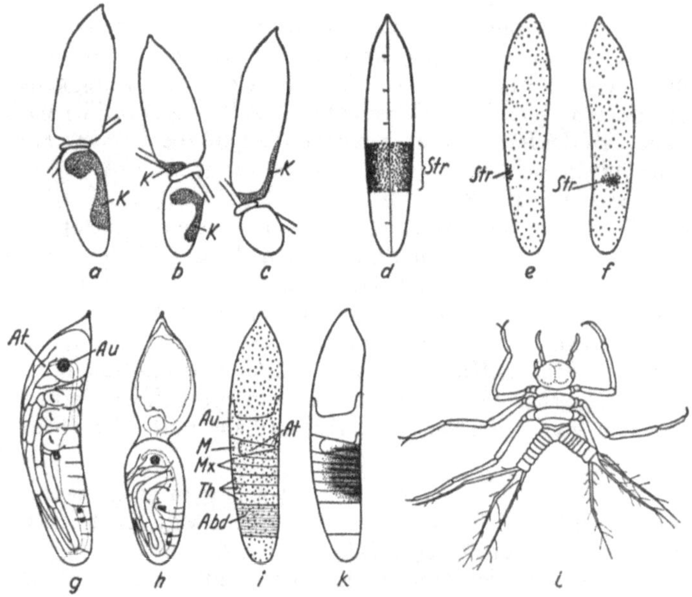

Abb. 7. *Platycnemis* (Libelle). Experimente zur Prüfung der Wirkungsweise des Faktorenbereichs im Differenzierungszentrum (SEIDEL 1934–1961)
a–c) Unvollkommene Schnürungen, durch welche die Wirkung des Bildungszentrums (I, Abb. 20) nicht eingeengt wird, a) unmittelbar v o r dem Differenzierungszentrum. Keimanlage nur hinter der Schnur. b) Schnürung im Bereich des Differenzierungszentrums: Keimanlage zu beiden Seiten der Schnur. c) Schnürung h i n t e r dem Differenzierungszentrum: Keimanlage nur vor der Schnur. d) Ringbestrahlung der Oberfläche des 512-Kernstadiums mit ultraviolettem Licht im Bereich des Differenzierungszentrums. Ergebnis ein normaler Embryo. e), f) Unmittelbare Wirkung einer eng begrenzten Bestrahlung in spätem Blastodermstadium: Zusammenscharung der Kerne im Strahlenfeld. e) Seitenansicht. f) Aufsicht, g) Normaler Embryo vor dem Schlüpfen. h) Zwergembryo, erzeugt durch Schnürung des Eies im Vierkernstadium, kurz vor dem Schlüpfen, Schnur gelöst. i) Ei im plasmodialen Präblastodermstadium mit Angabe der präsumptiven Organbezirke nach Markierungsversuchen mittels kleiner U. V.-Strahlenstichdefekte. k) Plan der präsumptiven Organbezirke mit Einzeichnung der Faktorenbereiche der Differenzierung im Differenzierungszentrum (schattiert, rechts). l) Larve. Verdoppelung des Hinterendes durch Längsspaltung des Eimaterials infolge Bestrahlung mit U.V.-Licht im Stadium der Abb. 8 d *Abd* Abdomen. *Au* Augenlage. *At* Antenne. *K* Keimanlage. *M* Mandibel. *Mx* Maxille. *Str* Strahlenfeld. *Th* Thoraxsegment

sich aus Abb. 8 ableiten, in der für das Libellenei die einzelnen Entwicklungsstadien bis zur Keimanlage ihrem zeitlichen Abstand gemäß eingezeichnet sind. Die Aktivierung geht, wie I, S. 84 geschildert wurde, vom *Faktorenbereich des Bildungszentrums* aus. Von seiner Wirkung ist jegliche Entwicklung im Ei abhängig (vgl. S. 39). Er befindet sich am Hinterende des Eies im Dotter-Entoplasma-System und wird durch eine Reaktion mit den Furchungskernen aktiviert (ausgefüllter Pfeil, Abb. 8 a). Wenn während des Blastodermstadiums zu verschiedenen Entwicklungszeiten das Ausschaltexperiment (Abb. 20 f, g, Bd. I) derart ausgeführt wird, daß man an verschiedenen Eiern jeweils unterschiedlich große Bezirke vom Hinterpol aus abtötet, so ergibt sich: Mit fortschreitender Entwicklungszeit können immer größere Bezirke ausgeschaltet werden, ohne daß sich die Entwicklung verhindern läßt. In dem Ausmaß, in dem es die hohlen Pfeile (Abb. 8 b, c) anzeigen, schreitet ein Vorgang vom Bildungszentrum aus nach vorn vor. Unmittelbar ist damit eine Veränderung des Dotter-Entoplasma-Systems verbunden, indem die kleinsten Dottergranula zugunsten der größeren verschwinden, ferner das ganze System heller durchscheinend, mehr elastisch verfestigt und offenbar geeigneter wird, auf Reize hin mit Kontraktionserscheinungen zu antworten.

Das Agens des Bildungszentrums läßt sich auch durch eine Schnur von feinstem Kinderhaar wie etwa in Abb. 20 l, m (Bd. I) aufhalten. Doch muß diese sehr fest angezogen werden, um eine Schranke bilden zu können. Im Gegensatz dazu wird die Wirkung des Differenzierungszentrums auch dann schon durch eine Schnur beschränkt, wenn sie wie im Versuch Abb. 7 a, c, relativ locker um das Ei gelegt ist. Die **Wirkungsweise des Faktorenbereichs im Differenzierungszentrum** muß eine grundsätzlich andere als die des Bildungszentrums sein. Sie kann nicht etwa durch ein Agens, welches das Dotter-Entoplasma-System aktiviert, übertragen werden. Daß auch die Wirkung nicht von Zelle zu Zelle im oberflächlichen Blastoderm fortschreitet, beweist der Versuch Abb. 7 d. Hier wurde mittels schwacher Dosen ultravioletten Lichtes das plasmodiale Blastoderm der Eioberfläche im gesamten Bezirk des Faktorenbereichs der Differenzierung abgetötet. Aber trotzdem wander-

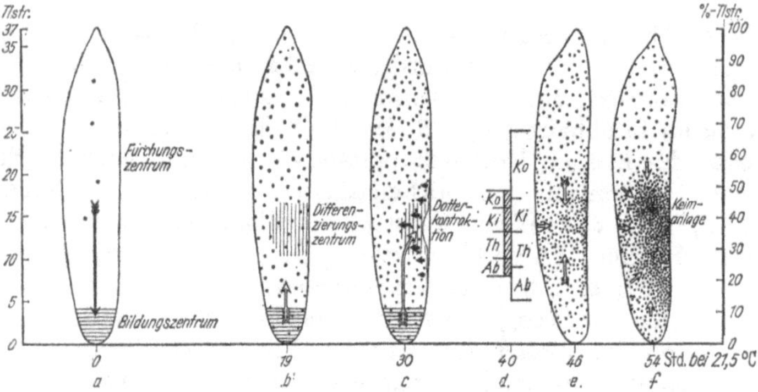

Abb. 8. *Platycnemis* (Libelle). Schematische Darstellung des frühen Reaktionsablaufes im Ei bis zur Bildung der Keimanlage

Ordinate: Eilänge in Mikrometer-Teilstrichen (1 Tlstr. = 24 µm) bzw. %-Teilstrichen Abszisse: Entwicklungszeit in Stunden. Linke Seitenansichten. In c ist die linke Eiseite in die Zeichenebene gedreht, um den Differenziehrungsbereich der linken Seite im optischen Schnitt zu zeigen (SEIDEL 1926–1961)

a) Vierkernstadium. Die Furchungskerne bewegen sich vom Furchungszentrum aus in Richtung zur Eioberfläche. Diejenigen, die zum Hinterende gelangen (Pfeil), vollziehen mit dem plasmatischen Faktorenbereich des Bildungszentrums (waagerecht schraffiert) eine Auslösungsreaktion. b) 256-Kernstadium. Folge dieser Reaktion ist wieder ein Bewegungsvorgang. In Richtung des hohlen Pfeiles vollzieht sich eine Änderung der Struktur des Dotter-Entoplasma-Systems, durch welche dieses eine veränderte Konstitution im Sinne stärkerer Gelierung erhält. c) 512-Kernstadium. Dieser Bewegungs- und Ordnungsvorgang führt zu einer Reaktion im Differenzierungsbereich (in b senkrecht schraffiert), die sich in einer Kontraktionsbewegung äußert (dunkle Pfeile): Das Dotter-Entoplasma-System zieht sich zusammen, senkt sich ein, hebt sich dadurch vom Chorion ab und regt die Zellen der Eioberfläche an, sich in dem freien Raum zu sammeln. d) Links: Ausdehnung des Faktorenbereiches der Differenzierung (im Dotter-Entoplasma-System) mit den zentralen Regionen für Kiefer *(Ki)* und Thorax *(Th)*, denen vorn und hinten kurze Abschnitte für Kopf *(Ko)* und Abdomen *(Ab)* aufsitzen (vgl. Abb. 7 k). Rechts: Ausdehnung des Anlagenplanes im oberflächlichen Präblastodermgebiet (vgl. Abb. 7 i). e) Stadium der zweiteiligen Vor-Keimanlage. Indem sich die Kontraktionsbewegung vom Initialbereich der Differenzierung (c) nach vorn und hinten, sowie nach den Seiten fortsetzt und Raum für die gesamte Keimanlage freigibt, können die sich zusammenscharenden Zellen (hohle Pfeile) die Gestalt der zweiteiligen Vor-Keimanlage aufbauen. Das von der Eioberfläche aus eingesenkte Dotter-Entoplasma-System (c) bildet eine Matrize für die Prägung der Vor-Keimanlage, deren eine Längshälfte in dieser Abb. e dem Beschauer zugewandt ist. Da dieser Vorgang im Initialbereich der Differenzierung anhebt, sind die dort befindlichen Zellen vor den übrigen bis in späte Stadien hinein in der Differenzierung voran. f) Stadium der vollendeten zweiteiligen Vor-Keimanlage. Diese verschiebt sich im Sinne der Pfeile, um sich mit der hinter der Zeichenebene befindlichen zweiten Längshälfte an ihrer präsumptiven Ventralseite (rechts) zu vereinigen. [Im Gegensatz zu den allgemein ohne weiteren Zusatz gebrauchten Bezeichnungen „ventral“ und „dorsal“ stimmen bei Li

ten die außerhalb dieses Bereichs befindlichen Zellen in dem Wundbezirk ein und nahmen die Differenzierung auf. Demnach kann auch ohne die ursprünglich dem Differenzierungszentrum angehörigen Blastodermzellen ein normaler Embryo entstehen. So bleibt nur noch übrig, das System von Netzplasma und Dotter als Urheber der Zellbewegung anzusehen. Wie sich verschiedentlich beobachten läßt, kann sich das Dotter-Entoplasma-System auf gewisse Reize hin, bei Annäherung einer heißen Nadel oder bei Bestrahlung mit ultraviolettem Licht, kontrahieren. Dellt sich auf Grund einer örtlich begrenzten Bestrahlung (Abb. 7 e, Str.) das Dotter-Entoplasma-System unter dem Chorion nachhaltig etwas ein, so strömen Blastodermzellen von allen Seiten her auf diese Stelle zu, die umliegenden Gebiete entblößend (Abb. 7 f). Liegt die Bestrahlung kurz vor dem Gebiet einer präsumptiven Keimanlagenhälfte, so kann dort die Keimanlage gegenüber der anderen Hälfte verlängert werden: Das Dotter-Entoplasma-System vermag durch Eigenkontraktion an lokal begrenzten Stellen eine Ansammlung der Blastodermzellen zur Keimanlage zu veranlassen. Indem es sich zuerst im Differenzierungszentrum kontrahiert und diese Kontraktion einer Welle gleich nach vorn und hinten weiterführt, sammeln sich die Blastodermzellen zuerst im Differenzierungszentrum (Abb. 8 c) und dann, schrittweise fortschreitend, in den vorn und hinten anschließenden Gebieten. Im Faktorenbereich des Differenzierungszentrums entsteht so der Initialbereich der Differenzierung. Bei dieser Art *dynamischer Auslösung der Bildung der Keimanlage* kann natürlich eine wie in Abb. 7 a, c nur wenig angezogene Schnur den Fortgang der Differenzierung hemmen, indem sie dem Dotter-Entoplasma-System seine Bewegungsfreiheit nimmt.

Wie Mikro-Zeitraffer-Film-Analysen dartun, ist der Reaktionsablauf der Faktorenbereiche von Bildungs- und Differenzierungszentrum in eine **Bewegungstätigkeit des gesamten Eies**

bellen und Cicaden diese Lagebeziehungen für Ei und Keimanlage nicht überein, so daß man in Abb. f unterscheiden muß zwischen „eiventral“ = links und „keimventral“ = rechts. Durch die Umrollung des Keimes im Dotter (Bd. I, Abb. 20 d) werden beide Seiten in Übereinstimmung gebracht (Abb. 7 g). Diese Abweichungen vom Typischen sind im Text nicht berücksichtigt]

eingebettet. Eine erste Form von Bewegungen sind Schwingungsbewegungen im Dotter. Sie werden mit der Befruchtung ausgelöst. Die einzelnen Dottergranula stoßen einander an, kehren aber auf ihren Ausgangspunkt zurück. Die Abbildungsreihe 9 gibt das Ei jeweils nach 4 Std. wieder. Die Länge eines Pfeiles zeichnet immer den Weg nach, den eine Dotterscholle in 4 Std. zurücklegt. Es entstehen auf der Grundlage einer Art von *ungerichteten Longitudinalschwingungen* sich fortpflanzende Wellenbewegungen. Zuerst gerät die vordere Hälfte des Eies (Abb. 9 a–d), dann mehr die hintere Eihälfte in Bewegung,

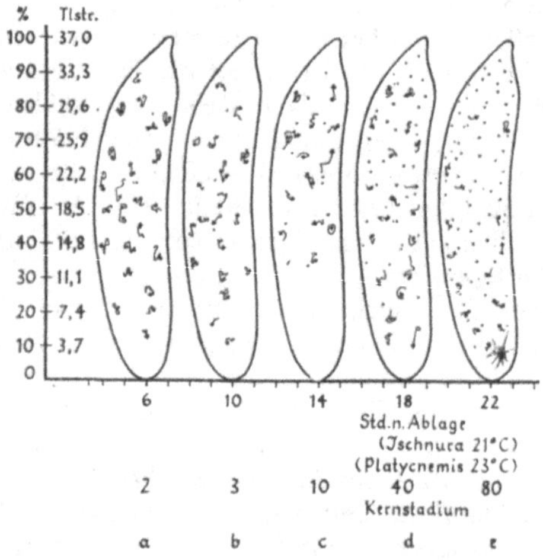

Abb. 9. *Ischnura elegans* (Libelle). Ergebnisse aus Mikro-Zeitraffer-Film-Analysen, 2- bis 80-Energidenstadium. Schwingungsbewegungen nach Analysen von HEIDRUN HUJER (aus SEIDEL 1966)
Ordinate: Eilänge in %-Teilstrichen und den für Untersuchungen an *Platycnemis* eingeführten Okular-Teilstrichen (1 Tlstr. = 24 µm)
Abszisse: Entwicklungszeit in Stunden nach Eiablage (21° C bzw. 23° C), sowie Kernstadium. Kerne als Punkte schematisiert eingezeichnet. Die bewegungsanzeigenden Pfeile entstammen der Bewegungs-Analyse von Dotterschollen. Länge der Pfeile entspricht dem Weg einer Dotterscholle pro 4 Stunden. Einfache Pfeile: „Schwingungsbewegungen“

bis diese 30 Std. nach Eiablage am dortigen Eipol ausläuft. Durch diese Bewegungen wird möglicherweise das Dotter-Entoplasma-System zunächst aufgelockert. Doch ist die *Bewegungsfolge der Energiden* vom Furchungszentrum aus nach vorn und hinten nicht von der Dotterschollenbewegung abhängig, sondern wird *autonom* gesteuert. Dies geschieht durch das den Energiden eigene „Radialsystem" (HEIDRUN HUJER). Es ist ein System von „Radien" (Abb. 5, R), langen Fäden des Netzplasmas, die am Energidenkörper, dem Plasmahof mit Kern, ansitzen, zur Eioberfläche ziehen und dort am Periplasma festhaften.

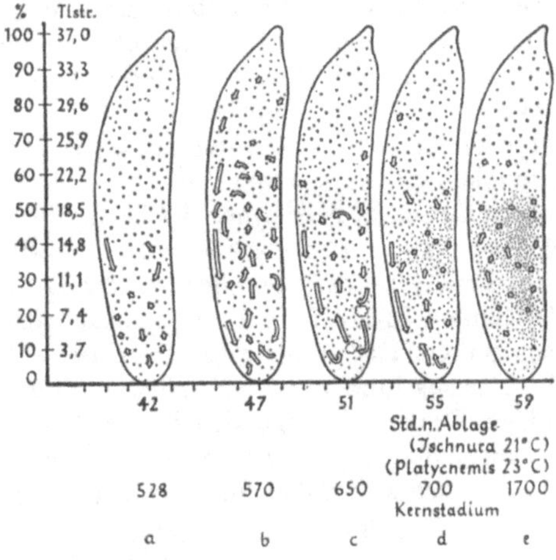

Abb. 10. *Ischnura elegans*. Ergebnisse aus Mikro-Zeitraffer-Film-Analysen, 528-Energidenstadium bis Keimanlage. Strömungsbewegung nach Analysen von Gisela BERGMANN-SCHANZ (aus SEIDEL 1966) Parameter entsprechend Abb. 9. Hohlpfeile: Strömungsbewegungen; „Maulbeer"umrisse: Dotterpulsierungen

haften. Durch Kontraktion der Radien (die man nicht mit mitotischen Polstrahlen verwechseln darf) werden die Energidenkörper fortbewegt (Abb. 5 b, c). Während der Wanderung bauen sich in gesetzmäßiger Weise frontal am Energidenkörper immer neue Radien an. Die Anbaugesetze und charakteristischen Energidenkonstellationen, die während der Furchung erreicht werden, deuten darauf hin, *daß dem Ablauf der superfiziellen Furchung Prinzipien einer Spiralfurchung zugrunde liegen.*

Diejenige Energide, die zuerst den hinteren Eipol erreicht, fällt vielfach durch übernormale Plasmaaufnahme auf (Abb. 9 e). Man muß an dieser Stelle die Bd. I, S. 84 für das Bildungszentrum geschilderte Aktivierungsreaktion des Dotter-Entoplasma-Systems durch die Energiden vermuten.

Dotter und Vitellophagen zeigen nunmehr am hinteren Eipol und weiter vorn im Ei Aktivitäten, die sich in zum Teil explosiver Dotterzerstäubung und Dotterauflösung äußern. Dadurch werden die S. 33 erwähnten Veränderungen der Konsistenz des Dotters erklärbar. Zugleich löst eine z w e i t e Bewegungsform die ungerichteten Schwingungsbewegungen ab. Die Dotterschollen kehren nicht mehr auf ihren Ausgangspunkt zurück, sondern fließen in bestimmter Richtung fort (Abb. 10 a, Hohlpfeile). Es beginnen *Strömungsbewegungen,* die nach wenigen Std. (b) den Gesamtfaktorenbereich der Differenzierung ergreifen. Sie laufen in einer Fontaine zentral nach vorn und peripher nach hinten. Der stärkste Einstrom befindet sich dorsal (in Abb. c rechts hinten) an der späteren Einrollungsstelle der Keimanlage. Durch die folgenden Kreisströme werden die Umrisse der zweiteiligen Vorkeimanlage geformt (Abb. 10 e, 8 e). Vor allem setzen sich dabei die Kopflappen vom Thoraxgebiet ab.

Eine d r i t t e Form von Bewegungen äußert sich in *Kontraktionen* des Dotter-Entoplasma-Systems. Nach der Darstellung auf S. 35 war eine zentralgerichtete entoplasmatische Kontraktionsbewegung dafür verantwortlich, daß sich im Initialbereich der Differenzierung die Präblastodermzellen zur Keimanlagenbildung zusammenscharen konnten. Wie zusätzlich Film-Analysen am Ei von *Acheta* erkennen lassen (H. W. SAUER), können die Kontraktionsbewegungen nach Art und Richtung sehr unterschiedlich verlaufen.

Hinzu kommen noch a n d e r e P r o z e s s e, durch welche Zellbewegungen eingeleitet werden: Die *Vitellophagenaktivität* erhöht sich. *Auflösungsprozesse* unter der Dotteroberfläche, begleitet von Dotterpulsationen, nehmen zu (Abb. 10 c). Schließlich bemerkt man eine *Vermehrung der Zellteilungen.* Daß zu ihrer Auslösung der entoplasmatische Faktorenbereich der Differenzierung unmittelbar beiträgt, ließ sich zeigen, als in ähnlicher Weise wie in Abb. 7 d die gesamte plasmodiale Vor-Keimanlage der hinteren Hälfte des Grilleneies durch Röntgenbestrahlung entfernt wurde und sich aus der vorderen Eihälfte durch einwandernde präsumptive Serosazellen ersetzte. Diese Zellen, die normalerweise nicht mehr zur Mitose gelangen, treten in der hinteren Eihälfte wieder in Zellteilungen ein und bilden eine sich normal entwickelnde Keimanlage (SCHWALM).

Aus dem ortsgebundenen Erscheinungsbild aller dieser Vorgänge, die sämtlich im Dotter-Entoplasma-System ablaufen, läßt sich der Umfang des Faktorenbereichs der Differenzierung für das Ei erschließen (Abb. 8 c, d, e; 10 c, d; 13 h).

Wiederholt man den in Bd. I, Abb. 20 g–h dargestellten Versuch, das Bildungszentrum mit Thermokauter auszuschalten, für die Film-Analyse, so hebt sich die Bedeutung der Faktoren des Bildungszentrums für die differenzierenden Bewegungen sehr klar heraus. Die Schwingungsbewegungen werden nicht behindert; sie gehören zum Ablauf der Furchung. Wohl aber fehlt jegliche Ordnung in den Strömungsbewegungen. Sie treten in Andeutungen auf, aber führen nicht zu den erforderlichen Bewegungsbildern des Faktorenbereichs der Differenzierung. Die Entwicklung nimmt lediglich außerembryonale Richtung an (Bd. I, Abb. 20 h).

Dadurch wird die Bedeutung des Bildungszentrums nicht nur für die Aktivierung der Keimanlagenbildung, sondern speziell auch für zugehörige Strömungsbewegungen deutlich bestätigt. Noch nicht berücksichtigt werden konnten jedoch die *Bewegungstendenzen der Energiden selbst.* Während der Furchung ordnen sie sich nicht den Dotterbewegungen ein, wie S. 37 ausgeführt wurde, sondern verteilen sich autonom (Abb. 5). Darüber hinaus fehlt noch jede Einsicht in die Bewegungsantriebe und Ordnungsvorgänge, die den Energiden für die Keimanlagenbildung innewohnen. Daß man nach diesen suchen muß, legen viele vollendete Keimanlagenbildungen aus abnormer Ausgangslage nahe, die hier nicht dargestellt werden können.

Eine allgemeine Übersicht soll die *Bedeutung der Bewegungsvorgänge für die frühe Reaktionsfolge,* welche oben S. 35 f. und Abb. 8 geschildert wurde und vom Beginn der Furchung bis zur Bildung der Keimanlage führt, noch einmal hervorheben: Die Wanderung der Furchungskerne vom Furchungszentrum zur Eioberfläche läßt die Reaktion der Furchungskerne im Bildungszentrum zustandekommen. Durch sie wird der nach vorn gerichtete Bewegungsvorgang angeregt, in dessen Verlauf sich die Struktur des Dotters ändert. Und wiederum folgt auf diese Reaktionsgruppe ein Bewegungsvorgang in Gestalt der wellenförmig sich ausbreitenden Kontraktion des Dotter-Entoplasma-Systems, durch welche die Zeitordnung aller folgenden, vom Differenzierungszentrum aus anhebenden Differenzierungsprozesse gegeben ist. *Immer wechseln Bewegungsvorgänge und stoffliche Reaktionen miteinander ab.* Die Bewegungsvorgänge führen die Entwicklung weiter, indem sie jeweilig die einzelnen Zentren zur Reaktion gelangen lassen und damit wieder zur Entstehung von neuen Zentren, neuen Strukturen und Stoffen und weitergreifenden Reaktionen Anlaß geben. Zugleich werden durch die besondere Form dieser Bewegungsvorgänge, da sie nicht autonom ablaufen, sondern durch das übergeordnete Ganze gesteuert werden und sich bei Störungen des Systems dem neuen Ganzen anpassen können, Regulationen des Entwicklungsverlaufs möglich. Fest im Ei lokalisierte Zentren oder besonders ausgezeichnete Faktorenbereiche dagegen, die in der Entwicklung nicht entbehrt werden können, beschränken die Regulationsfähigkeit des Eisystems (vgl. I, S. 175 ff.).

Zur näheren Klärung der Bedingungen und des Umfangs von **Regulationen** sei zunächst die Bedeutung von Bewegungsprozessen für diese eingehender dargestellt. Daraus werden sich neue Einsichten in die Funktionsweise des Eisystems und seiner Teile ergeben. Anschließend sollen Differenzierungstendenzen, ihre Wirkungsweise und Entstehung in den Teilsystemen abgehandelt werden, um neben den entwicklungsphysiologisch dynamischen Faktoren auch die konstituierenden (sachbestimmenden) Faktoren in ihrer Bedeutung für die Keimentwicklung sichtbar werden zu lassen.

Innerhalb des Differenzierungszentrums des Libellenkeimes (Abb. 8 b) kann die Kontraktionswelle an jeder Stelle im Faktorenbereich anheben. Normalerweise beginnt sie in der Mitte, etwa der Lage des späteren ersten Thoraxsegmentes. Wird jedoch das Eisystem durch eine Schnur auf die Hälfte verkürzt (Abb. 7 h), so verlagert sich die Stelle erster Zusammenscharung innerhalb des Faktorenbereiches vom Differenzierungszentrum weiter nach hinten, und vor dem Thorax bleibt dann bis zur Schnürungsstelle noch genügend Platz für den Kopf zur Bildung eines ganzen Embryos. Die Kontraktionsbewegung ist mit den Grenzen des Systems in der Weise verbunden, daß sie sich harmonisch zu diesen einzustellen sucht und dabei dann auch der Initialbereich der Differenzierung eine harmonische Lage im Ei einnimmt. – Aus einer vorderen Hälfte eines Libelleneies kann ein ganzer Embryo nicht hervorgehen, weil dort Bildungs- und Differenzierungszentrum fehlen. Auch SCHNETTERS Bienenzwerge entstammten dem hinteren Eibereich. – Dagegen sind mediane und frontale Verdoppelungen vorn und hinten im Ei möglich, wenn man mit Thermokauter oder UV-Strahlenstich das Dotter-Entoplasma-System während der Furchung in der Längsrichtung aufspaltet (Abb. 7 l). – Einige Regulationen in der Längs- und Querachse des Eies seien ausführlicher beschrieben.

Bemerkenswerte Verhältnisse entlang der Längsachse finden sich am Ei von *Euscelis*. Das Ei bildet ein Hinterpolplasma aus, welches äußerlich durch einen Symbiontenball (Myzetom) gekennzeichnet ist (Abb. 11 a). Im Gegensatz zum Bildungszentrum der Libellen- und Grilleneier ist die Anwesenheit dieses Hinterpolplasmas nicht Bedingung für die Entstehung einer embryonalen Bildung überhaupt, sondern hier befinden sich Faktoren für die Art der Differenzierung eines auf andere Weise bereitgestellten Keimmaterials. Das Plasma scheint seine Wirkung erst zu entfalten, wenn die für *Platycnemis* geschilderten dynamischen Prozesse zur Bildung der Keimanlage bereits in

Gang gesetzt sind. Das *Hinterpolplasma enthält konzentriert Faktoren für die polare Orientierung und die segmentale Gliederung des Keimstreifs* (vergleichbar vielleicht dem Hinterpolplasma und Oosom der Hymenopteren und Dipteren mit den Faktoren für die spezielle Differenzierung von Keimzellen).

Einige auf Abb. 11 dargestellte Experimentalergebnisse von SANDER mögen diese Aussagen begründen: Schnürt man das *Euscelis*-Ei während der Furchung etwa 30 % vom Hinterpol entfernt ein, so entstehen vor wie hinter der Schnur Teilembryonen (Abb. 11 b). Will man vor dieser Schnur einen ganzen harmonisch gegliederten Embryo erhalten, so muß man nach dem Vorgehen von SANDER während der Furchungsstadien bis spätestens zum Erscheinen der zweiteiligen Vor-Keimanlage den Symbiontenball (mit anhängendem Plasma) nach vorn verlagern (c). Dies geschieht durch Einstülpen des hinteren Eipoles in das Ei mittels eines Glasfadens. Das Ei gleicht die Einstülpung selbständig wieder aus. Nunmehr kann das Vorderstück, das sonst nur wenige Kopf-Segmente zu bilden vermag, einen ganzen Embryo hervorbringen (d). Auch wenn man das Ei, dessen Polplasma im Furchungsstadium verlagert ist (e), erst im Stadium der zweiteiligen Vor-Keimanlagen hinter dem Symbiontenball einschnürt (h), entsteht vor der Schnur ein ganzer Embryo (i).

Für die Regulation zum Ganzen im Vorderstück ist nicht der Symbiontenball, sondern das Hinterpolplasma verantwortlich. Denn wenn man kurz v o r dem verlagerten Symbiontenball schnürt (k), so vermag allein infolge der Anwesenheit von Plasma, das dem hinteren Eipol entstammt, der vorn entstehende Embryo nicht nur, wie normal, seine vorderen, sondern auch seine hinteren Segmente zu bilden (l). – Die polarisierenden Einflüsse des Hinterpolplasmas läßt neben Abb. 1 Experiment e, f erkennen. Hinter der Schnur entstand ein Teilembryo vom Metathorax biz zum Abdomenende. Zusätzlich bildete sich in Richtung der Längsachse eine Verdoppelung. Sie wurde

hinter dem Symbiontenball. i) Ergebnis wie d. k) Weiterführung von e. Zusätzliche Schnürung im Stadium g vor dem Symbiontenball. l) Ergebnis aus k. Vorn Ganzbildung, hinten Teilbildung vom 3. Thoraxsegment bis zum Abdomen und Polaritätsumkehr

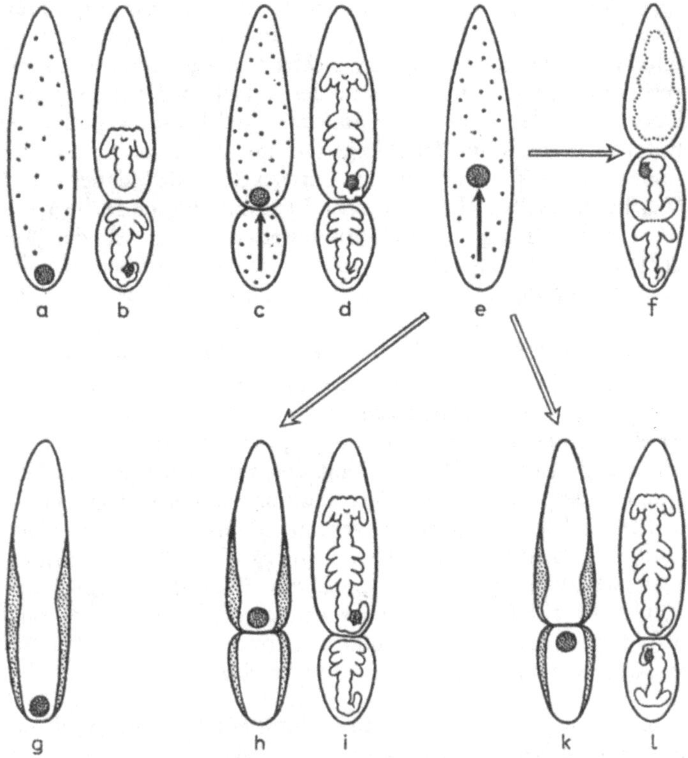

Abb. 11. *Euscelis* (Kleinzikade). Experimente zum Nachweis der Bedeutung des Hinterpol-Plasmas im Ei. Nach SANDER 1962, verändert.

Obere Reihe: Fortgeschrittene Furchungsstadien als Operationsstadien, etwa 15 Std. n. A. bei 22° C (a, c, e). Ergebnisse im Keimstreifstadium (b, d, f).

Untere Reihe: Stadium der zweiteiligen Vor-Keimanlage 36 Std. n. A. (g, h, k) und Operationsergebnisse im Keimstreifstadium (i, l).

Die Ergebnisse sind vereinfacht ohne Berücksichtigung der Umrollungsvorgänge (Blastokinese) dargestellt

a) Normale Furchung. Symbiontenball am hinteren Eipol. b) Teilbildungen nach Eidurchschnürung in der Mitte im Stadium a. Vorn Kopf-Kiefer-Region. Hinten 2.–3. Thoraxsegment und Abdomen. c) Vorschieben des Symbiontenballes und Schnürung. d) Ergebnis aus c. Vorn Ganzbildung, hinten 3 Thoraxsegmente und Abdomen. e) Vorschieben des Symbiontenballes. f) Und Schnürung vor dem Ball: Doppelbildung vom 3. Thoraxsegment an und Umkehrung der Polarität. g) Normale Vor-Keimanlage. h) Weiterführung von e. Zusätzliche Schnürung im Stadium g spiegelbildlich, da der vordere Partner vom vorverlagerten Hinterpolplasma aus eine zur Eiachse inverse Polaritätsrichtung erhalten hatte (f). – Eine vergleichbare spiegelbildliche Längsverdoppelung des Keimhinterendes erhielten KALTHOFF und SANDER bei der Zuckmücke *Smittia* durch UV-Bestrahlung des Ei vorder endes im Furchungsstadium vor Ausbreitung der Energiden. Kopf und Thorax entwickelten sich dabei nicht. Welche Kausalbeziehung diesem Ergebnis zugrunde liegt, ist noch nicht zu sagen. Zum mindesten befindet sich der Angriffspunkt der Bestrahlung im Ooplasma möglicherweise im Cortex, der durch die Bestrahlung zuerst und vor allem getroffen wird. – Außerdem können durch Bestrahlung des Eihinterendes spiegelbildliche Längsverdoppelungen entstehen.

Bei dem in der Längsachse des Eies angesiedelten Faktorensystem der besprochenen *Euscelis* sind ähnlich wie im Libellenei laterale Keimverdoppelungen, sowohl durch mediane wie durch frontale Durchteilung des Eies während der Furchung oder im Präblastodermstadium möglich. Das unversehrte Ei kann längsgeteilt werden mittels einer leicht abgestumpften Schneide einer Rasierklinge, welche mittels Mikrometerschrauben gegen ein elastisches Widerlager, meist eine PVC-Folie auf Glasunterlage, gedrückt wird. Der Operationserfolg läßt sich nach umgekehrter Montierung des Abklemm-Apparates unmittelbar unter dem Mikroskop betrachten.

In viel späteren Stadien, nach Bildung der Keimanlage, gelang es KRAUSE, bei *Tachycines* noch Lateralzwillinge zu erzielen. Wie bei *Platycnemis* (I, Abb. 20 d) und bei *Acheta* rollt der Keimstreif nach seiner Ausbildung in den Dotter ein und überzieht sich dabei mit einem Amnion (dunkel, Abb. 12 c_3). Der *Tachycines*-Embryo bewegt sich frei im Dotter und ist relativ sehr klein. So kann man mit einer Glasnadel durch das Chorion hindurch in das Ei einstechen und am Embryo Schnitte anbringen, auch ihn beliebig in Stücke zerteilen.

Die Operationsstadien sind in Abb. 12 (außer Abb. c_3) unter Weglassung der Einrollung gezeichnet. Abb. 12 a entspricht etwa Abb. 13 l bzw. I, Abb. 20 c. Rechte und linke Vor-Keimanlage haben sich zum einheitlichen Keimstreif vereinigt. Vorn heben sich gerade beiderseits die Kopflappen heraus. Zur Zeit der Abb. 12a beginnt die Einrollung. Sie ist im Stadium der Abb. 12b abgeschlossen. Dann liegt der Keim (K) völlig vom Amnion (Am) umgeben, im Eiinnern (b_2, $c_{2,3}$). Er hat die Mittelplatte abgegrenzt. In Abb. 12c wird diese unter Bildung einer Primitivrinne (wie Abb. 6b) als unteres Blatt (Meso-Ento-Blastem) unter das Ektoblastem verlagert (Abb. 12 c_2, d_2) und schimmert auf Abb. 12d durch das Ektoblastem hindurch. Sowohl im Stadium der Abb. 12a, wie noch im Stadium der Abb. 12e lassen sich durch Längsteilung des Keimstreifs (Abb. 12 a_3, e_3) Doppelbildungen erzielen (a_7, e_7). Der Modus ist allerdings in beiden Fällen verschieden: Im frühen Keimstreifstadium, welches durch das Meso-Ento-Blastem noch nicht unterlagert ist (Abb. 12 a_2, b_2) vermag sich jede Seite des Keimstreifs neu zu gliedern (a_4–a_6, *Dynamische Regulation*). Dagegen ist dieses nach der Unterlagerung nicht mehr möglich. Die beiden Teilkeime sind zunächst unilateral (e_4–e_5). Sie werden aber dadurch bilateral-symmetrisch, daß Teile des Amnions (schwarz gezeichnet) mit in den Keimstreif einbezogen werden (e_5–e_6). Die differenzierten Teile gliedern sich undifferenziertes Amnion bzw. undifferenzierte Seitenteile an. Es findet ein Prozeß der Induktion statt (*Induktive Regulation*). Bei dieser Induktion wird einer fortgeschrittenen, allerdings unilateralen Organisation ein undifferenziertes Blastem so angeglichen, daß eine harmonische bilaterale Organisation entsteht (vgl. S. 150 f.).

Die Regulationsbefähigung erlischt zuerst im Initialbereich der Differenzierung (DZ), der sich für *Tachycines* auf Abb. 12c durch den Beginn der Mittelplatteneinsenkung und auf Abb. 12f durch die Segmentgrenze zwischen Kiefer- und Thoraxregion (Mx_2, Th_1) zu erkennen gibt. Mit fortschreitender Entwicklungszeit regulieren nur noch Keimpartien, die immer weiter vom Differenzierungszentrum entfernt liegen. Nachdem das Ektoblastem in ganzer Keimlänge unterlagert ist und Regulationen für den Ganzkeim nicht mehr möglich sind (Abb. 12f), kann man immer noch Kopf und Abdomen oder einzelne Extremitäten zur Verdoppelung bringen. Ebenso heilen Randpartien des Keimstreifs noch in sehr späten Embryonalstadien aus.

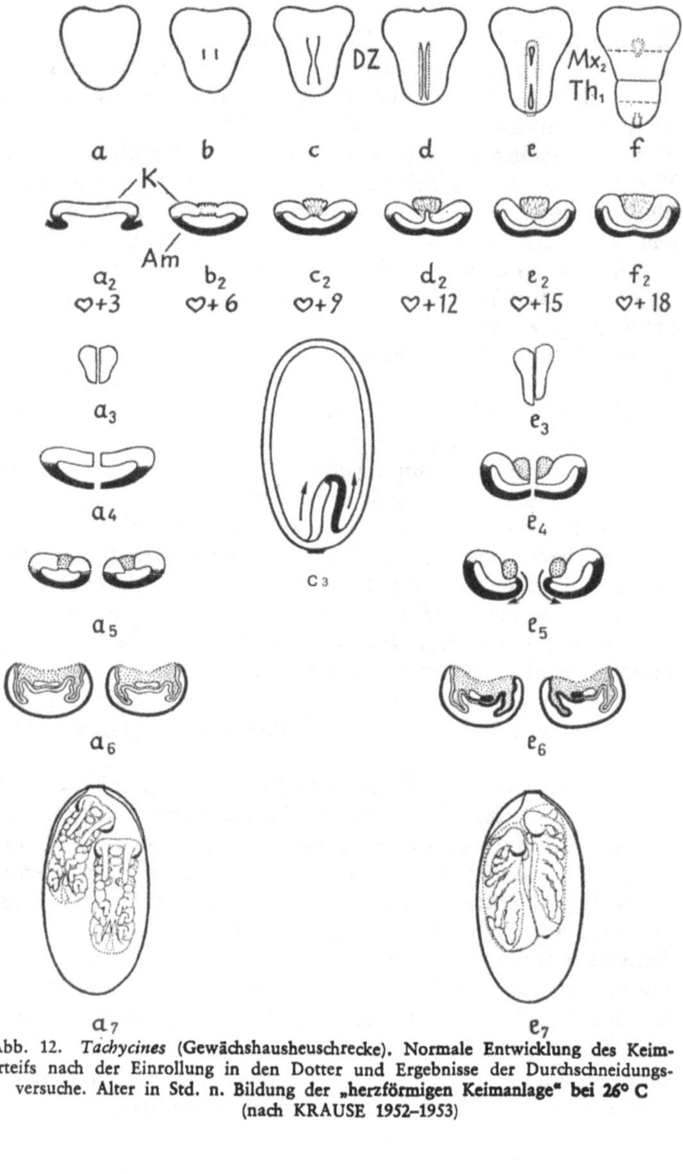

Abb. 12. *Tachycines* (Gewächshausheuschrecke). Normale Entwicklung des Keimsrteifs nach der Einrollung in den Dotter und Ergebnisse der Durchschneidungsversuche. Alter in Std. n. Bildung der „herzförmigen Keimanlage" bei 26° C (nach KRAUSE 1952–1953)

Experimentelle Eingriffe in das Keimgefüge veranlassen den Embryo, mit Regulation oder Defektentwicklung zu antworten. So gewinnt man ein Mittel, um etwas über **die Muster der Differenzierungstendenzen im Ablauf von Präblastoderm- und Blastodermstadien** zu erfahren.

Sorgfältig vorgenommene orts- und zeitbestimmte Ausschaltungen an Teilen von Keimen lassen sich auch im Gegensatz zu den Experimenten an ganzen Embryonen, wie sie bisher geschildert wurden, besser ununterbrochen unter Augen halten und in ihrer Weiterdifferenzierung beobachten.

Zunächst seien Untersuchungen über die **Differenzierungstendenzen in der Eiquerachse** geschildert.

Wie oben (Abb. 8 d, e, 10 d–e) berichtet, spielt sich am Libellenei, das dem wenig differenzierten Architekturtypus zugehört, die Gestaltbildung der Keimanlage an der Keimoberfläche ab. Da die Energiden auf der Dotteroberfläche sehr beweglich sind, versprach es Erfolg, das Experiment Abb. 7 d zu variieren und mit UV-Strahlenfeldern bestimmte Oberflächenpartien abzutöten. Man konnte erwarten, daß Energiden aus der Nachbarschaft in die Defektzonen einwandern und so eine Regulation einleiten. Derartige Experimente wurden am Libellenkeim, aber dann anschließend in größerer Anzahl am Ei von *Acheta* durchgeführt. (Für das Grillenei gelten Aussagen über Bildungs- und Differenzierungszentrum, sowie über die dynamischen Prozesse zur Formung der Keimanlage ebenso wie am Libellenei [vgl. Abb. 13 h–k und 10 d–e]. Beide Formen rechnen wir aus den

a–f) Oberflächenbilder. a_2–f_2) Querschnitte. c_3) hinterer medianer Längsschnitt zu c_2. a) Einteilige Keimanlage (Herz+3). Das Amnion *(Am,* schwarz) legt sich an und schließt sich kurz darauf (b_2) unter der Keimanlage *(K)*. c) Bildung der Mittelplatte (Meso-Ento-Blastem) und Einsenkung zuerst im Initialbereich des Differenzierungszentrums (c_2). Beginn der Einrollung ins Eiinnere (c_3 Medianschnitt). d) Mittelplatte eingesenkt, Primitivrinne. e) Verschluß der Primitivrinne im Differenzierungszentrum. f) Ausgliederung von 2. Maxillen- und erstem Thoraxsegment. a_3, e_3) Operationsstadien und Schnittführung. a_4, e_4) Querschnitte dazu. a_5) Dynamische Regulation unter harmonischer Selbstgliederung der Keimstreifhälften. a_6) Körpergrundgestalten quer (vgl. Abb. 6 d). a_7) Daraus entstandene vollkommene Zwillinge. e_5) An den Schnittflächen der Keimstreifhälften Verheilung von Keimstreif (hell) und Amnion (dunkel). Herstellung der bilateralen Organisation jeweils durch Induktion einer Keimstreifhälfte im angrenzenden Amnion (Pfeile). e_6) Bildung der Körpergrundgestalten. e_7) daraus hervorgegangene opponente Zwillinge

S. 27 genannten Gründen zur Gruppe der Eier mit weniger differenzierter Architektur.)

Die **Experimente an Eiern mit wenig differenzierter Architektur** sind auf der Abb. 13 in der unteren Hälfte für das Beispiel *Gryllus* dargestellt. Die Eiquerschnitte h_{2-5} der Stadien Abb. 13 h lassen die Differenzierungstendenzen in der Eiquerachse erkennen, soweit sie die Präblastodermschicht betreffen. Tötet man die Oberflächenenergiden einer ganzen Eihälfte ab (schraffierter Bereich auf Abb. 13 h_2), wobei naturgemäß das Dotter-Entoplasma-System geschont wurde, um es in seiner Bewegungsfähigkeit nicht zu hindern, so wandelt sich die überbleibende *Hälfte der Energiden zu einer ganzen bilateralen Keimanlage* um (*Platycnemis* Seidel, *Acheta* G. Sauer, Abb. 13 h_6). Es ist erstaunlich, aus wie kleinen Präblastoderm-Sektoren noch normale Keime (N) hervorgehen können; so aus $^1/_4$ des Eiumfanges (h_{3-4}) oder sogar aus einem dorsalen Streifen von $^1/_6$ Eiumfang (h_5). Man muß die Präblastodermzellen als *isopotent* ansehen. Dorsale Präblastodermpartien (h_3, h_5, präsumptive Serosa) behalten, wie weitere Versuche dartun, ihre Isopotenz zeitlich etwas länger als ventrale (präsumptive Keimanlage).

Nach Ausbildung der Zellgrenzen (Abb. 13 k) ist eine Umregulierung der Blastodermschicht in der Rechts-Links-Achse nicht mehr möglich. Zu dieser Zeit entsteht *aus einem halben Keimstreif ein Halbseitenembryo* ($^1/_2$, Abb. 13 k_2, k_6). Doch kann die Ventralseite immer noch durch Zellen der Dorsalseite ergänzt oder ersetzt werden (k_3, k_5), wenn sie dabei meist auch einige Defekte (D) davonträgt. Aber im ganzen ist der ventrale Blastodermbereich nicht so unersetzlich festgelegt, daß der Keim durch seine Ausschaltung letal werden müßte.

Für **Eier mit stärker differenzierter Architektur** (*Dermestes*) fallen die Regulationsergebnisse in der Querachse der Präblastodermschicht ähnlich aus. Bereiche dieser Schicht von einer Eihälfte oder einem Eiviertel entwickeln sich zu normalen Embryonen (Abb. 13 c_{2-6}, N). Die Präblastodermzellen sind auch hier *isopotent*. In den darauffolgenden Stadien ergeben sich histologische und regulative Veränderungen. Die plasmareiche Präblastodermschicht war bereits sehr wenig beweglich (Abb. 13 b). Nach der Ausbildung von Zellgrenzen und nachfolgender Aufnahme von Entoplasma (sekundärem Periplasma) in die Blastodermzellen (Abb. 13 d; I, Abb. 27 III) prägt sich die Unbeweglichkeit und damit Unfähigkeit zur Regulation noch stärker aus.

Entsprechend verlaufen die Ausschaltversuche an der zelligen Blastodermschicht auf der Oberfläche des *Dermestes*-eies abweichend von denen am Libellen- und Grillenei. Obwohl im Stadium der Abb. 13 d das sekundäre Entoplasma noch nicht in die Blastodermzellen eingewandert ist, läßt die Blastodermschicht nach Ausschaltung einer Eihälfte nur einen Halbseitenembryo entstehen ($^1/_2$, Abb. 13 d_2, d_6). Aber während sich bei *Acheta* Dorsal- und Ventralseite in ihrem entwicklungsphysiologischen Verhalten kaum, oder nur graduell unterscheiden, ist das ventrale *Dermestes*-Blastoderm sehr viel früher festgelegt als das dorsale (Abb. 13 d_3). Ohne dieses ventrale Keimanlagenblastem werden die Keime letal. Das dorsale präsumptive Serosa-Blastem kann bei diesem Eitypus das ventrale Keimanlagenblastem nicht ersetzen. Offenbar fehlt auch die Bewegungstätigkeit, die dorsales Blastem an die ventrale Keimseite befördern könnte (KÜTHE). Man ist geneigt, dieses Verhalten mit der relativen Differenziertzelligkeit (S. 26) der Keime vom *Dermestes*-Eitypus in Zusammenhang zu bringen und in der besonderen Zellform Bedingungen für die Manifestierung des hier entstandenen blastodermalen Faktorenbereichs für die Keimanlage zu suchen.

Untersuchungen über **Differenzierungstendenzen in der Eilängsachse** lassen zunächst einmal **für den schwach differenzierten Eitypus,** z. B. *Acheta* die Bedeutung des Dotter-Entoplasma-Systems hervortreten. Zur Klärung dieser Verhältnisse wurden zunächst im Präblastodermstadium bestimmte Längsstrecken der präsumptiven oder gerade hervortretenden Keimanlage durch beidseitige Oberflächenbestrahlung mit UV-Licht ausgeschaltet. Bei *Acheta* kann dann aus jedem vorderen oder hinteren Bereich des Eiumfangs

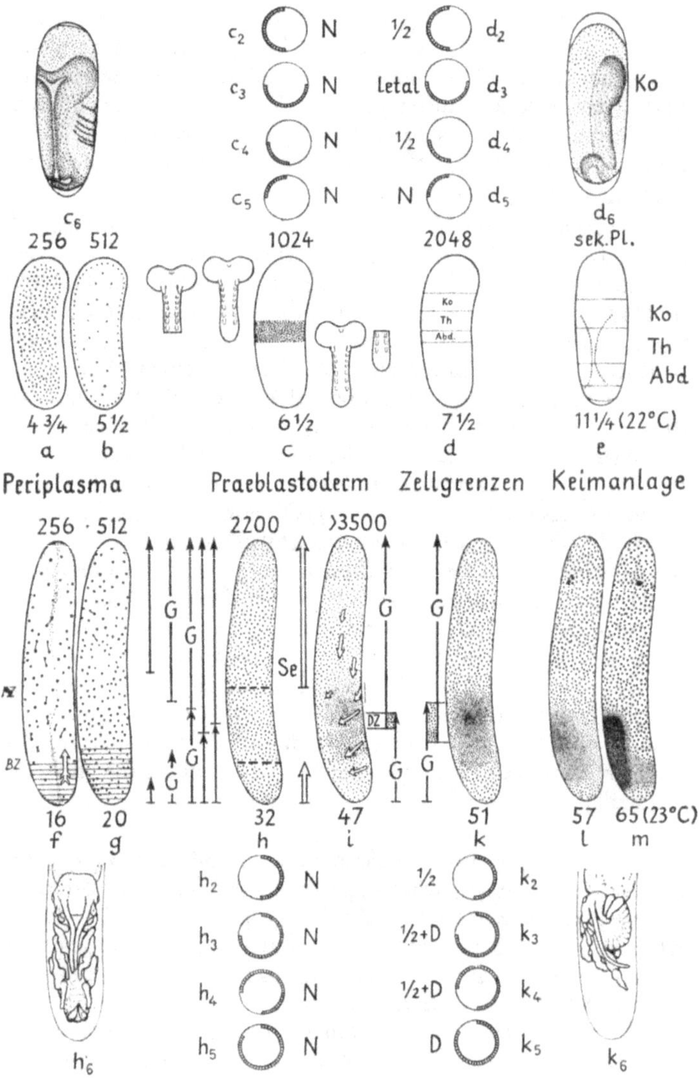
c2 N ½ d2
c3 N letal d3
c4 N ½ d4
c5 N N d5
c6
d6
Ko
256 512
1024
2048
sek.Pl.
Ko
Th
Abd.
Ko
Th
Abd
4 ¾ 5 ½
6 ½
7 ½
11¼ (22°C)
a b
c
d
e
Periplasma
Praeblastoderm
Zellgrenzen
Keimanlage
256 · 512
2200
>3500
G
G
Se
G
G
DZ
BZ
16 20
32
47
51
57 65 (23°C)
f g
h
i
k
l m
h2 N ½ k2
h3 N ½+D k3
h4 N ½+D k4
h5 N D k5
h6
k6

Abb. 13

fast beliebiger Länge ein normaler Embryo hervorgehen. Jeder ausgezogene Pfeil links der Abb. 13 h, von denen einzelne mit G = Ganzbildung bezeichnet sind, stellt ein solches Versuchsergebnis dar. Länge und Lage eines Pfeiles entsprechen der Eistrecke, aus der, wenn sie isoliert wurde, sich jeweils eine Ganz-

Abb. 13. Bildung der Keimanlage bei starker und weniger stark differenzierter Eiarchitektur und Darstellung von Experimenten zur Kennzeichnung der stadientypischen entwicklungsphysiologischen Fähigkeiten. Über den Figuren: Energidenstadium. Unter den Figuren: Alter nach Eiablage bei 22 bzw. 23° C. Links: Eiventral. *D* = Defektkeim. *N* = Normalkeim. ½ = Halbseitenkeim. Auf den Querschnittsbildern sind experimentell abgetötete Partien der Oberflächenschicht schraffiert. (Nach den Untersuchungen von KÜTHE 1964, G. SAUER 1961, H. W. SAUER 1965, HEINIG 1967)

a–e) *Dermestes* (Speckkäfer).

a) 256-Energiden-Stadium im Längsschnitt. b) 512-Energiden-Stadium. c) Plasmodiales Präblastoderm-Stadium. Schattiert ist der nicht entbehrliche Raum, der selbstregulierende Faktorenbereich der Differenzierung im Dotter-Entoplasma-System. Links und rechts daneben experimentelle Ganzbildungen bzw. Defektkeime aus vorderen und hinteren Eiabschnitten nach U. V.-Abtötung des jeweils restlichen Eiteiles. c_2–c_5) Eiquerschnitte des Stadiums c mit Angabe der U. V.-Bestrahlungsfelder, die jeweils vom Vorder- zum Hinterpol reichen, und dem Entwicklungsergebnis *(N)*. c_6) Normaler Keimstreif *(N)*. d) Gleichmäßiges Blastoderm mit Zellgrenzen. Anlagenbereiche von Kopf, Thorax und Abdomen vor der Längsverschiebung. d_2–d_5) Wie bei c. Entwicklungsergebnisse hier: *N* oder ½-Keim oder *letal*. d_6) Experimenteller Halbkeim. e) Keimanlage mit Bildung und erster Einsenkung der Mittelplatte, die im prothorakalen Differenzierungszentrum vor sich geht (vgl. Abb. 6 a, b, Primitivrinne). Aufsicht auf die Ventralseite. Anlagenbereiche in endgültiger Lage.

f–m) *Acheta* (*Gryllus*, Heimchen).

f) 256-Energidenstadium mit Faktorenbereich des Bildungszentrums (schraffiert). g) 512-Energiden-Stadium. h) Plasmodiales Präblastodermstadium. Die links hinzugefügten Pfeile bezeichnen die Oberflächenpartien, aus denen in diesem Stadium von 32 Std. n. Eiablage eine Ganzbildung *(G)* entstehen kann. Voraussetzung dazu: Die Präblastodermzellen müssen Zugang behalten oder erreichen können zum „entoplasmatischen Faktorenbereich der Differenzierung“, der gestrichelt eingegrenzt ist. Bei Blockierung des Zugangs bilden die Zellen des Bereichs der Hohlpfeile *(Se)* ab 40 Std. n. A. nur noch Serosa. h_2–h_5) wie oben bei c. h_6) Experimenteller Normalkeim *(N)*. i) *Zusammenscharung* der Energiden. Ausgezogene Pfeile rechts daneben geben die hinteren, bzw. vorderen Oberflächenpartien an, die unversehrt sein müssen, wenn 47 Std. n. Eiablage hinten oder vorn im Ei eine Ganzbildung *(G)* entstehen soll. Schattiert ist der „blastodermale Faktorenbereich der Differenzierung“ *(DZ)*, ohne den eine Ganzbildung nicht entsteht. k) Zweiteilige Vor-Keimanlage mit Zellgrenzen. Aufsicht auf linke Längshälfte. Rechte hinter der Bildebene. Pfeile links neben dem wie in i. Der blastodermale Faktorenbereich der Differenzierung hat sich nach vorn und hinten erweitert und umfaßt ein ausgedehntes Differenzierungsmuster. k_2-k_5) wie bei d. Entwicklungsergebnisse hier: ½-Keime oder Defektkeime *(D)*. k_6) Experimenteller Halbkeim. l) Formung und Ventralverschiebung der Keimanlage. Beide Längshälften ventral vereinigt. m) Vollendete einteilige Keimanlage. Primitivrinne entsteht erst nach Einrollung

bildung entwickelte. Ein zeitliches Verhältnis ist durch die Stellung der Pfeile nicht ausgedrückt. Alle diese Pfeile gehören zur Abb. 13 h. Einzige Vorbedingung für die Entstehung einer Ganzbildung: Dem isolierten Präblastodermbezirk muß Zugang zu dem Bereich möglich sein, der Abb. 13 h durch die beiden gestrichelten Linien eingegrenzt ist. Präblastodermzellen außerhalb dieses Bereichs sind präsumptive Serosazellen. Sie können in loco niemals zu Keimanlagenzellen werden, es sei denn, sie sind zuvor in den auf Abb. 13 h eingegrenzten Faktorenbereich verlagert. Dies eben geschieht durch Ausschalten der Keimanlagenzellen mittels UV-Licht (Abb. 7, SEIDEL, G. SAUER bei *Acheta*) oder mittels Röntgenstrahlen (SCHWALM). Nur wenn die Verlagerung blockiert wird und die präsumptiven Serosazellen in loco verbleiben, so sind auch sie (im Bereich der Hohlpfeile, Abb. 13 i, Se) vom Stadium 40 Std. nach Eiablage an nicht mehr regulationsfähig.

So erweisen sich die *gesamten Energiden der Präblastodermschicht in bezug auf die Embryobildung als isopotent.* Jeder Teil des Präblastoderms kann den anderen ersetzen.

Demgegenüber sind die *Teilbezirke im Dotter-Entoplasma-System des Präblastodermstadiums entwicklungsphysiologisch einander nicht gleichwertig.* Wie schon aus den Ausführungen über die Wirkungsweise des Differenzierungszentrums im Libellenei (S. 35) und im Grillenei (S. 38 f., 47), sowie dem soeben für Abb. 13 h gegebenen Hinweis hervorgeht, befindet sich im Eiinnern ein primärer entoplasmatischer Faktorenbereich zur Keimanlagendifferenzierung mit wohlbestimmten Charakteren, dem Einflüsse dynamischer und konstituierender Art zugeschrieben werden müssen (Abb. 13 h). Dort beginnen die Kontraktions- und Strömungsbewegungen des Dotter-Entoplasma-Systems, die die Zusammenscharung der Präblastoderm-Energiden zur Keimanlage veranlassen (S. 38). An dieser Stelle zeigen sich zuerst die oberflächlichen Auflösungserscheinungen des Dotters, die der entstehenden Keimanlage Platz schaffen. Hier werden auch Serosazellen, wenn man sie in diesen Bezirk verlagert, zur Wiederaufnahme mitotischer Tätigkeit aktiviert (S. 39). Hier liegen, wie umschriebene Defektexperimente mit UV-Licht an *Platycnemis* ausweisen, in gesammelter Form die Anlagenbereiche aller Körpersegmente (Abb. 8 d, schraffiert). Verletzungen oder Behinderungen (S. 35, sowie KRAUSE bei *Tachycines*) setzen diesen *primären entoplasmatischen Faktorenbereich der Differenzierung* außer Funktion. Soll ein ganzer Embryo entstehen, darf der Bereich nicht ausgeschaltet werden.

Über den Zustand, in dem sich die Faktoren dieses Bereichs befinden, lassen sich nach den Experimentalergebnissen bestimmte Aussagen machen. Zu Beginn heterochroner Teilungsweise der Energiden kann man einzelne Teilbereiche mittels schmaler, bis ins Dotter-Entoplasma-System eingreifender UV-Bandbestrahlungen ausschalten, soweit sie in zentralen Partien des Eies liegen (Abb. 8 d, linke Schraffur). Sie stellen Faktorengebiete für einzelne Segmente dar. In den davor und dahinter liegenden Eiteilen sind weder Segmente noch Organe zu treffen, obwohl sie nach Aussage des Planes der präsumptiven Organanlagen (Abb. 8 d, rechts) später auch diese Teile einnehmen. Die Abb. 7 i, k geben dazu ein anschauliches Bild von dem über weite Teile der Eilänge ausgedehnten Plan der präsumptiven Organanlagen und von der im Gegensatz dazu relativ kurzen Strecke, die das primäre entoplasmatische Faktorengebiet einnimmt (Abb. 7 k, Schattierung). Im Bestrahlungsversuch sind die entoplasmatischen Faktorengebiete für Segmente und Organe nur als Ganze ausschaltbar, niemals Teile von ihnen. Defekte Segmente oder Organe entstehen bei solchen Ausschaltversuchen nicht. Es handelt sich daher bei diesen Faktorenbereichen im Dotter-Entoplasma-System nicht um ein fest lokalisiertes Mosaik von Einzelfaktoren, sondern es sind nach der Definition von M. SCHNETTER „*Potenzbereiche*". Solche Bereiche reagieren, soweit sie eine Organbildung betreffen, als Einheiten. Sie fügen sich in die Faktorenbereiche für die Bewegungsvorgänge des Dotter-Entoplasma-Systems ein und können, wie die Zwergenbildung Abb. 7 h ausweist, sowohl innerhalb des Eiraumes als Ganze verschoben sein als auch das gleiche Organsystem in unterschiedlicher Größe hervorbringen.

Nunmehr muß für die folgenden Stadien das Differenzierungsmuster der Ei-Oberflächenschicht betrachtet werden. Durch Ausbildung der Zellgrenzen entsteht aus dem Präblastoderm das vollendete Blastoderm. Schon beim Übergang von dem einen Stadium zum anderen machen sich Differenzierungstendenzen bei den im übrigen omnipotenten Energiden bzw. Zellen bemerkbar. Darüber hinaus bringen die Ergebnisse von Ausschaltungen eines Längsabschnittes zum Ausdruck, daß die Änderung in der schon S. 31 angegebenen Ordnung erfolgt. Fortan kann ein ganzer Embryo (G) nur dann aus einer Präblastodermpartie entstehen, wenn diese eine zentrale Zellregion enthält, die rechts neben Abb. 13i als DZ = Differenzierungszentrum bezeichnet ist. Dieser Region gliedern sich zur Fortführung der Keimanlagendifferenzierung vordere oder hintere Präblastoderm-Energiden an. Dies bedeutet: *Es hat sich jetzt auch in der oberflächlichen Blastodermschicht ein Faktorenbereich der Differenzierung (DZ) manifestiert.* Innerhalb des vom primären entoplasmatischen Faktorenbereich der Differenzierung eingenommenen Raumes des Dotter-Entoplasma-Systems (Abb. 13h) bedeckt er zunächst eine zentrale Zone (vgl. S. 41). *Mit fortschreitender Entwicklungszeit (Abb. 13k) und weiterer Zunahme der Zellbildung wird der blastodermale Faktorenbereich immer größer* (Abb. 13k, links). Hier sind die Keimanlagenzellen nicht mehr omnipotent, was ja auch die im gleichen Stadium unternommenen Ausschaltungen im Querschnitt erkennen ließen, die nicht mehr normale Individuen, sondern Defektbildungen ergaben (Abb. 13 k_2–k_6). Lediglich für den präsumptiven Kopf- bzw. Abdomenteil bleiben die Zellen auch im Blastodermstadium noch sehr lange, bis mindestens zum Stadium der Abb. 13m, durch Serosazellen ergänzbar und im Zusammenhang damit regulationsfähig.

Auf Abb. 14 ist der blastodermale Faktorenbereich der Differenzierung mit seinen raum-zeitlichen Ausmaßen durch eine punktierte Linie in den Umriß der Keimanlage und den Plan der präsumptiven Organanlagen eingezeichnet, so daß man erkennen kann, welche Organanlagen der Faktorenbereich

Dauer eines empfindlichen Zustands der Keimanlagenzellen, der im Ablauf der Determination auftritt

Abd Abdomen, *At* Antenne, *Au* Auge, *Ko* Kopflappen, *Md* Mandibelsegment, *Mx* Maxillensegment, *Ol* Oberlippe, *Th* Thoraxsegment

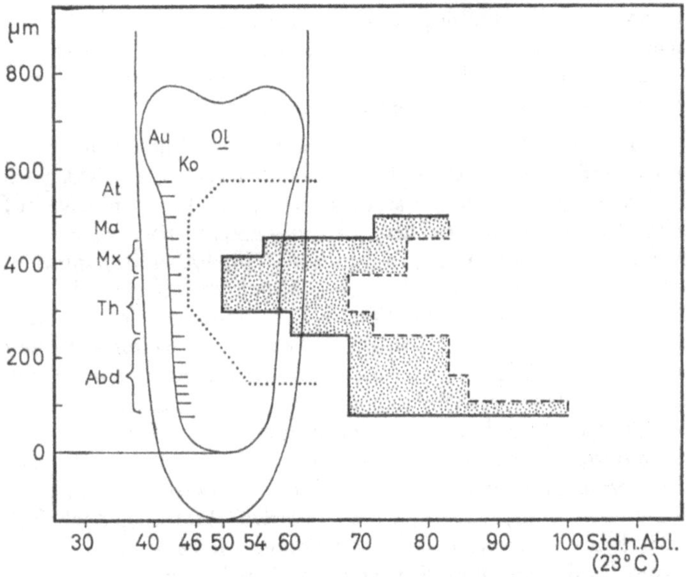

Abb. 14. *Acheta* (Heimchen). Raum-Zeit-Diagramm der Determinationsvorgänge im Differenzierungszentrum (Konstituierende Komponente des blastemalen Faktorenbereichs der Differenzierung). Nach den Ergebnissen von HEINIG 1967

Links Umriß der hinteren Eihälfte mit Anlagenplan im Stadium der einschichtigen und einteiligen Keimanlage 50 Std. n. Eiablage von keim-ventral nach KANELLIS (1952). Dazu Ordinate: Maßstab vom hinteren Ende der Keimanlage in μm. Abszisse: Entwicklungszeit in Std. n. Eiablage bei 23° C (vgl. Abb. 13 h–m).

32 bis 46 Std. n. Eiablage reguliert jedwedes Präblastoderm des Eiumfangs vom Vorder- oder Hinterende (vgl. S. 51 und Abb. Erkl. 13 h), sofern es seine Beweglichkeit auf der Eioberfläche behalten hat, zu einem ganzen Embryo.

Die punktierte Kurve schließt den „blastemalen Faktorenbereich der Differenzierung" ein, sowie die mit der Zeit fortschreitende Erweiterung dieses Raumes und seiner Organbereiche nach vorn und hinten (vgl. Abb. 13 i, k). Werden von 46 Std. n. Eiablage an Teile der Keimanlage zu den in der Abszisse angegebenen Zeiten von vorn oder hinten her durch U.V-Bestrahlung abgetötet, so ergänzen sich ausschließlich nur die Teile innerhalb des Raum-Zeitbereichs der punktierten Linie zu ganzen Embryonen. Der blastemale Faktorenbereich tritt erst 46 Std. n. Eiablage in der Kiefer-Thorax-Region in Erscheinung, um in den darauf folgenden Stadien auf die davor und dahinter liegenden Organanlagen überzugreifen. Diese Organanlagen verlieren dann ihre Regulationsfähigkeit, durch die sie sich, als sie noch außerhalb dieses Bereichs lagen, auszeichneten. Die ausgezogene Treppenkurve gibt diejenigen präsumptiven Organanlagen an, die, angefangen in der Kiefer-Thorax-Region, 50 Std. n. A. röntgensensibel werden. Die Röntgenempfindlichkeit verschwindet zu den durch die gestrichelte Treppenkurve angezeigten Zeiten. Das punktierte Raum-Zeit-Feld umgrenzt damit die

46 Std. nach der Eiablage umfaßt: Es sind Kiefer- und Thoraxsegmente (Ma, Mx_{1-2}, Th_{1-2}). Der blastodermale Faktorenbereich vergrößert sich sehr schnell und bezieht anschließende Kopf-, Thorax- und Abdomensegmente mit ein.

Röntgentotalbestrahlungen brachten einen Einblick in diesen am Oberflächenblastem sich abspielenden Prozeß. 50 Std. nach Eiablage werden, wie die stark ausgezogene Treppenkurve auf Abb. 14 anzeigt, Kiefer- und Thoraxsegmente röntgensensibel. Auf eine Totalbestrahlung der Eier (LD 50, 300–400 r) sprechen sie spezifisch mit Ausfällen oder Defekten an. Parallel zur Ausbreitung des blastodermalen Faktorenbereichs der Differenzierung (.....) werden von dieser Sensibilität weiter vorn und weiter hinten liegende Organe erfaßt. Diese Röntgenempfindlichkeit hält entsprechend dem in Abb. 14 schattiert dargestellten Raum etwa 20 Std. an, um dann in gleicher Abstufung, wie sie aufgetreten ist, wieder abzuklingen (– – –). Zweifellos ist durch diese zeitbegrenzte Röntgensensibilität ein besonderer interner Differenzierungsprozeß markiert worden (Heinig). Mehrfach entstehen durch die Röntgenbestrahlung dieses Vorgangs auch Doppelbildungen von Extremitäten (54–56 Std. n. A.), von ganzen Abdomina (66 Std. n. A.) oder einzelnen Abdominalsegmenten (86 Std. n. A.). Der röntgensensible Prozeß spielt sich in der Zeit von etwa 40–20 Std. v o r der sichtbaren Differenzierung entsprechender Segmente ab. Sein Zeitplan legt die Annahme nahe, daß in der schattierten Fläche der Abb. 14 Raum-Zeit-Grenzen für konstituierende Prozesse erfaßt sind, die möglicherweise für die Übertragung des primären Segment- und Organmusters vom Dotter-Entoplasma-System auf das Blastoderm und für das Manifest-werden des Musters im Blastoderm eine Bedeutung besitzen. Allgemein sind strahlensensibel Zellen, die in voller Genaktivität stehen (Hedi Fritz-Niggli). Dieser Zustand könnte für die Blastodermzellen während der Induktion durch die Faktorenbereiche des Dotter-Entoplasma-Systems durchaus gegeben sein (vgl. S. 54) und ihre Röntgenempfindlichkeit verständlich machen. Abgesehen davon wird durch die stufenweise Einbeziehung der distalen Organanlagen in die Röntgensensibilität der Zusammenhang mit dem Differenzierungszentrum deutlich.

Den Vorgang der Differenzierung so weit aufgegliedert zu beschreiben, war **für den stärker differenzierten Eitypus** von *Dermestes* bisher nicht möglich. Die Regulationsfähigkeit in der Längsrichtung drängt sich bei diesem Typus auf ganz frühe Stadien zusammen. Bei den entsprechenden experimentellen Eingriffen konnten Dotter-Entoplasma-System und Oberflächenschicht nicht getrennt werden. Über das Präblastodermverhalten lassen sich Tatsachen lediglich aus Ausschaltungen von Längssektoren der gesamten Eioberfläche entnehmen, deren Querschnitte Abb. 13 c_{2-5} wiedergegeben sind (vgl. S. 48 f.). Experimente im Präblastodermstadium (Abb. 13 c), bei denen mittels UV-Bestrahlung Ausschaltungen je eines ganzen Eiendes von den Polen her vorgenommen wurden (da UV-Bestrahlungen von kleinen eng umschriebenen Bereichen allein der Präblastodermschicht bisher nicht gelangen), hatten ein unterschiedliches Ergebnis, je nach dem, ob eine zur Entwicklung eines ganzen Embryos notwendige Zone des Dotter-Entoplasma-Systems einschließlich des Präblastoderms dem überlebenden Teil ganz, zur Hälfte oder gar nicht verblieben war. Im ersten Fall entstanden normale Embryonen (Abb. 13 c, innenstehend), im zweiten Fall Hinterenden, die aber immer einen Thorax unversehrt enthielten (c, außenstehend); ohne Thorax entwickelte sich niemals ein Abdomen. Im letzten Fall, wenn also die betreffende Zone ganz fehlte, blieb der Keim ohne Differenzierung. Wie bei *Acheta* (S. 52) und Abb. 13 h) besteht demnach auch *beim Dermestes-Ei im Dotter-Entoplasma-System des Präblastodermstadiums ein primärer Faktorenbereich der Differenzierung,* der für die Ausbildung eines ganzen Embryos und für seine Regulation unumgänglich notwendig ist, andererseits den *Charakter eines Potenzbereiches* besitzt. Vermutlich sind sämtliche längs der Eioberfläche angeordneten *Präblastodermenergiden* genau so *gegeneinander austauschbar,* wie die des Querschnitts (S. 48 und Abb. 13 c_2 bis c_6, N).

Als besonders bemerkenswert verdient im Zusammenhang mit der Darstellung auf Abb. 13 c hervorgehoben zu werden, daß der entoplasmatische Faktorenbereich die Organbereichsfaktoren wenn schon nicht als lokalisierte, so doch als polarisierte enthält: Der Embryo richtet sich entsprechend der polarisierten Eiarchitektur immer nach der gegebenen Vorn-Hinten-Achse aus. In einer vorderen Eihälfte bildet sich der Kopf stets weit ab vom entoplasmatischen Faktorenbereich, in einer hinteren Eihälfte mitten in diesem.

Die Differenzierungstendenzen im Blastodermstadium, dessen Zellen stufenweise durch Bildung der Wände und Aufnahme zusätzlichen Entoplasmas (sekundäres Periplasma) vollendet werden (Abb. 13 d), hat KÜTHE aus den oben genannten technischen Gründen für die Längsachse zunächst nur im Zusammenhang mit dem Dotter-Entoplasma-System geprüft. Ausschaltungen ganzer Eienden (einschließlich der Blastodermschicht) ergeben nunmehr jeweils entsprechend der Größe des überlebenden Bereiches Teilembryonen mit verminderter Anzahl von Segmenten. Wie sie erkennen lassen, sind mit Einschneiden der Zellgrenzen Einzelfaktorenbereiche für Körperteile und Segmente entstanden (Abb. 13 d). Nach den Ergebnissen der Querschnittsausschaltungen an der Blastodermschicht (S. 49 und Abb. 13 d_3) muß man annehmen, daß dieser Schicht der Hauptanteil an der Keimanlagendifferenzierung zukommt. Zudem enthielt das ventrale Blastoderm der Abb. 13 d_3 entscheidende Faktoren für die Entwicklung der Keimanlage, ohne die der Keim letal wird. Die Kerne der Blastodermzellen müssen, nach den Transplantationen von ILLMENSEE mit silikonisierter Mikropipette in unbefruchtete *Drosophila*-Eier zu urteilen, mindestens zu einem Teil als isopotent gelten.

Wie nun weiter aus dem Vergleich der Abb. 13 d mit Abb. 13 e hervorgeht, sind hinsichtlich der Längsausdehnung die Körperbereiche bei *Dermestes* noch nicht endgültig fixiert, sondern sie ändern in den aufeinanderfolgenden Stadien ihre Lage im Ei wie auch ihre Größe. Erst nach Einwanderung des sekundären Entoplasmas in die Blastodermzellen ist mit Abb. 13 e ein Zustand erreicht, in dem die sichtbare Differenzierung einsetzt und dabei zunächst sich (wie auch in Abb. 6 a wiedergegeben) die Mittelplatte von den Seitenplatten abhebt.

Diese blastodermalen Faktorenbereiche erscheinen in unmittelbarer Verbundenheit mit dem primären entoplasmatischen Faktorenbereich. Die Entoplasma-Wanderung an die Eiperipheric weist darauf hin. Daß aber die Faktoren des Dotter-Entoplasma-Systems ohne das Blastoderm Organbildungen nicht entstehen lassen können, wird nachdrücklich durch das folgende Experiment bestätigt: Tötet man im Stadium der Abb. 13 b durch schwache UV-Bestrahlung alles Periplasma rings um das Ei herum ab, so kann sich auf der Grenze zwischen zentral unversehrtem und peripher abgetöteten Eiinhalt ein „inneres Pseudo-Blastoderm" ausbilden. Doch bringt dieses Organbildungen nicht hervor (KÜTHE). Durch die enge Wechselwirkung zwischen Entoplasma und Periplasma ist von Anfang an die entstehende Keimanlage sehr an die Eigestalt gebunden. Rechts-Links- und Dorsoventralachse treten früh hervor (Abb. 13 d_3). Das gesamte ventrale Blastoderm wird unmittelbar zum Keimanlagenbezirk. Eine schrittweise Festlegung konnte bisher nicht nachgewiesen werden. Problematisch bleibt jedoch die Anpassung des ursprünglich eng zusammengedrängten Segmentmusters (Abb. 13 d) an den gesamten Eiraum (Abb. 13 e). Man muß darin wohl einen Hinweis auf Einwirkungen vom Dotter-Entoplasma-System auf das Blastoderm sehen: Einer solchen Verschiebung der Segment- und Organgrenzen, bei der weder durch Lebendbeobachtung noch durch Defektmarkierung Anhaltspunkte für eine Blastodermzellen-Verlagerung gefunden wurden, ist kaum ohne entsprechende Induktionsvorgänge von ento- zu ektoplasmatischen Eiteilen vorstellbar.

Zusammenfassung über die formwechselphysiologischen Faktoren im Eisystem.

Zunächst sei die Bedeutung des Dotter-Entoplasma-Systems für die Differenzierung der Keimanlage hervorgehoben:

Es enthält am Anfang der Eientwicklung physiologisch lokalisierbare Faktorenbereiche. Abgesehen vom *Faktorenbereich des Bildungszentrums,* der bisher nur bei Hemimetabolen gefunden wurde und Auslösefunktionen hat, *dienen entoplasmatische Faktorenbereiche dem Differenzierungsprozeß der Keimanlage.* In ihnen befinden sich Faktoren für Gestaltungsbewegungen (*Platycnemis, Ischnura, Acheta*), für Körpergliederung und Segmentierung (*Platycnemis, Euscelis, Dermestes*) sowie für konstituierende Differenzierung, d. h. qualitative Ausgestaltung bestimmter Körperteile und Organe (*Platycnemis, Dermestes, Holometabola* mit Keimbahnplasma). Alle entoplasmatischen Faktorenbereiche der Differenzierung sind in ihrer Funktion nicht an völlig starr begrenzte Eiräume gebunden. Hinsichtlich ihrer Bildungspotenzen teilen sie sich nicht mosaikartig auf. Sie verhalten sich wie „*Potenzbereiche*". Diese Bezeichnung drückt aus, daß sie ihren Umfang und ihre innere Gliederung selbstregulierende Faktorensysteme sind, daß sie Selbstgliederungssysteme, Systeme der Selbstorganisierung, darstellen. Wie es gelingen kann, die Systemgesetzlichkeiten dieser Faktorenbereiche der Differenzierung zu kennzeichnen, ist noch nicht abzusehen. Stets muß man berücksichtigen, daß ihnen konstituierende Faktoren für die gesamte Körpergrundgestalt, mindestens jedoch für Kopf und Thorax, zugehören.

Die Manifestierung des Segment- und Organmusters im Blastoderm ist nur in erster Annäherung darstellbar. Die dynamischen und konstituierenden Wirkungen, welche vom Dotter-Entoplasma-System ausgehen, äußern sich bei den gegensätzlichen Eitypen in unterschiedlicher Weise. Allgemein ist der primäre entoplasmatische Faktorenbereich der Differenzierung bei allen Eitypen früh erkennbar und abzugrenzen, zu einer Zeit, in der die Präblastodermzellen noch isopotent sind (Abb. 13 c, h). Die Aufhebung der Isopotenz der Präblastodermzellen konnte nur im wenig differenzierten Eitypus studiert werden, weil sie nur dort schrittweise von einem Initialbereich der Differenzierung aus erfolgt (Abb. 13 i, DZ) und einer der Vorgänge interner Differenzierungsinduktion röntgensensibel ist (Abb. 14). Der Initialbereich der Differenzierung befindet sich innerhalb der Grenzen des primären entoplasmatischen Faktorenbereiches der Differenzierung.

Im stärker differenzierten Eitypus tritt die Differenzierung der Zellen mit der Ausbildung ihrer Wände plötzlich hervor, und zwar an der Ventralseite als Bereich der präsumptiven Keimanlage. Die Differenzierung wird durch Einschleusung sekundären Entoplasmas vollendet. Daß dabei im Prothorax ein Initialbereich der Differenzierung entsteht, ist nur dann verständlich, wenn, wie im Falle von *Apis* (M. Schnetter), bereits das Periplasma des ungefurchten Eies an dieser Stelle stärker als weiter vorn und weiter hinten ausgebildet ist, und so einen Differenzierungsvorsprung besitzt. Die vom Differenzierungszentrum ausgehende Raum-Zeit-Ordnung würde dann nicht den Faktoren des Entoplasmas, sondern der ursprünglichen Architektur des Periplasmas zuzuschreiben sein.

Vom Beginn des Blastodermstadiums an bis zur Bildung der Zellgrenzen ist der Zeitraum bei diesem Typus von *Dermestes* relativ mehr als viermal kürzer als derjenige von *Acheta*. Wie weit über das Stadium der Zellgrenzen hinaus bis zur Aufnahme des sekundären Entoplasmas noch Regulationsfähigkeit besteht, müßte man auf besondere Art prüfen. Die Verschiebung des Segmentmusters im Blastoderm (Abb. 13 d, e) fordert dazu auf, die Beziehungen zwischen entoplasmatischem Faktorenbereich und zuerst ventral feststellbarem blastodermalen Segmentmuster, sowie die dort möglichen Induktionsprozesse genauer zu untersuchen.

Der Unterschied in der Differenzierungsweise beider Eitypen liegt u. a. darin: Bei dem weniger differenzierten löst sich das Blastoderm nach Manifestierung des blastodermalen Faktorenbereichs der Differenzierung (Abb. 13 i, DZ) vom Dotter-Entoplasma-System ab, um sich in Bewegungsfolgen (die natürlich zum großen Teil ursprünglich vom Entoplasma angeregt werden) zu vervollständigen und dabei die Differenzierung zu vollenden. Während der Bewegungsvorgänge ergibt sich bei physikalischen Eingriffen vielfache Möglichkeit zur Regulation. Auch in den langen Zeiträumen während der Einrollung bis zur Bildung der Segmente sind, wie sich z. B. am Keim von *Tachycines* dartun läßt, noch immer Regulationen möglich. – Eier vom stärker differenzierten Eitypus dagegen sind mit ihrem Blastoderm durch die Art der Zellbildung und durch den Entoplasmazustrom während der Differenzierung (Abb. 13 c, d) eng an das Dotter-Entoplasma-System gebunden. Der Holometabolen-Keim bedarf zu seiner Differenzierung bis zum Beginn der sichtbaren Ausgestaltung von Segmenten und Keimschichten, relativ viel länger der Wechselwirkungen mit dem Dotter-Entoplasma-System, als dies beim selbständig in das Dotterinnere einrollenden Hemimetabolenkeim nötig ist.

Neue in vitro- und in vivo-Kulturmethoden für weitere Analysen der embryonalen Entwicklungsfaktoren.

Einen großen Fortschritt würde es bedeuten, wenn man die geschilderten Schritte der Keimanlagendifferenzierung in vitro verfolgen könnte. So wurde sowohl an hemimetabolen Keimen (z. B. an *Acheta* und der Stabheuschrecke *Carausius morosus*, SEIDEL, KOCH, R. WOLF-NEIS) wie auch an holometabolen (z.B. dem Seidenspinner *Bombyx mori*, TAKAMI, G. KRAUSE und JOHANNA KRAUSE) versucht, die Keimanlagen extra ovum zu kultivieren. Dabei wurden hinsichtlich der Entwicklungsfaktoren wertvolle Erfahrungen gemacht.

Sie hängen bei univoltinen Rassen von *Bombyx mori* mit der dort obligatorischen Eidiapause (Bd. I, S. 150 f.) zusammen. Der *Bombyx*-Keim tritt im Stadium der Vollsegmentierung in ein Ruhestadium ein, welches frühestens nach dreimonatigem Aufenthalt in niedriger Temperatur von 3 °C überwunden werden kann. Nach G. und J. KRAUSE entwickelt sich in vitro (im hängenden Tropfen auf Seidenpapier-Unterlage) die Keimanlage regelmäßig bis zu diesem Dormanzstadium, wenn man ein „neutrales" Kulturmedium anwendet, das aus einer physiologischen Salzlösung durch Zusatz von nicht *Bombyx*-eigenen Fremdeiweißen gewonnen wird. In solchem Medium erreichen schnell aus dem Ei herauspräparierte einschichtige Keimanlagen das Stadium des voll segmentierten Keimstreifs.

Die Tendenz zur Stillegung der Embryonalentwicklung bei *univoltinen* Rassen, sowie die Tendenz zu fortlaufender uneingeschränkter Weiterentwicklung müssen den Eiern schon während der Oogenese von umgebenden Geweben her *prädeterminativ* aufgeprägt sein. Im Keimanlagenstadium beginnt die Wirkung der Prägung in Gestalt von einem *„Regulationssystem für die Diapause-Entwicklung"*. Diese vorprogrammierte Diapause kann bei univoltinen Rassen in vitro verhindert werden. Dazu muß man kurz vor oder während der Segmentierung des Keimstreifs die Eier, insbesondere auch die Hüllen, schockartig mit HCl behandeln. Als weiteres Mittel wurde erprobt, die Eier zu eröffnen, die ungeschockte prospektive Diapause-Keimanlage zu explantieren und in den hängenden Tropfen auf die Seidenpapier-Unterlage (Abb. 41 c) ohne Berührung mit dem Keim ein *Depot* aus beliebig gewählten *extraembryonalen Teilen des Eies* einzubringen. Dottersystem-Depot erzielt die beste Non-Dormanz-Rate und anschließend die höchste Organogenese-Stufe. Serosa-Material wirkt demgegenüber weniger stark, und noch geringer ist der Einfluß von Chorionstücken. Alle drei Materialien gemeinsam in einem Depot vereinigt ermöglichen in vitro eine optimale Aufhebung der *Eidiapause*-Bedingungen. (Dies gilt ebenso für prospektive Non-Dormanz-Keimanlagen *polyvoltiner* Rassen, die es zwar in ovo bis zum Schlüpfen bringen, aber in vitro und ohne Depot nur bis zum vollsegmentierten Keimstreif vordringen. Auch ihre Embryonen bedürfen der Interaktionen mit dem *extaembryonalen Eisystem*.)

Man darf daher dem Dotter-Entoplasma-System und mehr und mehr abgeschwächt der Serosa und dem Chorion allgemein ein „*Aktionssystem für uneingeschränkt fortlaufende Entwicklung*" und für intensivierte Organogenese zuschreiben. Es bedingt bei *Bombyx* den normalen dormanzfreien Gang der Eientwicklung, falls es nicht an der Verwirklichung seiner Potenzen schon prädeterminativ durch das oben genannte „Regulationssystem für die Diapause-Entwicklung" gehindert ist.

Die Faktoren für uneingeschränkt fortlaufende Entwicklung werden in vitro leicht unbeabsichtigt vom extraembryonalen System aus auf den Embryo übertragen: Nach genauen Beobachtungen über die Operationsdauer, die nötig ist, wenn man zum Explantieren lebende Keime gewinnen will, wächst die Befähigung eines ohne Depot kultivierten Keimes zur Non-Dormanz-Entwicklung mit der Operationsdauer. Während dieser Zeit bleiben naturgemäß im Präparationsnapf neben den isolierten Keimen noch extraembryonale Teile liegen, die nicht unmittelbar aus dem Gefäß entfernt wurden. Falls diese Dotter- und Eihüllenreste nach den Feststellungen von G. und J. Krause mindestens 7 Min. einwirken, kann der junge Testkeim, obwohl er zur Dormanz prädeterminiert ist, zur Non-Dormanz stimuliert werden. Die sensible Periode für diese Umstimmung erreicht ihren Höhepunkt zu Beginn des Schichtenbaues im Keim.

Hält man neben diesem Testkeim im gleichen hängenden Tropfen einen weiteren oder mehrere gleichartige und gleichalte Keime, so erhöht sich in allen Keimen die Sensibilität gegenüber den Faktoren zur Aufhebung der Dormanz. Die *gegenseitige Sensibilisierung der isolierten Keimstreifen überlagert die* durch den Gang der Experimente aufgezeigte *ursprüngliche Stimulierung: Vom Dotter-Entoplasma-System bzw. extraembryonalen System (Aktionssystem für uneingeschränkt fortlaufende Entwicklung) zu Embryo (Prädeterminiertem Regulationssystem für Diapause-Entwicklung), die allen Interaktionen innerhalb des Eies zugrunde liegt.*

Im Zusammenhang mit der Darstellung der Prägestockfunktion des Dotter-Entoplasma-Systems (S. 35 ff.) ist es von großer Bedeutung, hervorzuheben, daß das Aktionssystem für uneingeschränkt fortlaufende Entwicklung, insbesondere für die intensivierte Organogenese dem Dotter-Entoplasma-System angehört. Dieses System ist nach dem Ausweis der Experimente zeitlich sehr lange aktiv und besitzt in vitro bei jedem Alter während der verschiedenen Stadien der Eidiapause wie auch in der Postdiapause Stimulationstendenzen. Im Embryo dagegen sind die Verhältnisse verwickelter. Für seine Kompetenz, der Stimulation durch das Aktionssystem im Dotter-Entoplasma zu folgen, gibt es ein Optimum. Es liegt am Anfang der Eidiapause, wenn die Serosa den Keim gerade völlig bedeckt hat und die mitotisch aktive Keimanlage die Bildung einer Primitivrinne einleitet. Demnach wird die Wirkung des Aktionssystems im Dotter-Entoplasma auf besondere Stadien der Primitiventwicklung und Organogenese des Embryo gerichtet und vermag diese zu aktivieren. *Zusätzlich zur dynamischen Komponente des Dotter-Entoplasma-Systems bei der Prägestockwirkung tritt hier eine konstituierende Komponente für die Differenzierung der Organmuster auf,* vergleichbar derjenigen, wie sie im primären Faktorenbereich der Differenzierung für die erste Längsgliederung und Segmentierung der blastodermalen Keimanlage gekennzeichnet wurde (Seidel 1960, 1963, vgl. S. 39, 41).

Interaktionsprozesse zwischen extraembryonalem und embryonalem Teilsystem im Ei findet sich auch bei dem Hemimetabolen *Carausius morosus:* Nach den biochemischen und immunelektrophoretischen Untersuchungen von KOCH bedarf der Embryo für bestimmte Stadien seiner Entwicklung beson-

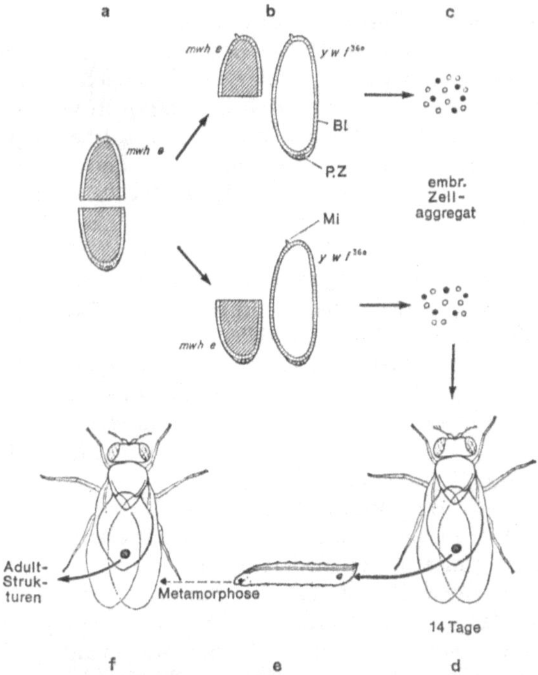

Abb. 15. ***Drosophila*** **(Taufliege). Methode der Kultivierung von Blastodermzellen in vitro und in vivo. Nach den Untersuchungen von GEHRING 1971 und Angaben von ILLMENSEE 1972**

a) Halbierung des Eies (nach Entfernung des Exochorions mittels Natriumhypochlorid). b) Vermischung der Zellen mit solchen aus ganzen Eiern. Genetische Markierung: ***mwh*** **=** ***multiple wing hairs*** **(Zellhaare auf den Flügeln),** ***e*** **=** ***ebony*** **(ebenholzfarben),** ***y*** **=** ***yellow*** **(gelbe Borsten- und Körperfarbe),** ***w*** **=** *white* (weiße Augen), f^{36a} = *forked* (Gabelborsten). c) Zellaggregate nach Dissoziierung, Filtrierung, Zentrifugierung. d) Implantation in das Abdomen von Weibchen des Wildtyps Oregon-R e) Nach 10–14 Tagen Umpflanzung in Larven des 3. Stadiums und f) Metamorphose der Implantatszellen zugleich mit der Larve

derer, dem Dotter-Entoplasma-System entnommener Proteinfraktionen. Auch aus dem Exochorion werden anorganische Ionen, wie die zunehmend zur Neutralisierung von Sulfat- und Phosphatresten benötigten Ca^{++}-Ionen, herausgelöst.

Unter solchen Kulturbedingungen ließen sich *Carausius*-Embryonen vom Stadium der segmentierten Körpergrundgestalt aus, *Bombyx*-Embryonen von der einschichtigen ungegliederten Keimanlage aus kultivieren. Transplantationen von Keimteilen in situ, die naturgemäß ein wichtiges Ziel solcher Experimente sind, gelangen noch nicht und sind zweifellos infolge der besonderen Zellstruktur bei allen Articulata (S. 25 f.) sehr erschwert.

Bis zum vollen Gelingen von Explantationen in vitro sind solche in vivo geboten. So erprobte Gehring eine Kulturmethode, um an Blastodermzellen die ersten Anzeichen von Differenzierungsmustern in vivo studieren zu können. Der Differenzierungsverlauf sollte nicht nur aus dem Regulationsverhalten erschlossen, sondern positiv an den jeweiligen Entwicklungsleistungen abgelesen werden: Im zelligen Blastoderm von *Drosophila* (I, Abb. 27, IV) wurden vordere und hintere Eihälften nach Dechorionierung (S. 76) voneinander getrennt (Abb. 15 a), in einer gepufferten Salzlösung mittels eines Teflon-Homogenisators dissoziiert, filtriert und dann in der Zentrifuge zu einem Zellaggregat zusammengepreßt (c), von dem Teile in das Abdomen eines 20–24 Std. alten Fliegenweibchens implantiert werden konnten (d). Sowohl Spender wie Wirte sind genetisch markiert. Innerhalb der Fliegenabdomina bilden sich aus den Implantaten lediglich larvale Charaktere aus (d). Will man auch imaginale erzielen, so muß man nach 10 bis 14tägiger Kultur (25 °C) die Implantate in Larven des dritten Stadiums umpflanzen, in denen sie gleichzeitig mit ihren Larvenwirten metamorphosieren (e, f).

Um die Entwicklungsergebnisse der Implantate in unmittelbarem Vergleich beurteilen zu können, mischten Chan und Gerhing jeweils die Blastoderme von etwa 100 vorderen oder hinteren Eihälften mit Kontrollblastodermen von gleich vielen ganzen, genetisch anders markierten Eiern (Abb. 15 b). Wenn unter den reaggregierten Zellkomplexen z.B. in Kulturen von vorderen Eihälften lediglich von vorderen Organen Mosaike mit Organen der Kontrollblastoderme auftauchten und nicht auch von hinteren, so wurde auf eine festgelegte Differenzierungstendenz der vorderen Blastodermhälften geschlossen. Nach den bisherigen Ergebnissen unterscheiden sich die Blastodermzellen hinsichtlich ihrer Tendenz, Kopf-, Thorax- oder Abdominalmerkmale auszubilden, was man ja auch entsprechend der Abb. 13 erwarten darf (vgl. dazu S. 58): Die unterschiedliche Differenzierung setzt mit der Bildung der Zellgrenzen im Blastodermstadium ein.

Genetische Faktoren im Eisystem der Insekten sollen in ihrer Bedeutung für die Eiarchitektur und für die Oogenese betrachtet werden. Die experimentellen Methoden sind zunächst kreuzungsgenetische, zytogenetische und klassisch entwicklungsphysiologische. Schilderung von biochemisch und molekulargenetisch gewonnenen Ergebnissen schließt sich an.

Faktoren für die Bildung einzelner Merkmale der Ei-Architektur lassen sich aus Art-Kreuzungen ableiten, wie sie z.B. zwischen der Feldgrille *Gryllus campestris* und dem in Griechenland und Ägypten heimischen *Gryllus bimaculatus* durchgeführt sind (H. FISCHER). Gene haben am Aufbau der Gestalt und Struktur der Eier Anteil. Bezüglich der Eilänge sind sie für *campestris* gegenüber *bimaculatus* dominant. Dasselbe gilt für die Lage des Richtungsplasmas und des Furchungszentrums. Die Breitenmaße der Keimanlage in der Kieferregion gehorchen dem gleichen, diejenigen der Kopfregion einem unvollständig dominanten Erbgang. Dagegen vererben sich die Eiquerdurchmesser und damit das Eivolumen, ebenso auch der Gehalt des Nährdotters an Fettgranula matrokin prädeterminativ.

Eine Reihe ähnlicher Beziehungen sind für Eier des stark differenzierten Eitypus, hier insbesondere für *Drosophila,* festgestellt. Folgen wir den Ergebnissen aus den Schädigungsmustern bei Abänderung der Chromosomensätze im Ei (I, S. 103ff.), so war dort S. 106 erschlossen, daß Gene an der Spindelbildung der Befruchtungs- und Furchungsmitosen, an der Bewegungstätigkeit des Dotter-Entoplasma-Systems, an der Reaktionsweise der Furchungsenergiden mit dem Periplasma zum Aufbau der Präblastodermschicht, an der Bildung der Zellwände und der Einschleusung von sekundärem Entoplasma, schließlich auch an der Polzellenbildung beteiligt sind. Hier muß jedoch besonders interessieren, wie weit solche Gene prädeterminativ wirken, wie weit bestimmte Merkmale der Eiarchitektur bereits durch die genetische Konstitution der Mutter bedingt sind, also schon in der Oozyte vor der Besamung manifest geworden sind.

Als solche Merkmale sind seit langer Zeit beim Seidenspinner *Bombyx mori* Formen und Pigmente des Chorions, sowie die Färbung der Serosa bekannt. Prädeterminierende Mutanten verschiedener *Drosophila*-Arten beeinflussen die Architektur des Ooplasmas und gleichzeitig den Ablauf der Meiose (*ca: claret*), sowie der Furchung (*dor: deep-orange; adpfs: adipose femal sterile; gs: grandchildless*). Typus I von *dor* (Sheila Counce) zeigt mit abnormer Zytoplasmaverteilung Unregelmäßigkeiten in Meiose und Furchung, Typus II Lücken bei der Einwanderung der Energiden ins Periplasma und abnorme Blastodermzellbildung. *adpfs* gibt infolge vakuolenreichen Dotter-Entoplasma-Systems einen Block spätestens bei der 5. oder 6. Furchungsteilung (Winifred Doane). In homozygoten *gs*-Mutanten, bei denen die Meiosis- und Furchungsspindeln in Unordnung geraten, degeneriert das Polplasma, bevor die Furchungs-Energiden den Eipol erreicht haben, so daß Polzellen nicht gebildet werden (Fielding, Mahowald und Gehring). Auch weiterreichende Entwicklungsvorgänge werden prädeterminativ beeinflußt; so die Keimstreifbildung. *fu: fused* behindert die Verlängerung, *da: daughterless* die Verkürzung des Keimstreifs (S. Counce). Die Mutante *bicaudal* ruft in der Längsachse spiegelbildlich verdoppeltes Abdomen hervor (Alice Bull), kontrolliert also die Polarität des Eisystems. Polzellen befinden sich allerdings dabei nur am normalen Hinterpol. Die verschiedenen Mutationen dieser mütterlich prädeterminierenden Gene lassen erkennen, in welch großem Umfang die Architektur des Eisystems bereits in der Oozyte durch Kernfaktoren festgelegt wird (Wright, vgl. auch I, S. 80).

Für einige Merkmale konnten in Bd. I, S. 80 f. rein plasmatische Faktoren in Anspruch genommen werden, so für die Entwicklungsgeschwindigkeit beim Schwammspinner *Lymantria* (R. GOLDSCHMIDT). Um den Schwierigkeiten bei einem kreuzungsgenetischen Nachweis plasmatischer Vererbung nicht ausgeliefert zu sein (vgl. Bd. I, S. 28 f.), versucht man heute wieder, mit entwicklungsphysiologischen Methoden dieses Problem anzugehen. Die embryonale Lethalität der *Drosophila*-Mutante *deep-orange* (*dor*) äußert sich, wie oben gekennzeichnet, darin, daß die Entwicklung dieser Mutante spätestens bei Beginn der Entwicklung der Keimanlage sistiert wird. GAREN und GEHRING konnten diesen Block teilweise aufheben. Wenn die Autoren aus dem Zentrum eines ungefurchten Eies vom Wildtyp bzw. auch eines Eies im Stadium des Präblastoderms Ooplasma mit feiner Mikropipette entnehmen und einem Präblastodermstadium von *dor* injizieren, so erreichen etwa 30 % der *dor*-Embryonen ein spätembryonales Stadium. Naturgemäß bringt dieser Versuch lediglich eine Entscheidung über plasmatische Faktoren in der Eiarchitektur, nicht über plasmatischen Erbgang dieser Faktoren (vgl. Bd. I, S. 80).

Sehr gezielt gingen hier ILLMENSEE und MAHOWALD vor. Sie verpflanzten aus Wildtyp-Eiern von *Drosophila melanogaster* nach der Ablage mit silikonisierter Mikromanipulatorpipette Hinterpolplasma in die Vorderpolregion eines gleichalten Eies, das mit den Genen *mwh e* markiert war (vgl. S. 58 und Abb. 15). Nach Einwanderung von Kernen in dieses zum vorderen Eipol transplantierte Hinterpolplasma fanden sich am Vorderpol einzelne Zellen mit den Merkmalen von Hinterpolzellen: Sie waren rund, enthielten Polgranula und in den Kernen elektronendichte runde Nucleolus-Strukturen. Normalerweise hätten diese Furchungskerne präsumptive Körperzellen besiedelt und ihre Zellen diese speziellen Merkmale nicht ausgebildet. – Um ihre Funktionsfähigkeit zu überprüfen, d. h. um nachzuweisen, daß diese „Polzellen“ sich zu Keimzellen zu entwickeln vermögen, verlagerten die Autoren diese am Eivorderpol durch Induktion entstandenen Polzellen in das Eihinterende von *y w* sn^3*-Mutanten* (sn^3 = *singed*, gesengte Borsten). Dort mischten diese Zellen sich unter die aus dem Blastodermverband gerade austretenden normal gebildeten Polzellen. Wie sich während des Entwicklungsverlaufs nachweisen ließ, konnten unter den adulten Fliegen in 4% der Fälle Abkömmlinge der experimentell induzierten Polzellen des Eivorderendes von *mwh e*-Mutanten aufgefunden werden. – Demnach muß das Eiplasma vom Stadium der Oozyte her in bestimmter Weise aufgegliedert sein und innerhalb der einzelnen Teile eigene Reaktionen mit beliebigen Furchungskernen, die ja zunächst isopotent sind (Bd. I, S. 84 f.), auslösen können.

In den nunmehr folgenden Ausführungen zur Genetik der Oozytenarchitektur werden vor allem biochemische und molekulargenetische Beziehungen von Nährzellen, Follikelzellen und Zellen der Umgebung des Ovariums zur Oozyte in den Vordergrund gerückt.

Vorwiegend zytogenetisch wurde im Laboratorium von Bier an der Oozyte der Stubenfliege *Musca domestica* und der Schmeißfliege *Calliphora erythrocephala* gearbeitet. Die Eiröhren dieser holometabolen Dipteren sind meroistisch gebaut, d. h. jeder mit einem Follikelepithel umgebenden Eizelle ist eine Gruppe von Nährzellen zugeordnet (polytrophe Form, Abb. 16 c). Bier und Mitarbeiter verfolgten *autoradiographisch* die *RNS-und Proteinsynthese,* wie auch die der *Kohlenhydrate* und *Lipide,* in Nährzellen, Follikelzellen und Oozyte.

Nährzellen und Oozyte bleiben durch Fusome, Pforten in den Zellmembranen, plasmodial verbunden (Abb. 17 a). Durch Serien zunehmender Inkubationszeit mit den RNS-Vorstufen ^{3}H-Uridin und ^{3}H-Cytidin, die in die Leibeshöhle injiziert wurden, ließ sich zeigen, daß die *RNS-Synthese* im Oozytenkern und in den polyploiden Nährzellenkernen sehr lebhaft beginnt. Der Oozytenkern bleibt nur sehr kurze Zeit aktiv. Er wird durch die Nährzellenkerne entlastet (Abb. 17 a, b). Die gesamte in ihnen entstehende RNS gelangt ins Zytoplasma und strömt von hier aus durch die Fusome intraplasmatisch ins Oozyten-Plasma ein (c). Mit beginnender Degeneration der Nährzellen ergießt sich ihr ganzer Inhalt, sowohl an RNS-Molekülen wie an Proteinen, ins Plasma der Oozyte. Dieser Plasmastrom verstärkt unmittelbar ihr Peri- und Entoplasma.

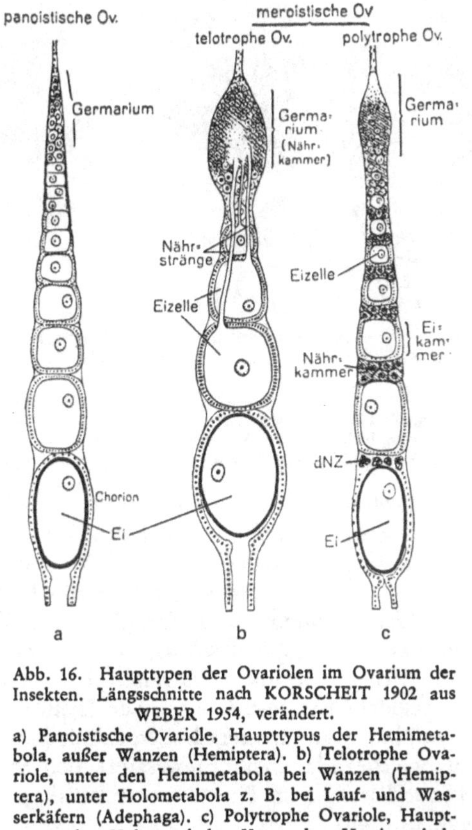

Abb. 16. Haupttypen der Ovariolen im Ovarium der Insekten. Längsschnitte nach KORSCHEIT 1902 aus WEBER 1954, verändert.

a) Panoistische Ovariole, Haupttypus der Hemimetabola, außer Wanzen (Hemiptera). b) Telotrophe Ovariole, unter den Hemimetabola bei Wanzen (Hemiptera), unter Holometabola z. B. bei Lauf- und Wasserkäfern (Adephaga). c) Polytrophe Ovariole, Haupttypus der Holometabola. Unter den Hemimetabola bei den Flügellosen (Campodeidae), den Ohrwürmern (Dermaptera), sowie bei Pflanzen- und Tierläusen (Psocoidea).

dNZ degenerierende Nährzellen

Aminosäuren, wie ^{3}H-Histidin, werden zunächst vorwiegend im *Follikelepithel* eingebaut, aber bald wieder an die *Oozyte* zur Dotterschollen-Produktion abgegeben. Für den weiteren Dotteraufbau entstammt die Hauptmenge des Proteinmaterials offenbar Synthesevorgängen in anderen, insbesondere Fettkör-

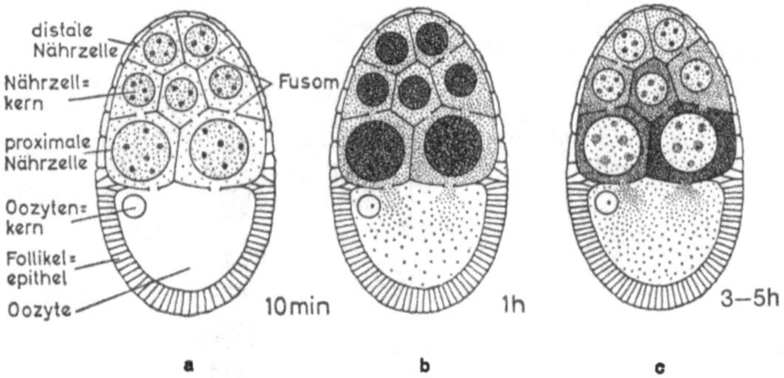

Abb. 17. *Musca* (Stubenfliege). Autoradiogramme von Oozyte, Follikelepithel und Nährzellen, deren RNS durch Injektion von ^{3}H-Cytidin und ^{3}H-Uridin in die Leibeshöhle markiert war
a, b) Kurzzeitinkubierung (10 Min – 1 Std.). Gleichartige Markierungsdichte aller Nährzellen. c) Längere Inkubationszeit (3–5 Std.). Zytoplasma markiert, am stärksten in der proximalen Nährzelle mit den meisten Fusomen (rechts). Einströmung von RNS auch in die Oozyte (nach BIER 1963–1969)

perzellen. Die *Proteine,* die weichchenspezifisch sind, gelangen *aus der Hämolymphe* nicht durch die Follikelzellen hindurch, sondern über die *Interzellularspalten* in die Oozyte. Dieser Weg ließ sich insofern bestätigen, als sich die Identität von Proteinen der Hämolymphe und der Dotterschollen durch Immuno-Gelelektrophorese (*Carausius,* KOCH) und auch mit immun-histologischer Technik nachweisen ließ. Im letzteren Fall wurden bei dem Riesen-Seidenspinner *Hyalophora cecropia* Hämolymphe- und Dotterschollen-Schnittpräparate mit Antikörpern, welche mit einem fluoreszierenden Stoff gekoppelt sind, behandelt und im Fluoreszenzmikroskop untersucht (TELFER, vgl. I, S. 46).

Lipide des Dotters und *Glykogen* werden nicht wie die Proteine unmittelbar vom Oozyten-Genom codiert, sondern auf dem Umweg über dort bereitgestellte Enzyme aufgebaut. Die Gene des Oozytenkernes stellen die m-RNS für den Aufbau der Enzyme bereit, die dann Reaktionen zur Bildung der Reservestoffe katalysieren. Das Glykogen kondensiert sich am Ende der Oogenese aus Glukose.

Die Lage der Nährzellen und ihrer Fusome zur Oozyte geben zwar der Einschleusung von RNS in die spätere Eizelle eine bestimmte polare Richtung (Abb. 17), aber Einzelheiten über etwaige Musterbildung im Dotter-Entoplasma-System lassen sich daraus nicht ableiten. Lediglich wird deutlich, daß bei den meroistischen holometabolen Insekten durch die hochpolyploiden Nährzellen eine sehr beträchtliche RNS-Menge, hauptsächlich r-RNS, zur Verfügung gelangt, während im Oozytenkern selbst die Nucleolenbildung und die RNS-Synthese gedrosselt werden (Bier). Die auf die polyploiden Nährzellen verlagerte und dadurch außerordentlich verstärkte RNS-Synthese bedingt eine erhöhte Transcriptions-Kapazität und macht damit eine umfangreiche Bevorratung des Oozytenplasmas mit RNS möglich, die der Versorgung eines sehr plasmareichen Eies mit Ribosomen und der Herausbildung eines Großkeimes im Ei dient. Zugleich kann sich dadurch die Entwicklungszeit stark verkürzen.

Unmittelbar biochemisch ging bei dem gleichen Problem die Schule von Duspiva vor. Es sollte ermöglicht werden, über die einzelnen beteiligten RNS-Spezies und über ihre Funktion im Verbande mit Proteinen genauere Aussagen zu machen (Methodik siehe in den Originalarbeiten des Literaturverzeichnisses). Als besonders geeignet für die Verwirklichung dieser Absicht erschienen telotroph meroistische Ovarien (Abb. 16b). Sie erlauben es, z. B. bei der afrikanischen Baumwollwanze *Dysdercus intermedius*, die einzelnen Abschnitte der Ovariolen: Die apikale Nährkammer mit polyploiden Nährzellen (Trophozyten, Abb. 16b), die von Follikelepithel umgebenen jungen und älteren Oozyten mechanisch zu trennen und zu untersuchen. So kann man Syntheseort, Transport, sowie Einbau der RNS- und Ribo-Nucleoprotein-Partikelsorten (RNP-Partikelsorten) in das reifende Ei ermitteln (Duspiva, Scheller, Doris Weiss, Hermelita Winter). An die Stelle der Fusome des Holometabolen-Ovariums treten hier die Nährstränge, deren Längsstreifung von Mikrotubuli herrührt. In ihnen können Ooplasma und Partikel verschiedenster Art transportiert werden.

Wie bei den Holometabolen stammt bei den Hemipteren das hochmolekulare RNS-Inventar aus der *Nährkammer*. In den

Nährzellen ließen sich markierte r-RNS, t-RNS und nicht-ribosomale RNS auffinden. Sowohl die ribosomalen, wie die nicht-ribosomalen RNS-Spezies assoziieren sich mit Proteinen.

Die *Follikelzellen* synthetisieren außer hochmolekularer RNS, die derjenigen der Nährzellen ähnlich ist, aber in dieser Form an die Oozyten nicht abgegeben wird, eine niedermolekulare „Nucleotidfraktion“ sehr hoher elektrophoretischer Beweglichkeit. Diese gelangt in die Dottergranula des reifenden Eies.

Jede *Oozyte* wird innerhalb der Ovariole bei 28 °C 4 Tage lang vom Nährgewebe aus mit hochmolekularer RNS und mit euplasmatischem Material versorgt. Die RNS-Profile von Nährkammer und reifendem Ei gleichen sich insofern, als sie ribosomale RNS und eine polydisperse Gruppe von nicht-ribosomalen RNS-Spezies aufweisen. – Ist die Oozyte nach diesen 4 Tagen am distalen Ende der Ovariole angekommen, so löst sie sich vom Nährstrang (Abb. 16 b) und erhält weitere 4 Tage lang durch das Follikelepithel Chorionbaustoffe und die niedermolekulare Nucleotidfraktion zur Ablage im Eidotter. Während der weiteren Entwicklung des Embryo wird die Nucleotidfraktion aus den Dottergranula zur Synthese von RNS aufgebraucht. Wie es ganz allgemein auch bei anderen Tiergruppen der Fall ist, zeichnet sich die Oozyte durch eine bedeutsame Menge von r-RNS aus. Nicht-ribosomale RNS ist dagegen nur in sehr geringfügiger Menge vorhanden. Auch besitzt der Oozytenkern hier wie bei den Holometabolen nur eine sehr minimale nucleäre Transcriptionsaktivität. Die früh beginnende Proteinsynthese im Insektenei wird durch stabile, bei Holometabolen und Hemipteren der Nährkammer entstammende m-RNS-Arten geleistet, die als RNP-Partikel (Informosomen) im Ei nachweisbar sind. Sie stellen die stabile Speicherform der in den Trophozyten der Nährkammer synthetisierten m-RNS dar.

Zum Verständnis der *Programmierung früher Entwicklungsvorgänge* wäre es sehr aufschlußreich, den Mechanismus zu kennen, der einerseits vor der Eiablage zur Stabilisierung der m-RNS in den RNP-Partikeln führt, andererseits im Verlauf des nun einsetzenden Entwicklungsgeschehens eine phasenspezifische Freisetzung von m-RNS garantiert. Um sich an die Klärung solcher Probleme heranzutasten, erscheint es als dienlich, an RNP-Partikeln unterschiedlicher Herkunft, solchen aus Eiern mit der geringfügigen Proteinsyntheserate und etwa solchen aus Synthese-aktivem Larvengewebe, Proteinsynthesen in zellfreiem, aus Wanzenkomponenten aufgebauten System (vgl. Bd. I, S. 27, 171) ablaufen zu lassen und dabei die Stimulierung oder Hemmung der Synthese-Aktivität zu vergleichen. Hemmfaktoren können z. B. strukturelle oder accessorische spezifische Komponenten der mütterlichen m-RNP-Partikel sein. Allgemein scheint ein System von *Hemm- und Stimulationsfaktoren* der Proteinsynthesen kennzeichnend für Zellen zu sein, in denen die m-RNS in vorgefertigter Form vorliegt und daher die *Regulierung der Proteinsynthese vorwiegend auf der Translationsebene stattfindet.*

Bei den panoistischen Hemimetabolen mit Oozyten, die allein durch ein Follikelepithel ernährt werden, aber Nährkammern nicht entwickeln (Abb. 16 a), gründet sich die Art der Bevorratung mit RNS unmittelbar auf zytologische Besonderheiten der Oozyte selbst. Sie geschieht hier z. B. bei *Acheta* auf mittleren und fortgeschrittenen Oogenese-Stadien durch Vervielfältigung der Nucleolen bis auf mehrere Hundert, welche meist in der Nähe der Kernmembran liegen. Diese multiplen, hier wie bei den Amphibien (I, S. 97 ff.) ringförmigen Nucleolen entfalten eine intensive Synthese von r-RNS auf Grund von r-DNS-Segmenten. Früh in der Meiose gebildete r-DNS-Moleküle schließen sich vorübergehend zu einem Sammelnucleolus („DNS- Körper") zusammen. Hauptfunktionszeit ist das Diplotän, in dem die Chromosomen Lampenbürstenform annehmen. Jeder Nucleolen-Bildungsort ist hier bereits multipel, ein Polycistron. Diese Genamplifikation in der Oozyte tritt an die Stelle der Polyploidisierung der Nährzellen, wie sie die meroistischen Holometabolen *Musca* und *Calliphora,* sowie die hemimetabole Hemiptere *Dysdercus* erkennen ließen. Mengenmäßig kann dadurch die synthetisierte r-RNS naturgemäß diejenige im Nährzellen-Ovarium nicht erreichen. Sie dient der Bereitstellung von Ribosomen für relativ plasmaarme Eier, die Kleinkeime anlegen und deren Entwicklung überdies besonders langsam verläuft (vgl. S. 73). – Die Protein-Dotterbildung in den Oozyten bleibt von der Ribosomenbildung getrennt und geschieht auch hier auf dem Wege über das Follikelepithel (KUNZ).

Biochemische Analysen des Laboratoriums DUSPIVA zeigen, daß im Endergebnis die RNS-Produktion für die Oozyten in panoistischen Ovariolen und in meroistischen Ovariolen große Ähnlichkeiten aufweist. Die Trennung der RNS-Sorten wurde mittels der Dichtestufenzentrifugierung nach Behandlung der wachsenden Oozyten mit radioaktiv markierten Vorstufen durchgeführt. Nimmt man, nachdem Grillenweibchen eine ^{14}C-Uridin-Injektion erhalten haben, sechs Tage später von etwa 300 frisch abgelegten Eiern, die sich im Vorkernstadium befinden, ein Sedimentationsprofil, so findet man die in Abb. 18 wiedergegebene Verteilung der verschiedenen RNS-Sorten, vor allem 28s-r-RNS, 18s-r-RNS und 4s-t-RNS (——). Der Hauptanteil der Synthese entfällt auf die 28s- und 18s-r-RNS (●—●). Im Bereich zwischen 18s und 4s ist eine geringe Menge von unterschiedlich aktiven RNS-Sorten, möglicherweise von m-RNS, verteilt.

Mit Beginn der Entwicklung sinkt diese Aktivität sehr. Da aber die Proteinsynthese merkbar in Gang kommt, so wird man annehmen können, daß in der Oozyte von *Acheta* genetische Information als stabile m-RNS transcribiert wird (E. HANSEN-DELKESKAMP). Auch die in der Oozyte synthetisierte r-RNS scheint weitestgehend stabilisiert zu sein. Diese Ergebnisse gehen auf 60 bzw. 180 Min. lange Inkubierung dechorionierter Eier mit ^{14}C-Uridin zurück. Das Chorion konnte abgezogen werden, nachdem es unter 5–8 Min. langer Behandlung mit Natriumhypochloridlösung (Merck, 1 : 12 mit Wasser verdünnt) sich abhob. Dechorionierte Eier entwickeln sich ohne Schwierigkeiten weiter.

Die **substanzwechselphysiologische Situation im Entwicklungsablauf** soll durch Ergebnisse biochemischer Nucleinsäure- und Proteinanalysen weitere Klärung finden.

Zu Beginn dieser Untersuchungen war die Dechorionierung der Grilleneier noch nicht bekannt. So blieb zunächst zur Prüfung

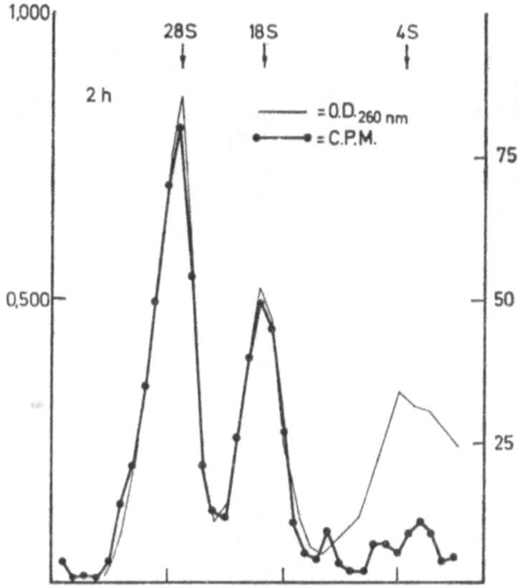

Abb. 18. *Acheta* (Heimchen). Sedimentationsprofil von etwa 300 frisch abgelegten Eiern im Vorkernstadium. Den Weibchen, welche zuvor sämtliche ausgereiften Eier abgelegt hatten, wurde 6 Tage vor neuer Ablage einmalig ^{14}C-Uridin ins Abdomen injiziert, um in der Neusynthese stehende RNS zu markieren.
Ordinate: Links: Optische Dichte bei 260 nm. Rechts: Impulsrate.
Abszisse: Fraktionen 10–30. (Nach E. HANSEN-DELKESKAMP 1969)

der Synthese-Aktivität für Nucleinsäuren allein die Methode 3 Std. langer Inkubierung in einer $^{14}CO_2$-Atmosphäre und anschließender biochemischer RNS-Extraktion, sowie Trennung der Fraktionen mittels der Dichtestufenzentrifugierung übrig. Je etwa 1500 Grilleneier (0,5 g) wurden in den einzelnen Entwicklungsstadien markiert. Aus den Kurvenbildern der Abb. 19 sind die RNS-Sedimentationsprofile und die Einbauraten von radioaktivem Kohlenstoff zu ersehen (E. HANSEN-DELKESKAMP, H. W. SAUER, DUSPIVA).

Die oben dargestellte Ansicht, daß in der Oozyte synthetisierte r- und m-RNS zunächst stabilisiert vorliegen, findet in

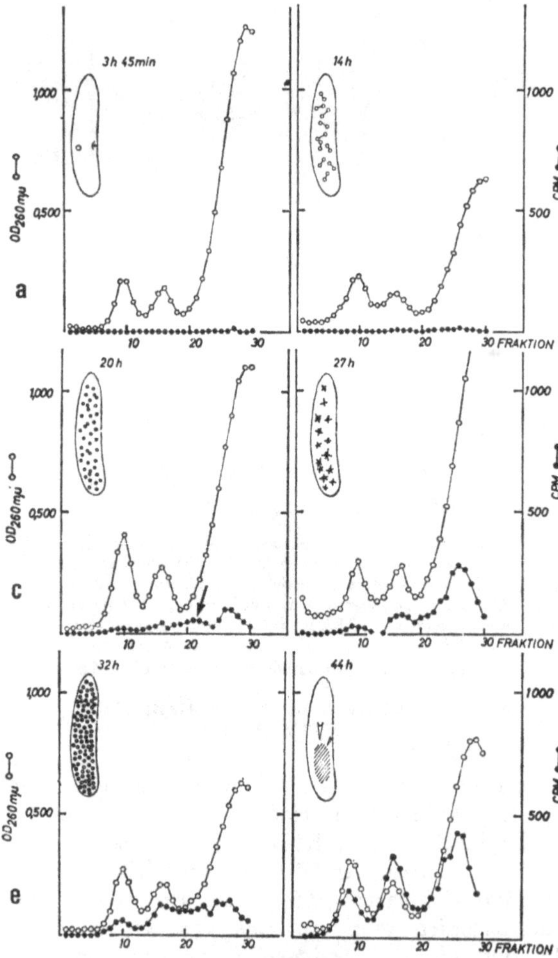

Abb. 19. *Acheta* (Heimchen). Sedimentationsprofile von RNS aus verschiedenen Entwicklungsstadien. 3-stündige $^{14}CO_2$-Markierung von je 1500 (0,5 g) Eiern.

Ordinate: Links: Optische Dichte bei 260 nm. Rechts: Impulsrate. Abszisse: Fraktionen (10 = ~ 28 s, 16 = ~ 18 s, 28 = ~ 4 s)

den Abb. 19a–b eine Bestätigung. Ungeachtet der Anwesenheit von 28s- und 18s-r-RNS, sowie von niedermolekularer RNS (○—○) während der synchronen Furchungsphase bis zum 64-Energidenstadium wird radioaktives CO_2 in die r-RNS nicht eingebaut (●—●). Höchstens geschieht dies in ganz geringem Maße in der 4s-Region. Sobald die Furchungsenergiden im 512-Kernstadium die Eioberfläche erreichen, von der synchronen Teilungsweise zur heterochronen übergehen, auch in ihrem Mitosezyklus die Dauer der Interphase verlängern und Nucleolen bilden (Abb. 19c, d), wird der Beginn einer Aufbautätigkeit für alle genannten RNS-Sorten deutlich. Zugleich findet man, auf Abb. 19c durch einen Pfeil gekennzeichnet, zwischen der 18s- und 4s-Region eine radioaktive Fraktion, die wohl nur m-RNS sein kann. Den stabilisierten RNS-Sorten treten damit neu transcribierte an die Seite.

Parallel zu den Abb. 19 wiedergegebenen Daten der RNS-Aktivität sind in Abb. 20 Densitometerkurven von den Fraktionen löslicher Proteine dargestellt. Sie wurden durch Disc-Elektrophorese je eines Eies (120 μg Protein) der genannten Stadien gewonnen (R. SCHNEIDER). Von den 21 auf diese Weise in der Entwicklung auftretenden Fraktionen, die von den im Polyacrylamidgel langsam laufenden großmolekularen bis zu den beweglicheren mit geringerem Molekulargewicht fortlaufend numeriert wurden, sind nach der Eiablage neun vorhanden (Abb. 20a, b). Erst im Stadium von 512 Energiden, in dem diese die Eioberfläche erreichen und die RNS-Aktivierung beginnt (Abb. 19c), tritt auf Abb. 20c eine neue Proteinfraktion L 14 hinzu, der im Präblastodermstadium Abb. 20d eine weitere L 3 folgt. – Über L 8 wird weiter unten berichtet.

Der Beginn allseitiger RNS-Aktivität auf Abb. 19d bildet demnach die genetische Basis für das sich aufbauende Präblastodermstadium (19e), das nach der Schilderung des initialen Eisystems durch entoplasmatische Faktorenbereiche der Dif-

a) Vorkernstadium. b, c) Synchrone Furchungsphase, Pfeil: vermutliche m-RNS. d) Heterochrone Furchungsphase und Vitellophagensonderung. e) Präblastoderm. f) Blastoderm und Bildung der Keimanlage (vgl. Abb. 13. – Nach E. HANSEN-DELKESKAMP, H. W. SAUER und F. DUSPIVA 1967)

ferenzierung und ihre Wirkung gekennzeichnet ist (S. 59). So darf man fragen, ob die molekularbiologischen Ergebnisse bereits dazu beitragen können, die Einleitung von Bewegungsprozessen im Dotter-Entoplasma-System und die Konstituierung von Organbereichen als Selbstgliederungssysteme genetisch verständlich zu machen.

Nach Ausschaltung des Bildungszentrums fallen im Libellenei die Bewegungsprozesse im Differenzierungsbereich aus. Die Organbereiche werden, wie die spätere Keimanlage, nicht gebildet (S. 33, 39). Aber Nucleolenbildung und r-RNS-Produktion geschehen wie im Normalkeim (E. Hansen-Delkeskamp). Dies wurde nach Abtrennung des hinteren Eipols im 4- bis 8-Kernstadium von *Acheta* z. B. am Präblastodermstadium und am Keimanlagenstadium geprüft. Demnach kann die r-RNS-Produktion, die sowohl im Normalkeim wie im keimanlagenlosen Ei zur Zeit der Keimanlagenbildung und der Ausbildung des Keimstreifs ein deutliches, zeitlich begrenztes Maximum aufweist (Abb. 19 e, f), nur eine allgemeine Eigenschaft des Dotter-Entoplasma-Systems sein, die der Keimanlagenbildung im Eisystem korreliert ist, aber nicht ihre spezielle Voraussetzung bildet. Auch Unterschiede in der ^{14}C-RNS-Verteilung für vordere und hintere Eihälften ließen sich bisher nicht sicher auffinden (H. W. Sauer).

Der Experimentator bleibt zunächst auf die Ergebnisse der Kreuzungsgenetik verwiesen (S. 68 f.). Gene für die spezifische Abänderung von Blastoderm- und Keimanlagenregionen kennen wir aus vielerlei Mutanten. So sind die Gene an der Umwandlung des plasmodialen Präblastoderms zum geordneten Blastodermverband (I, Abb. 27 d) beteiligt. Die auf Abb. 19 c durch einen Pfeil gekennzeichnete Syntheseaktivität der RNS in einem Bereich zwischen 18s und 4s wurde oben als m-RNS-Bildungsprozeß angesprochen. Da von der Funktion der m-RNS her zu erwarten ist, daß sie nicht einheitlich sedimentiert, sondern sich über einen großen Bereich des Gradienten verteilt (E. Hansen-Delkeskamp), muß man damit rechnen, daß wohl die sehr kleinen Mengen bestimmter m-RNS, die möglicherweise bei Ausschaltung des Bildungszentrums für eine Genwirkung ausfallen würden, sehr schwer mit den derzeitigen groben Methoden biochemischer Analysen zu erfassen sind. So bleibt hier zwischen formwechselphysiologischer und molekularbiologischer Analyse einstweilen noch eine Kluft.

Für die These, daß Differenzierung mit der Neubildung von Proteinen einhergeht, bieten die Kurvenbilder Abb. 20 vom *Acheta*-Ei eine Reihe eindrucksvoller Beispiele: Das hochmolekulare Protein L 6, das bereits in der Oozyte, nach der Eiablage und in der Furchung vorhanden ist (a–d), persistiert bei der Bildung der Körpergrundgestalt (e–h) und fällt dann weg. Protein L 8 tritt in der Furchung in Spuren auf (d) und gewinnt mit der Ausrollung, also zu Beginn intensiver Organdifferenzierung, einen sehr hohen Anteil am Proteinspektrum (i–k), der sich später wieder etwas erniedrigt (l). Auffällig ist die Neuproduktion einer Reihe von Fraktionen starker elektrophoretischer Beweglichkeit, die, wie L 14, nach Abschluß der Furchung oder aber zu einem späteren Zeitpunkt ins Bild kommen. L. 17 begleitet die Bildung des Meso-Entoblastems der Keimanlage (sog. Gastrulation). L 18 ist gleichzeitig mit dem hochmolekularen L 5 bei der Ausrollung aus dem Dotter anwesend. L 21, und weiter L 19, L 16 und L 20, tauchen zu bestimmten Stadien späterer Organdifferenzierung auf. – Mit sehr klarem Übergewicht ragen aus dem Kurvenbild gleich nach der Eiablage die Fraktionen L 9 und L 10 heraus. Sie nehmen bis zum Schlüpfen des Embryos stetig ab und müssen wohl als reine Dotterproteine angesehen werden (SCHNEIDER).

Einigen Zügen des Verhaltens der Proteinfraktionen scheint allgemeine Bedeutung zuzukommen, so daß sie auch für den stärker differenzierten Eitypus gelten. Nach Untersuchungen von KÜTHE, sowie PIETRUSCHKA und BIER erfolgen erste entwicklungsbedingte Veränderungen im Proteinmuster hier bereits in sehr frühen Furchungsstadien, so bei *Dermestes* während der intravitellinen Furchung im Stadium von 16–32 Energiden. Ob dies durch mütterliche Depot-RNS oder auf Grund von Neusynthesen ermöglicht wird, ist bei diesen Formen nicht nachgewiesen. Nach den Untersuchungen von W. SCHNETTER an durch Anstich kernlos gemachten Eiern des Kartoffelkäfers *Leptinotarsa* ist die Proteinbildung während der Furchung bis zum Blastodermstadium durch mütterliche Messengers gesichert.

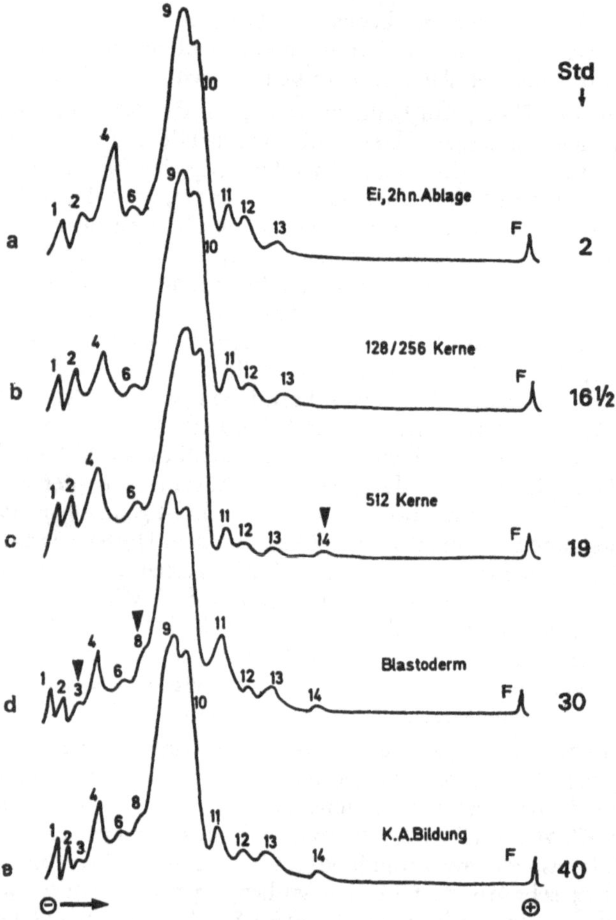

Abb. 20. *Acheta* (Heimchen). Proteinfraktionen (*1–21*) verschiedener Embryonalstadien, dargestellt durch Densitometerkurven nach Disc-Elektrophoresen im Normalmaßstab. Beladung der einzelnen Gelsäule (Länge 60 mm, Ø 4 mm, Trenngel-Strecke 30 mm, 60 Volt, Laufzeit ca. 1 Std.) jeweils mit dem Überstand des aqua dest.-Homogenats von einem einzelnen Grillenei (nach den Untersuchungen von R. SCHNEIDER 1972) *F* Pufferfront

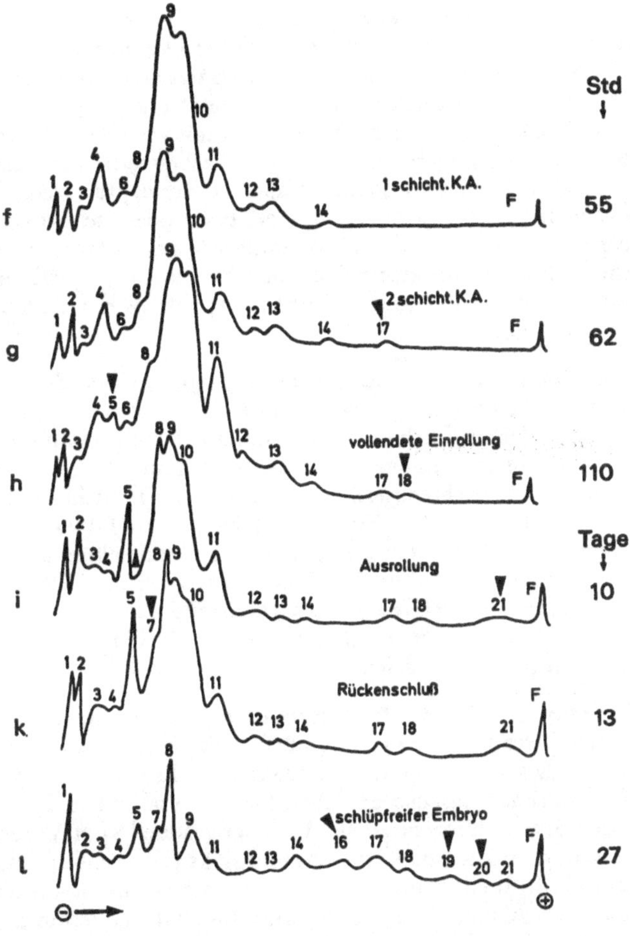

Der ganz geringe Prozentsatz nuclear bedingter Neusynthesen von m-RNS, der von der Eiablage an die Tätigkeit der stabilen Messengers begleitete, wächst vom Blastodermstadium an ständig und leistet dann die gesamte Information für die Proteinbildung.

Zur Zeit der Einwanderung der Furchungsenergiden in das Periplasma (512-Kernstadium) hat sich bei *Dermestes* das Proteinspektrum in seinem mittleren Bereich mit einer maximalen, später wieder absinkenden Anzahl von Fraktionen angereichert. Dies wird durch die bei diesem Eitypus notwendige hohe entwicklungsphysiologische Aktivität des Präblastodermstadiums verständlich. Vom Blastodermstadium ab vermehren sich, wie im Grillenei, die niedermolekularen Fraktionen schrittweise. Ebenso beherrschen auch hier quantitativ stark hervortretende hochmolekulare Dotterproteine zunächst das Feld und verschwinden dann allmählich während des Ablaufs der Embryonalentwicklung.

Mit besonderen Methoden war es möglich, über die Verteilung von Proteinen innerhalb eines Eies Erfahrungen zu sammeln. Vor allem ließ sich die Polyacrylamid-Disc-Elektrophorese im Mikromaßstab (Länge 32,5 bzw. 41,5 mm. ⌀ 0,45 bzw. 0,57 mm) so herrichten, daß sie für Teile von Eiern brauchbar wird (SCHNEIDER). Die Eier werden auf einem Objektträger orientiert, mit CO_2-Schnee eingefroren und mit einer Rasierklinge aufgeteilt. In 0,5 ml aq. dest./1 Ei werden die Teilstücke homogenisiert. Jeweils 0,4 μl des Überstandes enthalten 1 μg Protein, das man auf die Gelsäure einer Kapillare überträgt und elektrophoretisch auftrennt.

Der mittlere Eibereich (m_2) des Eies von *Acheta,* in welchem sich das Furchungszentrum befindet (Abb. 21), ist durch das allein in diesem Abschnitt nachzuweisende Protein L 13 klar zu kennzeichnen. Ebenso erreichen hier die Fraktionen L_2 und L_9 ihre höchsten Prozentanteile. L_2 steigt graduell vom Vorderpol bis zum Furchungszentrum an und sinkt zum Hinterpol hin wieder ab. L_1 breitet sich vor der Eimitte am stärksten aus und nimmt nach hinten ab. Auch Fraktion L_{11} und L_{12} vermindern sich von vorn nach hinten stetig. Fraktion L_4 dominiert sowohl vor wie hinter der Mitte. Neben L_4 beherrscht L_{10} das Proteinspektrum des hinteren Eipoles.

Eine Erweiterung solcher Feststellungen bringen Analysen an *Dermestes* (KÜTHE), bei denen gezeigt wird, daß auch das Peri-

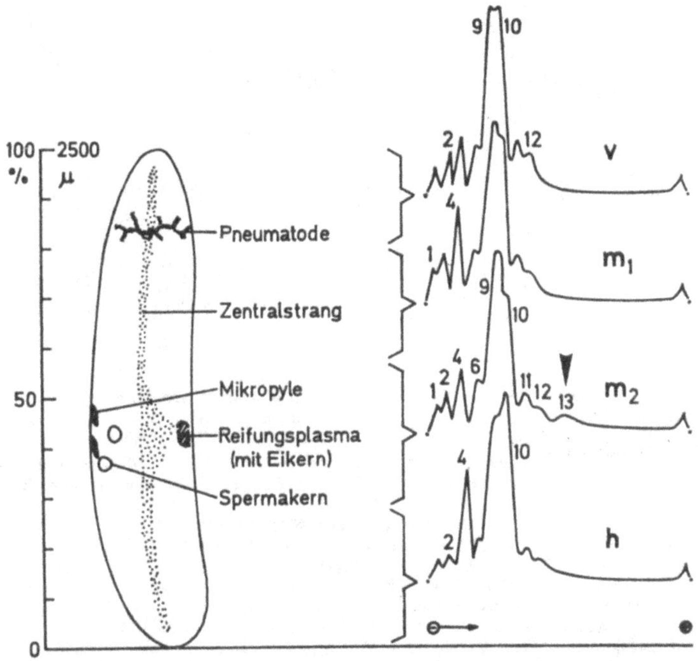

Abb. 21. *Acheta* (Heimchen). Proteinmuster der verschiedenen Bereiche des 0–2 Std. alten Eies (Schema nach H. W. SAUER 1965), dargestellt durch Densitometerkurven von Disc-Elektrophoresen im Mikro-Maßstab) nach den Untersuchungen von R. SCHNEIDER 1972)

Länge der Kapillare 32,5 mm, ⌀ 0,45 mm, Volumen 5 μl, Trenngel-Strecke 5 mm, 60 Volt, Laufzeit 10–20 Min. Beladung der einzelnen Gelsäule mit dem Überstand des aqua-dest.-Homogenats von je 4 Eifragmenten
1–13 Proteinfraktionen, *F* Pufferfront

plasma sich gegenüber dem Dotter-Entoplasma-System durch eine besondere Proteinfraktion auszeichnet. Solche Ergebnisse werden durch Vergleiche von Analysen des Ganzeies und solchen mit UV-bestrahltem Periplasma, die ein inneres Pseudoblastoderm (vgl. S. 59) ergeben, bestätigt.

Fast alle bisher beschriebenen Versuche betreffen Vorgänge, deren Ablauf sich unmittelbar aus den Faktorengefügen des

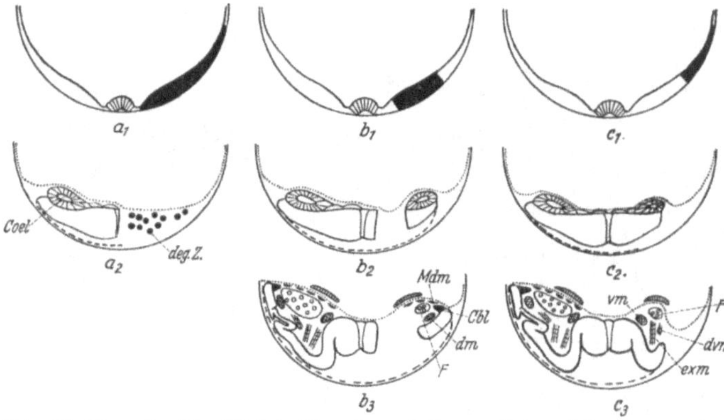

Abb. 22. *Chrysopa* (Netzflügler). Versuchsergebnisse nach Ausschaltung von Ektoblastembereichen mittels Thermokauter im Stadium der Abb. 6 a. Schematische Querschnitte durch ventrale Eihälften (nach BOCK 1940)

Obere Reihe$_1$: Operationsschemata. Abgetötete Bezirke schwarz. Mittlere Reihe$_2$: Ergebnisse im Stadium der Abb. 6 c. Untere Reihe$_3$: Ergebnisse im Stadium der Abb. 6 d

a$_1$) Ausschaltung einer ganzen ektoblastemalen Segmenthälfte. a$_2$) Ergebnis: Mesoblastem unterlagert, aber differenziert sich nicht. b$_1$) Mediale Ausschaltung, entsprechend laterales Restektoblastem. b$_2$) Ergebnis: Zölomepithel unter lateralem Restektoblastem. b$_3$) Ortsrichtige Differenzierung des Mesoblastems. c$_1$) Laterale Ausschaltung. c$_2$) Ergebnis: Zölom harmonisch verschmälert unter medialem Restektoblastem. c$_3$) Ortsrichtige Differenzierung des Mesoblastems

Cbl Cardioblasten. *Coel* Zölom. *deg. Z* degenerierende Zellen. *dm* Dorsalmuskulatur. *dvm* Dorsoventralmuskulatur. *exm* Extremitätenmuskel. *F* Fettgewebe. *Mdm* Mitteldarmmuskelzellen. *vm* Ventralmuskel

primär vorhandenen Eisystems ableiten lassen. Lediglich Abb. 19 bis 20 geben darüber hinaus Verhältnisse auch fortgeschrittener Embryonalstadien wieder. Die dort auftretenden komplizierten Gefüge werden durch Zell- und Blastembildung möglich:

Auf die Ausbildung des Differenzierungsmusters im Blastodermstadium folgt die sichtbare Ausdifferenzierung der Keimanlage, wie sie S. 29 ff. an Hand von Abb. 13 und Abb. 6 dargestellt ist. Durch Schichtenbildung und Körpergliederung hebt sich die Körpergrundgestalt auch morphologisch mehr und mehr heraus.

Sobald der Keim zweischichtig wird, beginnen **Reaktionen zwischen den Blastemen.** Beim Ei des Goldauges *Chrysopa* ge-

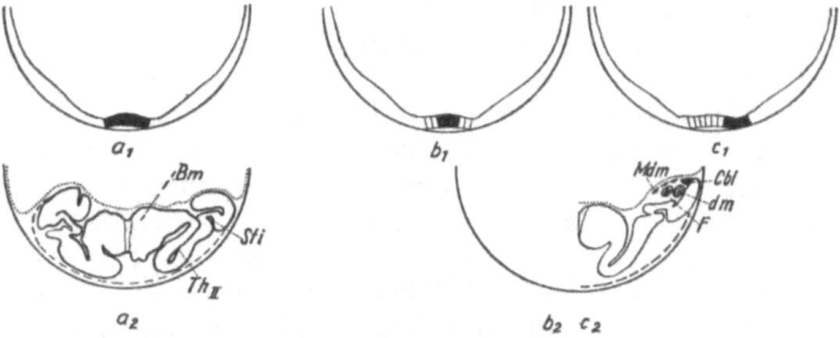

Abb. 23. *Chrysopa* (Netzflügler). Mesoblastemausschaltungen (nach BOCK 1940). Darstellung entspr. Abb. 22.

a_1) Vollständige Ausschaltung der Mittelplatte. a_2) Ergebnis im Stadium der Abb. 6 d: Ektoblastem abnorm geformt, aber histologisch normal differenziert. b_1) Mediale Ausschaltung des Mesoblastems, entsprechend laterales Restmesoblastem. b_2) Ergebnis: Differenzierung bei ungehinderter Unterlagerung. c_1) Laterale Mesoblastemausschaltung. c_2) Ergebnis: Unterlagerung lateralen Ektoblastems und ortsgemäße Differenzierung gleich dem Experiment b_1)

Bm Bauchmark. *Cbl* Cardioblasten. *dm* Dorsalmuskulatur. *dvm* Dorsoventralmuskel. *exm* Extremitätenmuskel. *F* Fettgewebe. *Mdm* Mitteldarmmuskelzellen.

lang es, Reaktionen *zwischen Ektoblastem und Mesoblastem des Keimstreifs,* welche nach der Unterlagerungsbewegung einsetzen, genauer zu verfolgen. Mittels eines feinen Thermokauters wurden Teile jeweils eines dieser Keimblätter, solange sie noch an der Keimoberfläche lagen (Abb. 6 a), abgetötet (BOCK). Ein solcher Defekt läßt sich auf einzelne Segmente begrenzen, auch greift er nicht von einer Keimschicht auf die andere herüber. In einseitig *ektoblastemlosen Keimen* (Abb. 22 a_1 rechts) differenziert sich das Mesoblastem nicht. Die Zellen degenerieren (a_2). Werden nur *Teile des Ektoblastems ausgeschaltet* (Abb. 22 b, c), so differenziert sich das Mesoblastem nur dort, wo Ektoblastem es überlagert, und zwar mit vollständig ortsgemäßen Bildungen: Ist medianes Ektoblastem vorhanden (Abb. 22 c), so entwickeln sich im Mesoblastem lediglich Muskulatur (vm, dvm, exm) und Fettkörper (F), und nur bei gleichzeitiger Anwesenheit von lateralem Ektoblastem (Abb. 22 b) differenzieren sich auch Mitteldarmmuskulatur (Mdm) und Cardioblasten (Cbl). Diese Verschiedenartigkeit der Differenzierung würde man allein dem jeweiligen Einfluß des Ektoblastems zuschreiben, wenn die Mesoblastemzellen für jedwede Differenzierungsleistungen gleichartig befähigt wären. Das ist tatsächlich der Fall: Nach *Abtötung kleiner Mesoblastemteile* (Abb. 23 b, c) bestrebt sich das Restmesoblastem, ohne die Mediane zu überschreiten, die ursprünglich medio-lateral gerichtete Unterlagerungsbewegung beizubehalten und immer möglichst weit lateral zu wandern. Ob dort nun laterales (Abb. 23 b_1) oder mediales (Abb. 23 c_1) Restmesoblastem liegt, immer werden unter dem lateralen Teil des Ektoblastems auch laterale Differenzierungen zu Mitteldarmmuskulatur und Cardioblasten durchgeführt (b_2, c_2). Das Mesoblastem verhält sich nicht herkunfts-, sondern ortsgemäß. *Demnach sind alle Mesoblastemzellen in gleicher Weise reaktionsbefähigt und erhalten ihre besonderen Differenzierungsfähigkeiten durch Reaktionen mit dem überlagernden Ektoblastem.* Wenn bei einer Entwicklungsreaktion das neue Differenzierungsergebnis einseitig dem Hinzukommen des einen Partners zuzuschreiben ist, so spricht man von einer „*Induktion*" durch diesen Partner. Im vorliegenden Falle würde das Mesoblastem seine Differenzierungsrichtung vom Ektoblastem her durch Induktion erhalten haben. Daß und in welcher Weise an den Vorgängen von Blastem zu Blastem *Genwirkungen* beteiligt sind, läßt sich aus den Darstellungen S. 67 f. ersehen.

Die Induzierung nimmt bei *Chrysopa* eine andere Richtung als bei den Ringelwürmern, wo ja das Mesoblastem einen Einfluß auf das Ektoblastem ausübt (S. 24). Allerdings fehlt dort der genaue Nachweis der gleichartigen Entwicklungsbefähigung (Isopotenz) aller Ektoblastemzellen, der bei *Chrysopa* für die Mesoblastemzellen erbracht ist und der notwendig ist, um ganz sicher zu sein, daß hier und dort unter dem Begriff Induktion gleiches verstanden wird.

Auch bei Insekten finden sich *Wirkungen vom Mesoblastem auf das Ektoblastem*: In mesoblastemlosen Keimen (Abb. 23 a) differenziert sich zwar das Ektoblastem, aber es wird nicht gut ausgeformt (a_2). Unterlagerndes Mesoblastem bewirkt die Längserstreckung des Ektoblastems und seine ebenmäßige Ausbreitung in der Querrichtung auf der Oberfläche des Keimes. Das Mesoblastem ist nötig zur formgemäßen Gliederung der

Extremitäten, zur Ausbildung der Ventralkrümmung des Abdomens, zur Vollendung eines normalen Rückenschlusses durch Umwachsung des Dotters. Diese ordnenden Einflüsse könnten mechanisch bedingt, aber vielleicht auch örtlich begrenzten stofflichen Reaktionen zuzuschreiben sein.

c) Seeigel (Echinoidea)

Bei den Seeigeln ist es die Pluteuslarve, die unmittelbar aus dem Ei gebildet wird, während die endgültige Körperform erst durch eine verwickelte Metamorphose entsteht. Hauptsächlich ist die **Entwicklung der Pluteusgestalt** bisher entwicklungsphysiologisch untersucht worden.

Das Ei von *Paracentrotus* läßt sich am Pigmentring orientieren (Abb. 7, Bd. I). Aber dies genügt nicht, um die *prospektive Bedeutung der Furchungsblastomeren* für den Aufbau des Pluteus genau festzustellen. Diesem Zweck dienten *vitale Farbmarkierungen*. Das Ei wurde kurze Zeit an ein mit Nilblausulfat getränktes Agar-Plättchen angelehnt. Aus den Mesomeren des 16-Zellenstadiums (Abb. 24a, Me) entstehen im 32-Zellenstadium die beiden animalen Kränze an_1 und an_2 (b), aus den Makromeren (Ma) nach der nächsten Furchung die beiden vegetativen Kränze veg_1 und veg_2 (c). Die vier Mikromeren des 16-Zellenstadiums (a, Mi) teilen sich langsamer als die übrigen Blastomeren, so daß zunächst ein 28-Zellenstadium (b), später ein etwa 56-Zellenstadium (c) entstehen. Wie die Konturen in der Abb. 24 erkennen lassen, verlagern sich, nachdem zunächst alle Zellkränze in die gleichförmige *Blastula*wand aufgenommen worden sind (Abb. 24d), zuerst die Abkömmlinge der *Mikromeren* als Skeletbildner (p.Mes) vom sich abflachenden vegetativen Ende aus ins Keiminnere. Die Loslösung dieser Zellen aus der Blastulawand beginnt mit einem auflockernden Pulsieren. Sobald sie ins Blastozöl eingetreten sind, strecken sie Pseudopodien aus (Abb. 29b, *prim. Mesenchym*) und ordnen sich in einem Ring um die beginnende Urdarmeinstülpung (I, Abb. 24, 16–20 Std.). Sie nehmen zu zwei verdickten, zur Adhäsion besonders vorbereiteten bilateralen, seitlich ventralen Wandpartien der Blastula Kontakt

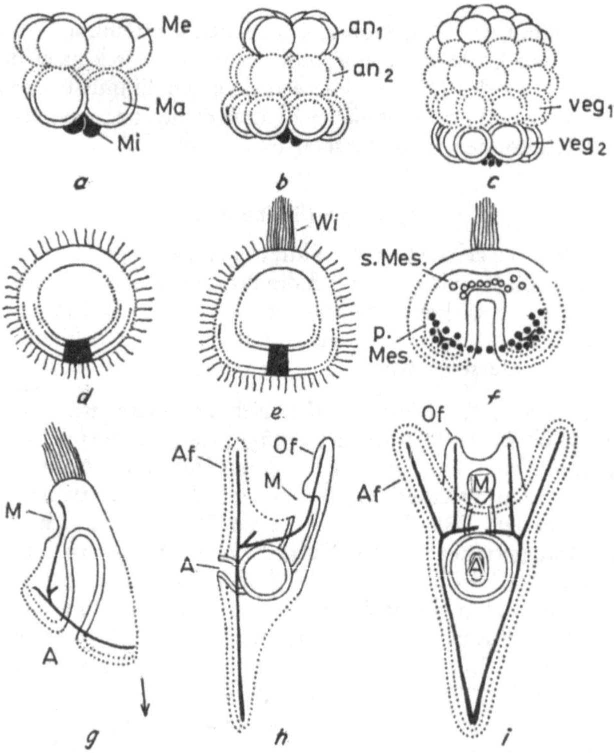

Abb. 24. *Paracentrotus* (Seeigel). Anlagenpläne der Furchungsstadien und Entwicklung der Pluteusgrundgestalt (im Anschluß an HÖRSTADIUS 1935)

Bezeichnung der Schichten: *an_1* ausgezogene Linie, *an_2* punktiert, *veg_1* doppelte punktierte Linie, *veg_2* ausgezogene Doppellinien. Diese Konturen sind in den folgenden Entwicklungsstadien beibehalten, um die prospektive Bedeutung zu zeigen, die aus den Versuchen vitaler Farbmarkierung der Blastomeren erschlossen ist

a) 16-Zellenstadium (vgl. I, Abb. 7 g). b) 28 Zellen. c) etwa 56 Zellen. d) Junge Blastula, Blastozöl gallerterfüllt. e) Ältere Blastula, mit Wimperschopf, vor der Bildung des primären Mesenchyms. f) Gastrula mit primärem und sekundärem Mesenchym. Innerhalb des Urdarms Gallerte. g) Tetraeder-Gastrula. Der Mund buchtet sich ein. h) Pluteus von der linken Seite. i) Pluteus von der Analseite

A After. *Af* Analfortsatz, Analarm. *M* Mund. *Ma* Makromere. Me Mesomere. *Mi* Mikromere. *Of* Oralfortsatz, Oralarm. *p.Mes* primäres Mesenchym. *s.Mes* sekundäres Mesenchym. *Wi* Wimperschopf

auf, häufen sich hier, und lassen zwischen sich die ersten Skeletnadeln in Gestalt von Dreistrahlern entstehen (Abb. 24 f.).

Der Urdarm der *Gastrula* leitet sich lediglich aus den Abkömmlingen von veg_2 her (c, f, g). Er bildet sich nicht durch einfache Invagination, sondern durch gleichzeitige Oberflächenvergrößerung der invaginierenden vegetativen Blastulawand. Die sich vermehrenden und aneinanderdrängenden Ektoblastemzellen verstärken ihren Kontakt miteinander. Ihre Zellmembranen werden durch Desmosomen (D) zusammengehalten (Abb. 25 oben). Da die Zellen außen gleichzeitig durch Zellfortsätze in der Hyalinen Oberflächenhaut (coat) der Keimwand verankert sind, muß der Vermehrungs- und Kontaktdruck zu einer Eindellung führen. Vom Stadium dieses flachen Urdarms der *Frühphase der Gastrulation* aus kommt die Invagination erst dann weiter voran, wenn die Zellen an ihren blinden Enden lange dünne Pseudopodien ausgestreckt haben (Abb. 29 f.). Sie heften sich, wohl chemotaktisch, an die gegenüberliegende Innenfläche der Blastulawand an und ziehen in einer *Spätphase der Gastrulation* den Urdarm animalwärts, bis sie Kontakt mit dem Oralfeld aufnehmen können. Dieses ist ein Feld großer Adhäsionsstärke. Die Ektoblastemzellen besitzen Zylinderform und sparen Zwischenräume aus. An der Innenfläche sind sie mit einer Sekretschicht bedeckt (Abb. 25, unten, S. 102 und I, Abb. 13 d). Innerhalb des Oralfeldes hat sich inzwischen die *Mundbucht* (M) eingedellt. Sie *verschmilzt mit dem blinden Urdarmende* und öffnet sich zum Darmlumen (Abb. 24 g, h).

WOLPERT und GUSTAFSON verdanken wir den Versuch, im Anschluß an Vorgänge, wie die eben wiedergegebenen, die *allgemeine Bedeutung von amöboider Bewegung und Zellkontakt für embryonale Gestaltungsprozesse zu kennzeichnen.* Lokal begrenzte Kontaktminderung oder -verstärkung zwischen Zellen werden zur Grundlage von Blastemverformungen, die je nach dem, ob die Zellen außen oder innen durch Stützmembranen gehalten werden, eine Ein- oder Ausdellung eines flächigen Blastems bedingen. Kontaktlösung und amöboide Bewegung führen zur Neugruppierung von Zellen oder, falls geformte Blasteme bestimmte Adhäsionsfelder oder Sekretfelder ausbilden, zur Angliederung an Blasteme oder auch zur aktiven

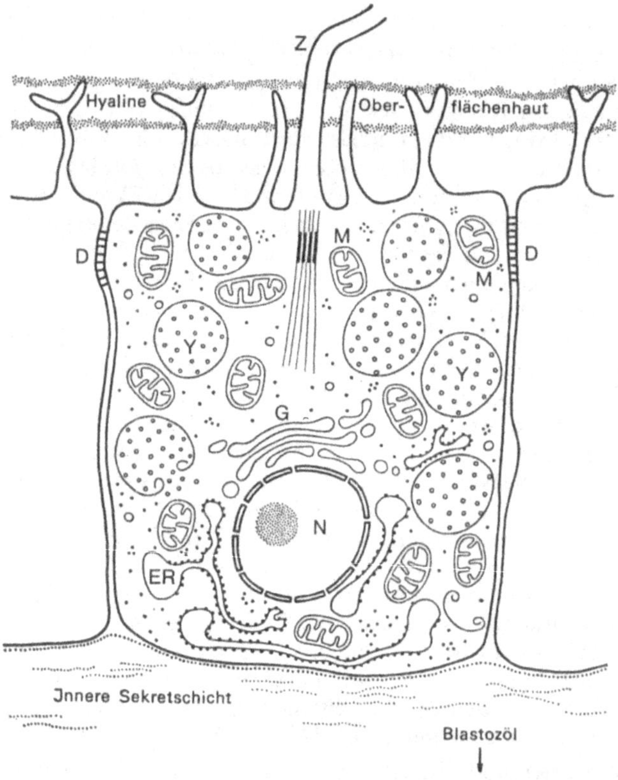

Abb. 25. *Paracentrotus* (Seeigel). Elektronenmikroskopische Darstellung einer Ektoblastemzelle der Gastrula. Polare Anordnung von der Außen- zur Innenseite durch Lage von Zilien, GOLGI-Apparat, Kern, Endoplasmatisches Retikulum mit anheftenden Ribosomen. Regellos verteilen sich Mitochondrien und Dottergranula (WOLPERT und GUSTAFSON 1967). Die zweischichtige Hyaline Oberflächenhaut (coat) kann an der Außenseite, die Sekretschicht an der Innenseite der Zelle den Kontakt verändern und zur Formbildung der Gastrulawand beitragen
D Desmosom. *G* GOLGI-Apparat. *M* Mitochondrien. *N* Kern mit Nucleolus. *ER* Endoplasmatisches Retikulum mit Ribosomen. *Y* Dottergranula. *Z* Zilien

Zugwirkung von Blastem zu Blastem, die zu einer Vereinigung von getrennt entwickelten Formteilen beitragen. Manche Bewegungsprozesse und Kontaktnahmen von Zellen und Blastemen, die man bisher als positive bzw. negative Affinitäten oder als polarisierende Einflüsse gekennzeichnet hat, ohne sie weiter analysieren zu können, mögen durch diese schärfere Charakterisierung einer molekularbiologischen Behandlung zugänglich werden (vgl. S. 177 ff.).

Aus dem Urmund wird der After (A) der Larve. Die Abkömmlinge der Zellkränze an_1, an_2, veg_1 liefern die Außenhaut des Körpers. Aus den Zellen an_1 wachsen die steifen Borsten des Wimperschopfs hervor, die später dem Kleid beweglicher Zilien Platz machen (Abb. 24 f.). Die anschließenden äquatorialen bzw. seitlichen Teile der Gastrula werden durch die Abkömmlinge von an_2 gebildet. Die vegetative Außenwand der Gastrula entstammt veg_1. – Zur *Umbildung der Gastrula in den Pluteus* nimmt die Gastrula kantige, tetraederartige Formen an: Diejenige Seitenwand, die zur dorsalen wird, verlängert sich außerordentlich (Abb. 24 g, rechts), ebenso die vegetative Wand. Unter Abplattung des Epithels wird der ganze Körper tütenartig in Richtung des Pfeiles nach hinten ausgezogen. Der ursprünglich in der animal-vegetativen Keimachse verlaufende Darm erhält bei diesen Formveränderungen eine Biegung und gliedert sich. Trapezartig um das Mundfeld (Oralfeld) entsteht eine Wimperschnur (Flimmerband), in deren Ecken sich zunächst 4 Arme anlegen: Mit dem Auswachsen der Skeletnadeln werden die beiden Oralarme (Of) im Gebiet von an_1, die beiden Analarme (Af) auf der Grenze zwischen an_2 und veg_1-Zellen vorgetrieben (Abb. 24 h, i).

Die Körpergrundgestalt des Pluteus ist im Ganzen eine Gastrula, deren Wand durch Ausziehen des Körperendes und der Arme eine bilaterale Form besonderer Art erhalten hat. Schon frühzeitig erfolgt die erste sichtbare *Ausprägung der Bilateralität,* indem diejenigen Wandteile der Gastrula, an denen sich später die Skeletbildner anhäufen, nicht verflachen, sondern ihre ursprüngliche Stärke beibehalten. Wird durch Lithiumeinwirkung (I, S. 143 ff.) der vegetative Entoblastembezirk vergrößert, so folgen auch die Skeletbildner der animalwärts verlagerten Ektoblastemzone; sie erhalten demnach normalerweise durch diese einen Reiz, ihre bilaterale Lage einzunehmen. Arme werden, wie sich auch an Lithiumlarven zeigt, jeweils dort gebildet, wo auswachsende Skeletnadeln die ektoblastemale Haut berühren (HERBST). Bei Larven mit abgeänderter Anzahl von Skeletzentren kann dies an weniger (Abb. 42, Bd. I) oder an mehr als vier Körperstellen geschehen.

Die Untersuchungen über die Entstehung der Körpergrundgestalt des Pluteus müssen von der aus Isolierungsexperimenten Bd. I, S. 55 ff., Abb. 10–12 gewonnenen Feststellung ausgehen, daß das Seeigelei zwar zum Typus der Eier mit wenig differenzierter Zytoplasmaarchitektur gehört, aber dennoch hinsichtlich der **Anordnung der Entwicklungsfaktoren** sowohl entlang der animal-vegetativen, wie der Rechts-Links-Achse spezifisch strukturiert ist. Die *Isolierungsexperimente* wurden für das 16-Zellenstadium, in dem man mit der Glasnadel sehr exakt Mesomeren von Makro- und Mikromeren trennen kann, mit dem gleichen Ergebnis wiederholt. Insbesondere sind nur vegetative Hälften imstande, zu gastrulieren und einen Pluteus zu erzeugen (Abb. 26 a, c), der aber meist einen etwas zu großen Darm, zu kleine Oralfortsätze besitzt und einige Skeletunregelmäßigkeiten aufweist. Animale Hälften bilden im allgemeinen lediglich Blastulae mit übergroßem Wimperbüschel (Abb. 26 a, b_1), welche sich später zu Zilienblastulae weiter entwickeln (b_2).

Allerdings gibt es auch Eier, bei denen die dritte Furche, welche zum 8-Zellenstadium führt, nicht genau äquatorial liegt, sondern etwas weiter vegetativ verschoben, subäquatorial, einschneidet. In solchen Fällen entsteht aus den Mesomeren eine normale Wimperschopfblastula (Abb. 26 d_1), welche später Stomodäum (d_2, St) und Wimperschnur entwickelt, und die vegetative Hälfte ergibt eine sog. ovoide Larve (e), d.h. eine gastrulaähnliche Form mit gegliedertem Darm und Skeletanlagen, aber ohne Stomodäum, ohne Zilienband und ohne Armfortsätze.

Um der Frage nach der Anordnung und insbesondere der **Reaktionsweise der Faktoren** weiter nachgehen zu können, verfeinerte HÖRSTADIUS seine Technik so, daß er einzelne Zellkränze des 32- bzw. 64-Zellenstadiums voneinander isoliert aufziehen konnte. Abb. 27 gibt in der linken Kolumne das Ent-

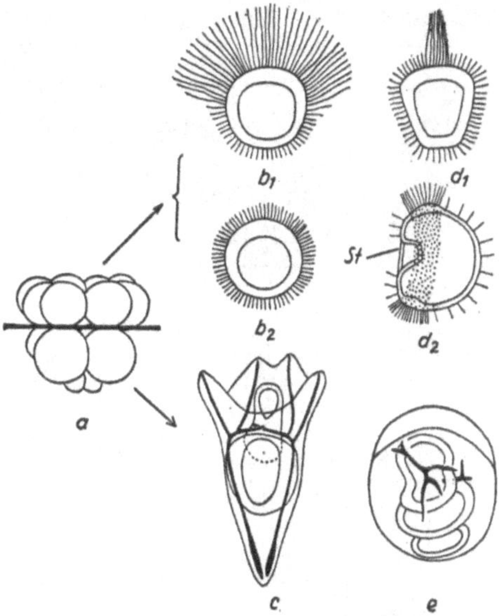

Abb. 26. *Paracentrotus* (Seeigel). Schema der Entwicklung animaler und vegetativer Hälften des 16-Zellenstadiums von „äquatorialen" und „subäquatorialen" Eiern (nach HÖRSTADIUS 1935)
a) Operationsstadium 16 Zellen. b–c) Dritte Furche äquatorial. b1) animale Hälfte entwickelt übergroßen Wimperbüschel, später b2) Zilienblastula. c) Pluteus aus vegetativer Hälfte. d-e) Dritte Furche subäquatorial. d1) animale Hälfte des subäquatorial sich furchenden mit Wimperschnur und Stomodäum. e) Vegetative Eies ergibt normalen Wimperschopf, später d2) Blastula Hälfte entwickelt ovoide Larve ohne Wimperschnur, Arme, Stomodäum
St Stomodäum

wicklungsresultat für die einzelnen Zellkränze wieder. Ferner erfand er eine Methode der *Transplantation* einzelner Zellkomplexe oder Zellen von einem Keim in den anderen. Er legte auf den Boden der Kulturschale eine Zelluloidplatte und formte in dieser durch Bohren und Drücken mit einer Nadel eine Grube. Die einzelnen Keimfragmente, durch vorübergehende

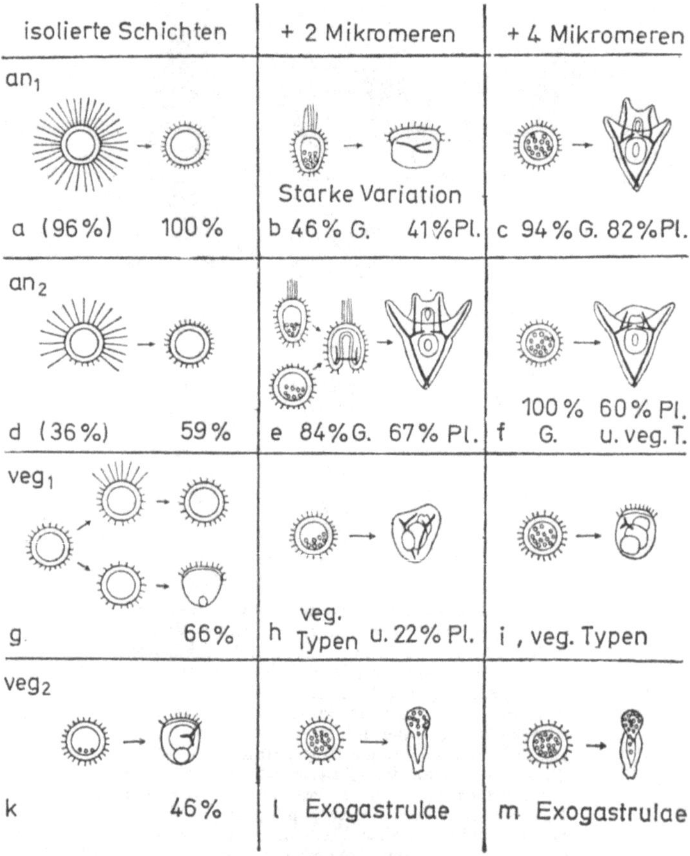

Abb. 27. *Paracentrotus* (Seeigel). Schema der Entwicklung der Schichten *an₁*, *an₂*, *veg₁* *und* *veg₂* (vgl. Abb. 24) nach Isolierung aus dem 32- bzw. 64-Zellenstadium und nach Implantierung von zwei bzw. 4 Mikromeren (nach HORSTADIUS 1935, verändert). Die angegebenen Figuren stellen jeweils einen mittleren Typus aller erhaltenen Ergebnisse dar. Zur genaueren Kennzeichnung sind %-Sätze hinzugefügt *G* Gute Gastrulation. *Pl* Pluteusartige Larven. *Veg.T* Vegetative Typen

Behandlung mit Ca^{++}-freiem Seewasser locker und klebrig gemacht, wurden in gewünschter Orientierung in diese Grube gepackt und eine Viertelstunde lang mit einer Mikroglaskugel bedeckt. Mehrere Stunden später konnte der Keim in neuer Zusammensetzung der Grube entnommen werden. So ließen sich der animalen Keimhälfte bestimmte vegetative Zellkränze anfügen (Abb. 28, linke Kolumne), oder es konnten sogar einzelnen Zellkränzen jeweils eine, zwei oder mehrere Mikromeren eingesetzt werden (Abb. 27, mittlere und rechte Kolumne). Es ergibt sich folgendes:

Die isolierten Zellkränze an_1, an_2, veg_1 vermögen für sich allein nur Zilienblastulae zu bilden (Abb. 27, linke Kolumne). Kaum jemals (3 Ausnahmen unter 53 Versuchen) entstanden ein normal auf einen engen Busch begrenzter *Wimperschopf*, oder eine *Wimperschnur*, welche ein Oralfeld umgibt, oder ein *Stomodäum*. Solche Organe entwickeln sich aus den Zilienblastulae, wenn dem animalen Material vegetatives eingefügt wird, wenn z. B. einer animalen Hälfte ein vegetativer Zellkranz (veg_1 oder veg_2 oder die Mikromeren, Abb. 28 d, h, o), ja auch, wenn den isolierten animalen Zellkränzen einzelne Mikromeren hinzugegeben werden (Abb. 27 b, c, e, f): *Die animalen Organe, Wimperschopf, Mundfeld mit Wimperschnur, Stomodäum, entstehen im animalen Bereich durch eine Reaktion vegetativer mit animalen Faktoren.* Möglicherweise spielen bei diesen Reaktionen Bewegungen von Stoffen eine Rolle. Denn durch quere Einschnürung des Eies mit einem Seidenfaden kann man die Kontaktfläche zwischen animalen und vegetativen Bezirken verkleinern und dadurch den Wimperschopf auflockern.

Die *Gastrulationsbefähigung* gehört der vegetativen Hälfte an. Dies bestätigt die Entwicklung der veg_2-Kränze (Abb. 27 k). Ein veg_1-Kranz gastruliert in einem Teil der Fälle, allerdings nicht sehr vollkommen (Abb. 27 g). – Zur Ausführung der Gastrulation können auch animale Hälften, welche dazu normalerweise nicht befähigt sind, angeregt werden. Man gibt ihnen, wie in den eben angeführten Versuchen, vegetatives Material hinzu, entweder einen Kranz veg_2-Zellen (Abb. 28 h) oder Mikromeren (Abb. 28 o). Die isolierten animalen Zellkränze an_1 und an_2, die ebenso allein nicht gastrulieren, können durch Einfügen von Mikromeren regelmäßig zur Gastrulation gebracht werden (Abb. 27 c, f). Obwohl Mikromeren als Skelet-

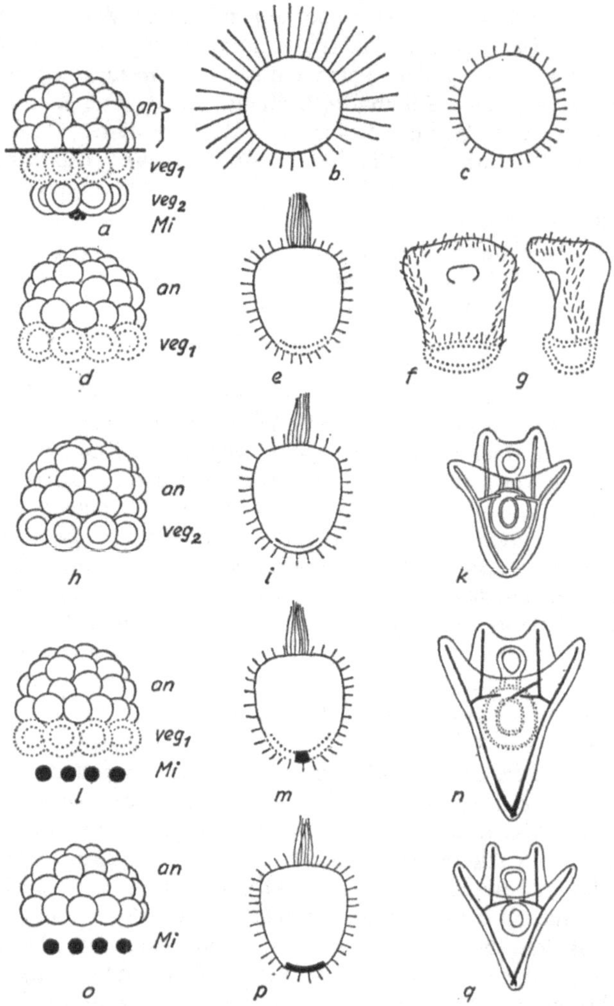

Abb. 28. *Paracentrotus* (Seeigel). Schema über den Einfluß vegetativer Zellen auf die Differenzierung der „äquatorialen" animalen Hälfte. Konturen der einzelnen Zellschichten wie Abb. 24, um die prospektive Bedeutung zu zeigen. Die isolierte animale Hälfte a–c) ergibt b) Blastula

bildner selbst nicht an der Urdarmwandbildung teilnehmen, vermögen sie doch, wie alle anderen vegetativen Zellen, mit animalen eine Reaktion einzugehen, so daß sich die ihnen innewohnende Bewegungsbefähigung auf die benachbarten Zellen überträgt. *Kleine Mengen vegetativen Materials können Gastrulationsbefähigung induzieren.* (*Assimilatorische Induktion,* vgl. S. 153.)

Über den allgemeinen *Anteil genetischer Faktoren* an der Entwicklung der Frühstadien bis zur Bildung der Gastrula wurde Bd. I, S. 93 berichtet.

Auf die mögliche Funktion der **Mikromeren als Induktoren** weist bereits ihr hoher Gehalt an RNS während des 16-Zellenstadiums hin (AGRELL, CZIHAK). Wie sich durch Inkubierung des Keimes mit ^{3}H-Uridin und durch den Ribonucleasetest nachweisen läßt, geschieht die Synthese von RNS in den Kernen der Mikromeren (Abb. 29 c). Erst allmählich tritt die RNS ins Zytoplasma über. Möglicherweise bleiben die Mikromeren in ihrer Teilungsrate infolge dieser Synthese-Aktivität beim Übergang der übrigen Blastomeren vom 16- in das 32-Zellenstadium zunächst zurück (S. 89 und Abb. 24 c). Da die hier synthetisierte RNS relativ kurzlebig ist, scheint es sich um m-RNS zu handeln.

Anschließend nimmt der RNS-Gehalt der Mikromeren zugunsten der benachbarten Makromeren wieder ab. Offenbar wandert RNS in die Makromeren hinein (Abb. 29 e). Auch nach elektronenoptischen Befunden ist dies nicht unwahrscheinlich. Denn während der Bildung der Mikromeren werden die Zellmembranen, die die Grenze gegen die Makromeren bilden sol-

mit großem Wimperbüschel und später c) Zilienblastula ohne Wimperschnur und Stomodäum. d–g) Hinzufügung vom veg_1-Zellkranz ergibt e) Blastula mit typischem Wimperschopf und später f) animale Larve mit Wimperschnur und Stomodäum (Mundbucht). g) Seitenansicht. h–k) Hinzufügung von veg_2 bewirkt i) normalgeformte Wimperschopfblastula und später k) ausgebildeten Pluteus mit Darm und Skelet von veg_2. l–n) Anfügung von veg_1 und Implantation von Mikromeren *(Mi)* ergibt nach m) normale Wimperschopfblastula n) Pluteus mit normalem Skelet und Darm aus veg_1. o–q) Implantation von Mikromeren allein läßt nach p) Wimperschopfblastula q) Pluteus mit normalem Skelet und Darm aus an_2 entstehen (nach HÖRSTADIUS 1935)

len, durch vesikuläres Material offen gehalten. Sie schließen sich viel später als die Wände zwischen den Makromeren (L. SCHMEKEL). Bis zur Interphase des 32-Zellenstadiums ist der Verschluß vollendet, so daß die RNS-Wanderung im 16- bis zum 28-Zellenstadium, also unmittelbar nach dem Gipfel der RNS-Synthese im frühen 16-Zellenstadium, erfolgt sein muß. Bei den nächsten Teilungsschritten wiederholt sich diese telophasische Hemmung der Zellwandbildung bis zur Bildung der Mesenchym-Blastula.

Daß die *RNS-Synthese in den Mikromeren als ein wichtiger Prozeß für die Induktion der Urdarmeinstülpung* angesehen werden muß, läßt sich aus Experimenten erschließen, in denen die RNS durch einen Einbau von 8-Azaguanin blockiert ist (CZIHAK). Angebotenes 8-Azaguanin wird bei Seeigelkeimen ausschließlich in die RNS aufgenommen. Geschieht dies zu dem Zeitpunkt, in dem allein die Mikromeren RNS synthetisieren (Abb. 29 c), so wird ein Urdarm nicht eingestülpt (Abb. 29 d im Vergleich zu der normalen Invagination in b). Der Ausfall, der hier allein durch Bildung falscher Mikromeren-RNS hervorgerufen wird, berührt allein den Induktionsprozeß für die Gastrulation (+ in Abb. 29 d). Die Mikromeren als solche bleiben in ihrem Zellverhalten ungeschädigt (± 0 in Abb. 29 d). Sie differenzieren sich wie im Normalfall zu primären Mesenchymzellen und beteiligen sich an der Skeletbildung.

Nach den bisherigen Erfahrungen muß man *zwei Phasen des Induktionsprozesses* unterscheiden:

1. Die erste, die soeben geschildert wurde, betrifft *Bereitstellung des Induktionsstoffes.* Hier darf man annehmen, daß nicht die m-RNS selbst beteiligt ist, sondern ein von ihr codiertes *Protein,* dessen Bildung möglicherweise schon in den Mikromeren einsetzt, und das mit der RNS die Wanderung zu den Makromeren antritt. Actinomycin D als Transcriptionshemmer (I, S. 95) vermag zu dieser Zeit den Induktionsvorgang nicht zu beeinflussen (± 0 in Abb. 29 e), höchstens zu verzögern.

2. Die zweite Phase ist *die des Induktionsbeginnes zur Gastrulation* durch die Blastula (S. 91, Frühphase der Gastrulation). Hier kann jetzt Actinomycin D eine Wirkung entfalten. Es muß

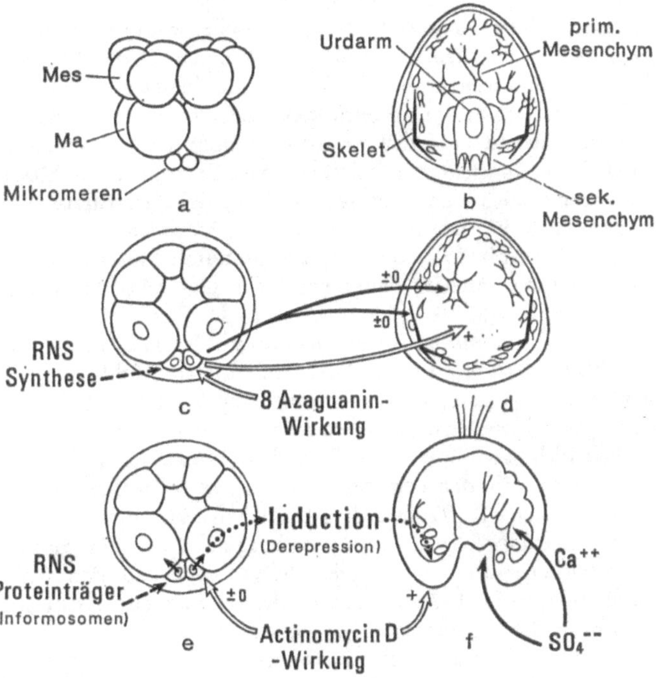

Abb. 29. *Paracentrotus* (Seeigel). Schematische Darstellung der Analyse der von den Mikromeren ausgehenden Induktionswirkung zum Einsetzen der Gastrulation (nach den Untersuchungen von CZIHAK 1968, sowie GIUDICE, MUTOLO, DONATUTI 1968

a) 16-Zellenstadium als Operationsstadium. b) Normale Tetraedergastrula (Abb. 24 f, g) vom animalen Pol. c) Während der RNS-Synthese im 16-Zellenstadium Einwirkung von 8-Azaguanin. d) Erfolg: (+) Der Urdarm fehlt, im Vergleich zu b), primäres Mesenchym sezerniert wie im Normalfall Skelet-Dreistrahler (± 0). e, f) Von den Mikromeren aus in die Makromeren einwandernde RNS codiert Proteine, die eine Induktion zur Gastrulation ermöglichen, falls SO_4^{--}- und Ca^{++}-Ionen in genügendem Maße zur Verfügung stehen. Actinomycin D unterbindet (+) durch Einwirkung auf die Blastulawand die Invagination zur Urdarmbildung. Ebenso verhindert es (+) die Kontaktnahme zwischen den seitlichen bilateralen Adhäsionsstellen der Gastrulawand und den primären Mesenchymzellen zu deren ordnungsgemäß bilerateraler Anordnung. Die Bereitstellung der RNS durch die Mikromeren für den Induktionsvorgang wird durch Gaben von Actinomycin D nicht beeinflußt (±0) im Stadium der Zilien- bzw. Mesenchymblastula, also in einem älteren Stadium nach Ablauf des 16-Zellenstadiums einwirken (+ in Abb. 29 f). Dabei hemmt Actynomycin D die Transcriptionsaktivität, welche die Kerne in den induzierten Zellen zum Vollzug der Gastrulation entfalten müßten. Es unterdrückt die Funktion des dem Induktor kompetenten Reaktionsblastems durch Stillegung seiner genetischen Basis. Entsprechende Blockierung kann auch den weiteren Vollzug der Gastrulation (die Spätphase, S. 91) empfindlich stören. Actinomycin D verhindert dann (+ in Abb. 29 f), daß sich die primären Mesenchymzellen bilateral innen an der Seitenwand des Gastrula-Ektoblastems genzustrecken (S. 91 und I, Abb. 13 d). Für diese Funktion der *Kontaktnahme zwischen primären Mesenchymzellen und Ektoblastemzellen* an den bilateralen Adhäsionsfeldern der Gastrulawand ist gestört. Auch können die am blinden Ende des Urdarms sich sondernden *sekundären Mesenchymzellen Pseudopodien* nicht ausbilden, um diese dem *Mundfeld* (I, S. 60) *zur Verklebung* mit der dortigen Oberflächen-Sekretschicht entgegenzustrecken (S. 91 und I, Abb. 13 d). Für diese Funktion bedarf es entsprechend der Darstellung auf Abb. 29 f zusätzlich noch der Zufügung von genügend SO_4^{--}-Ionen aus dem Außenmedium (I, S. 63, 143). Die Zellen der vegetativen Blastulawand vermögen die Invaginationsbewegung zur Gastrulation, zu der sie induziert werden, nicht durchzuführen, wenn SO_4^{--}-Ionen fehlen (Runnström und Immers). Überdies ist die Pseudopodien-Aktivität als solche an die Anwesenheit von Ca^{++}-Ionen gebunden.

Beim **Vollzug der Gastrulation** sind demnach wirksam: Induktion von den Mikromeren, Kompetenz der Blastulazellen, seitlicher Kontakt dieser Zellen, der durch die Hyaline Oberflächenhaut und Desmosomen die Eindellung in der Frühphase der Gastrulation ermöglicht (Abb. 25), Reaktionen der inneren Sekretschicht der Blastulazellen, durch welche die Pseudopodienbildung und Kontaktnahme mit den übrigen Adhäsionszonen der Blastulawand für die Spätphase der Gastrulation geschehen kann. Als *wesentlich* erscheint *der polare Aufbau der Blastulazellen.* In diesen sind die inneren Zellorganellen mit einbezogen (Abb. 25). Der polare Aufbau findet nach I, S. 40, 54 f. und 59 f. auch in den wesentlich der Rinde zuzuschreibenden Konstanten der animal-vegetativen und dorsoventralen Richtungsorganisation seinen Ausdruck.

Daß diese *Innen-Außen-Polarität der Blastulazellen* sowohl im vegetativen, aber auch im animalen Bereich sehr stabil ist, läßt eine Reihe von Transplantationen erkennen, welche mit der Absicht, die Polarität umzustimmen, ausgeführt sind: Ein im 16-Zellenstadium median durchschnittener Halbkeim (Abb. 30 a) beginnt die Gastrulation an der ursprünglich vegetativsten Stelle und zieht nur anschließendes animaleres Material nach (d). Wird einer seitlichen Hälfte eine animale mit einer Achsendrehung um 90° angefügt (Abb. 30 e), so richtet sich der Keim in seiner Polarität nach dem vegetativen Teil (f, g). Der Pluteus bekommt normale Gestalt (h). Verkehrt man die Polarität einer vegetativen Hälfte gegenüber der animalen (Abb. 30 i), so hält auch dann die vegetative streng an der ursprünglichen Innen-Außen-Polarität fest (k). Sie schließt sich zu einem Ball, über dem als Kappe das animale Material lagert (l). An der ursprünglich vegetativsten Stelle öffnet sich der vegetative Keim (m). Die so entstehende Blastula besitzt an beiden Seiten vegetativstes Material (n), und so beginnt die Gastrulation beidseitig (o). Das Zwischenstück wird abgeschnürt (p). Es können ein einheitlicher Urdarm entstehen und in der Folge ein vollständiger Pluteus, dem nur ein kleines Bläschen mit etwas Darm und Skelet anhängt (q). Einerseits blieb in diesem Falle die Innen-Außen-Polarität erhalten und damit die Möglichkeit der Gastrulierung überhaupt. Andererseits entstand eine Gastrula, die im Sinne der Polarität des animalen Teiles einheitlich ausgerichtet war. Demnach sind für die polaren Verhältnisse des ganzen Keimes nicht allein die vegetativsten Zellen verantwortlich, sondern auch die animalen. *Die normale Gastrula der Seeigel entsteht als Entwicklungsergebnis zugleich animaler wie vegetativer dynamischer Befähigungen und polarisierender Einflüsse.*

Der invaginationsbereite vegetative Keimbereich läßt sich, wie bereits mehrfach erwähnt, durch Einwirkung chemischer Mittel vergrößern (I, S. 61 und 143 ff.). Lithium vermag eine **Vegeta-**

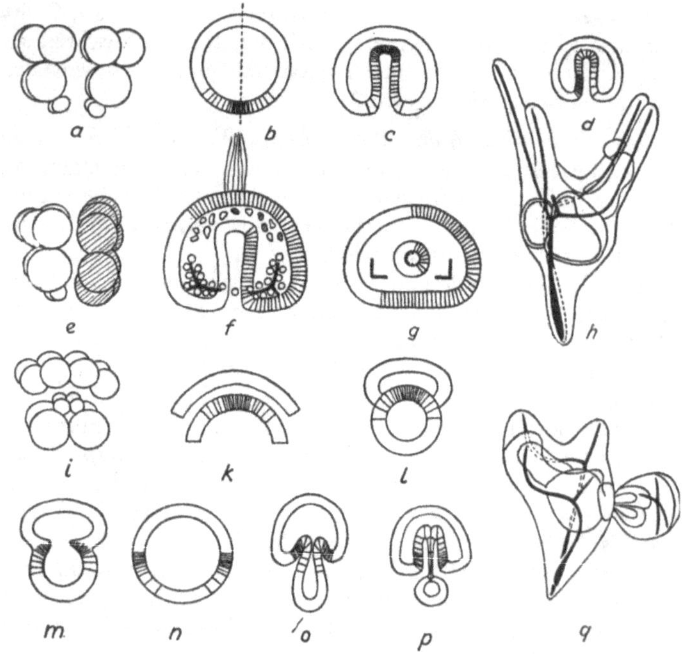

Abb. 30. *Paracentrotus* (Seeigel). Experimente zur Darstellung des Verhaltens der animal-vegetativen Polarität in abgeänderter Umgebung (nach HÖRSTADIUS 1928, 1935)
a) Längsteilung eines 16-Zellenstadiums. b) Normale Blastula. Praesumptives Entoblastem schraffiert. c) Normale Gastrula. d) Gastrula eines ½-Keimes (b, rechts), Invagination von rechts her. e) Vereinigung einer meridionalen Hälfte mit einer animalen (Vitalfärbung schraffiert). f) Das invaginierte praesumptive Ektoblastem (schraffiert) hat auch sekundäres Mesenchym geliefert. Die Polarität wurde hier durch die vegetativen Zellen in e bestimmt. g) Optischer Querschnitt. h) Pluteus aus e–g mit großem Darm. i) Umkehrung einer vegetativen Hälfte des 16-Zellenstadiums. k) Polarität und Krümmungsrichtung der beiden Hälften. l) Animale Hälfte wie eine Mütze auf der vegetativen Kleinblastula. m–n) Bildung einer einheitlichen Blastula. Das vegetativste Material (engste Schraffierung) liegt jetzt äquatorial. o–p) Gastrulation. Polarität entspricht der der animalen Zellen in i. q) Pluteus aus p) mit anhängender Blase

tivisierung animaler Gebiete herbeizuführen (Abb. 42 f-l, Bd. I): Ganzkeime nehmen eine vegetative Entwicklungsrichtung, welche sich schon in der Gastrula daran erkennen läßt, daß die Skeletbildner animalwärts verschoben sind. Sehr häufig treten Exogastrulae auf. Animale Hälften, mit Lithium behandelt, gastrulieren, wie v. UBISCH zeigte. Man kann ihr vegetativstes Ende nunmehr auch als Induktor zur Gastrulation benutzen und aus unbehandelten animalen Hälften von 32-Zellenstadien durch Einführung solcher „sekundärer assimilatorischer Induktoren“ Plutei heranziehen. Lithium wirkt also nicht lediglich hemmend auf den animalen Bereich, sondern es vermag aktiv vegetative Fähigkeiten neu hervorzurufen bzw. vorhandene zu stärken. Allerdings ist seine Wirkung nicht ganz derjenigen der Mikromeren gleichzusetzen, insofern bei Li-Behandlung eine Neigung zur Abschwächung der bilateralen Symmetrie im Keim sowie zur Vervielfältigung von Organanlagen auftritt. – Ein Gegenstück zur Lithiumbehandlung bringt die **Animalisierung** durch Rhodanid bei Ca^{++}-Mangel, durch o-Jodosobenzoesäure, Trypsin (I, S. 61, 143 ff., Abb. 42 f–h, Bd. I). Die Ausbreitung der animalen Tendenzen geschieht bei dieser Behandlung durch eine Hemmung der vegetativen Einflüsse.

Bei der verfeinerten Durchführung der Isolierungsexperimente aus S. 94 und I, S. 55 ff., die eine erste Orientierung über die Anordnung der Entwicklungsfaktoren brachten, wird als sehr wesentliche Tatsache **der gefälleartige Zustand der Faktorenbereiche** deutlich. Dieser tritt besonders entlang der animalvegetativen Polaritätsachse des Eies hervor. In den einzlenen Zellkränzen nimmt die Fähigkeit, Wimperbüschel zu bilden, vom animalen Pol zum vegetativen stetig ab (Abb. 27, linke Kolumne). Bei an_1 bedecken die starren Wimpern den ganzen Keim, bei an_2 durchschnittlich die Hälfte, bei veg_1 bilden sie sich, wenn überhaupt, sehr spät und bedecken dann wechselnde Teile der Oberfläche. Entsprechend genügen, um in diesen abgestuft animalen Zellkränzen in der Mehrzahl gute Gastrulationen zu induzieren, für veg_1 und an_2 jeweils zwei Mikromeren (Abb. 27 e, h), während das gleiche Ergebnis bei an_1 nur durch vier Mikromeren erreicht werden kann (c). – Umgekehrt vermindert sich vom vegetativen Pol aus die Fähigkeit, Darm zu bilden. In einem veg_2-Kranz ist der Darm normal, bei veg_1 erscheint er, wenn überhaupt, nur als Rudiment (Abb. 27 g, k). Durch zwei bzw. vier Mikromeren wird die vegetative Gastrulationsbefähigung bei veg_2 so verstärkt, daß der Keim exogastrulieren muß (l, m), während veg_1 bei der gleichen

Implantation normalen Anlauf zur Gastrulation nehmen kann (h, i). Parallel zu dieser Abnahme der Gastrulationsbefähigung vom isolierten Zellkranz veg_2 zu veg_1 hat HÖRSTADIUS festgestellt, daß auch die Induktionsbefähigung stufenweise vom vegetativen Pol aus abnimmt. Eine einzige Mikromere, die ja unmittelbar dem vegetativen Pol entstammt, regt ebenso stark zur Gastrulation an wie zwei bis vier gleich große Einheiten der unter den vegetativen Zellen relativ „animalen" veg_2-Zelle: Wie bereits die Furchungsfaktoren (I, S. 195), so sind *sowohl die animalen wie die vegetativen Entwicklungsfaktoren und ebenso die vegetativen Induktionsfaktoren innerhalb ihrer Bereiche* nicht in gleichmäßiger Stärke verteilt, sondern jeweils *nach Art eines Gefälles mit einem Maximum im animalen bzw. vegetativen Pol* und einer abgestuften Verminderung nach der Gegenseite hin angeordnet.

Diesem ausgeprägt gefälleartigen Zustand der Faktorenbereiche geht ein starkes **Regulationsvermögen** des ganzen Keimes parallel. Untersuchungen über das Ausmaß dieses Vermögens lassen erkennen, wie weit die oben gekennzeichneten Faktorenbereiche für die Ausbildung der Pluteusgestalt unabdingbar notwendig sind, und wie weit diese Bereiche auch für andere als nur die präsumptiven Leistungen zur Verfügung stehen. Der animalen Hälfte wurden beliebige vegetative Teile angefügt. Ist dieser ein veg_2-Zellkranz (Abb. 28 h–k), so kann sich ein vollständiger Pluteus entwickeln. Entgegen der prospektiven Bedeutung (Abb. 24) bildet sich bei einem solchen die gesamte Haut aus den Abkömmlingen der Mesomeren, das Skelet in Ermangelung der Mikromeren von veg_2-Zellen. Am blinden Ende des Urdarms sondert sich sekundäres Mesenchym ab, welches normalerweise Pigment bildet, und tritt an die Stelle der Skeletbildner. Legt man an die animale Hälfte einen Kranz von veg_1-Zellen mit Mikromeren an (Abb. 28 l–n), so wird der Darm von veg_1-Zellen aufgebaut, und wenn lediglich Mikromeren mit einer animalen Hälfte vereint werden (o–q), entstehen Haut und Darm allein aus Mesomeren-Abkömmlingen. – Das *Darm*-Material kann demnach von veg_2-, veg_1-Zellen oder sogar von Mesomeren abstammen. Es vermag sich einzustülpen, sich mit dem

Stomodäum zu verbinden und vollständig in die Unterabschnitte des Darmes zu gliedern. – Wenn das *Skelet* von veg_2-Zellen, d. h. von sekundären statt primären Mesenchymzellen gebildet werden kann, wird man vermuten dürfen, daß die Skeletbildungsfähigkeit in diesen Zellen erst geweckt werden mußte. Man wird in diesem Zusammenhang vielleicht an eine Wirkung der Blastulawand denken, zumal diese ja auf die Mesenchymzellen einen dirigierenden Einfluß ausübt. Die Blastulawand würde nur auf das Vermögen zur Skeletbildung, nicht auf die spezifische Gestalt des Skelets ihren Einfluß nehmen. Denn in dem Synzytium, zu welchem sich die Skeletzellen zusammenschließen, formen diese jeweils ein herkunftsgemäßes Skelet aus. Dies war an Keimblattchimären nachzuweisen (v. UBISCH), bei denen einer animalen Blastulahälfte ordnungsfremde Mesenchymzellen eingepflanzt wurden. Wie sich dabei zeigen ließ, ist die auf die Skeletbildner ausgeübte dirigierende Wirkung nicht artspezifisch.

Nach den Ergebnissen der eben geschilderten Transplantationsversuche kann der Pluteus aus ganz verschiedenen Keimteilen zusammengesetzt werden. Ebenso kann man ihn aber auch in verschiedener Weise aus dem Keim „herausschneiden". Wird er animal entnommen, so müssen an vegetativem Material mindestens veg_2-Zellen vorhanden sein, denn die Gastrulationsbefähigung ist auf die Kränze der Mikromeren, veg_2 und vielleicht noch den vegetativen Rand von veg_1 beschränkt. Es genügen, wie aus anderen Versuchen hervorgeht, zwei Makromeren. Sollen aus einer vegetativen Hälfte eine vollkommene Blastula mit Wimperschopf, ein ganzer Pluteus mit gut ausgebildetem Stomodäum, mit Oralarmen und harmonisch eingepaßtem Darm entstehen, so ist dazu nicht nur nötig, daß die vegetative Hälfte ungehindert gastrulieren kann (Abb. 27 g, k). Die Gastrulawand muß auch etwas animales Material von an_2 oder an_1 in sich tragen, weil nur dieses befähigt ist, Mundfeld, Wimperschnur, vollständige Arme hervorzubringen. *Enthält eine Gastrula Teile beider Faktorenbereiche in hinreichend abgestimmter Menge und vermag sie sich in harmonischer Bewegung auszubilden, so bleibt es gleich, welcher Herkunft im einzelnen das Urdarm- und Gastrulawandmaterial war.* Es wird nunmehr entsprechend seiner neuen Lage auf der Gastrula verwandt. Die gefälleartige Anordnung der Faktorenbereiche begünstigt es, daß manche Keimfragmente von vornherein gegenseitig abgewogene Quantitäten wirksamer Faktoren erhalten können. Wie weit sich ein gestörtes Gefälle innerhalb eines Faktorenbereiches oder durch Ausdehnung auf Nachbargebiete selbständig wiederherstellen kann, läßt sich nicht sagen. Die Entwicklungsergebnisse aus Keimfragmenten mit unharmonisch zusammengefügten Faktorenbereichen (Abb. 27 b, h, l) zeigen jedoch, daß ein sehr starkes Übergewicht eines Faktorenbereiches nicht durch innere Umordnung zugunsten eines anderen abgeschwächt werden kann.

Die Reaktionsfolgen beim Zusammenwirken von entwicklungsphysiologischen, genetischen und Außenfaktoren im Ei bis zur Bildung der Pluteusgestalt sollen, so wie sie sich derzeit darstellen, in Abb. 31 schematisch wiedergegeben werden. Auf der Abszisse ist die Entwicklungszeit in Stunden nach der Besamung eingezeichnet. Auf der Ordinate sind in der Mitte die von Ooplasma aus eingeleiteten und durch die Blasteme realisierten Formbildungsvorgänge dargestellt. Oben darüber finden sich Angaben über genetische Faktoren, darunter über Faktoren des Außenmediums. Verfolgt man den Verlauf der einzelnen Pfeile, so kann man, von links nach rechts fortschreitend, die Ursprungsorte analysierter Faktoren, Zeit ihres Wirkungsbeginns und raumzeitliche Reaktionsweise ablesen.

Während der *Oogenese* (Abb. 31 a, Abszisse – x Std.) installieren sich in der Rindenarchitektur der Oozyte die S. 105 bis 108 besprochenen *Faktorenbereiche für Organausbildung in animal-vegetativer, sowie bilateraler Anordnung*. Animaler und vegetativer Pol nehmen die Bd. I, S. 62 genannten stoffwechselphysiologischen Kennzeichen an. Außerdem läßt der Cortex bestimmte polarisierte Strukturverschiebungen erkennen (I, S. 54 f.). Über die morphogenetischen Unterschiede im Oozytenplasma, speziell die *Besonderheiten des animalen Plasmas*, unterrichtet folgender Versuch: Die sogenannte S-Form von *Psammechinus miliaris*, die nicht wie die Z-Form litoral, sondern in einer Meerestiefe von 30 m lebt, bildet öfter vergrößerte Richtungskörper (GUSTAFSON). Trennt man diese vom Ei und besamt sie isoliert, so entstehen „animalisierte" Larven mit vergrößertem Stereozilien-Schopf. Obwohl sie einen unversehrt diploiden Oozytenkern enthalten, vermögen sie die ektoblastemale Adhäsionszone für primäres Mesenchym, dieses selbst und das Entoblastem nicht zu bilden. Möglicherweise befinden sich in dem rein animal ausgerichteten Ooplasma diejenigen Gene, welche die Information für vegetative Differenzierung liefern, in einem Stadium der Repression (RUNNSTRÖM).

Die Berechtigung zu einem solchen Schluß läßt sich aus den Bedingungen für eine Animalisierung des normalen Ganzeies ableiten. Nach Abb. 31 a (unten, Abszisse – x Std.) liegt die sensible Periode für Animalisierung durch Natrium-Rhodanid zeitlich vor der Besamung (I, S. 61, 143). Der Erfolg der Animalisierung gibt sich im Stadium der Wimperschopf-Blastula zu erkennen. Da er aber durch zuvor (5 Std. n. B.) hinzugefügtes Actinomycin D verzögert werden kann, ist damit ein deutlicher Hinweis gegeben, daß zu dieser Zeit beim Animalisierungsprozeß transcribierende Gene eingeschaltet sind (Abb. 31 a, oben). Möglicherweise aktivieren die animalisierenden Agentien die Transcribierung der Gene für die animale Differenzierungsrichtung (MARKMAN und RUNNSTRÖM). Auch die spontane Animalisierung von animalen Hälften des 8-Zellenstadiums, die sich durch Vergrößerung des Stereo-Zilienbüschels anzeigt, kommt bei Actinomycin D-Einwirkung nicht zum Tragen. Demnach steht die *Ausbildung animaler Charaktere ganz allgemein,* selbst in der normalen Entwicklung, *unter der Kontrolle von Genen, die etwa 5 Std. nach Besamung transcribieren* (Abb. 31 a).

Aus dem unbesamten Ei ließen sich *animale und vegetative Agentien* unmittelbar gewinnen und auf ihre Wirkung hin an Furchungsstadien und Blastulae testen (HÖRSTADIUS, JOSEFSSON, RUNNSTRÖM). Der Überstand von wäßrigen Auszügen aus lyophilisierten Homogenaten unbesamter Eier von *Paracentrotus lividus* bzw. von isolierten animalen oder vegetativen Eihälften, wurde verschiedenen Fraktionierungs-Prozeduren unterworfen, wie Präziptierung bei niederem pH, Ionen-Austauscher- und Molekularsieb-Chromatographie des neu gewonnenen Überstandes an Dowex 50 W-X2 und an Sephadex G-25.

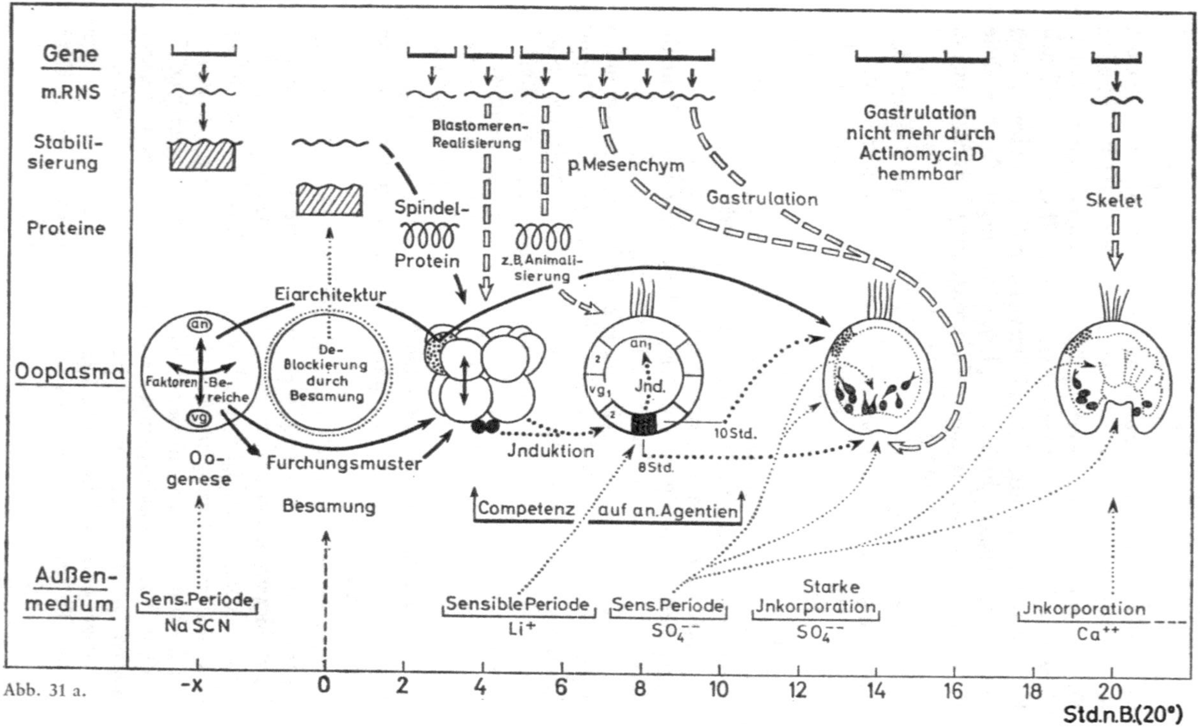

Gene
m.RNS
Stabili-
sierung
Proteine
Ooplasma
Außen-
medium
Blastomeren-
Realisierung
p.Mesenchym
Gastrulation
Gastrulation
nicht mehr durch
Actinomycin D
hemmbar
Skelet
Spindel-
Protein
z.B. Animali-
sierung
Eiarchitektur
De-
Blockierung
durch
Besamung
Faktoren-Be-
reiche
an
vg
an1
vg1
Jnd.
10 Std.
8 Std.
Jnduktion
Oo-
genese
Furchungsmuster
Besamung
Competenz auf an. Agentien
Sens. Periode
Na SCN
Sensible Periode
Li+
Sens. Periode
SO4--
Starke
Jnkorporation
SO4--
Jnkorporation
Ca++
-x
0
2
4
6
8
10
12
14
16
18
20
Std.n.B.(20°)

Abb. 31 a.

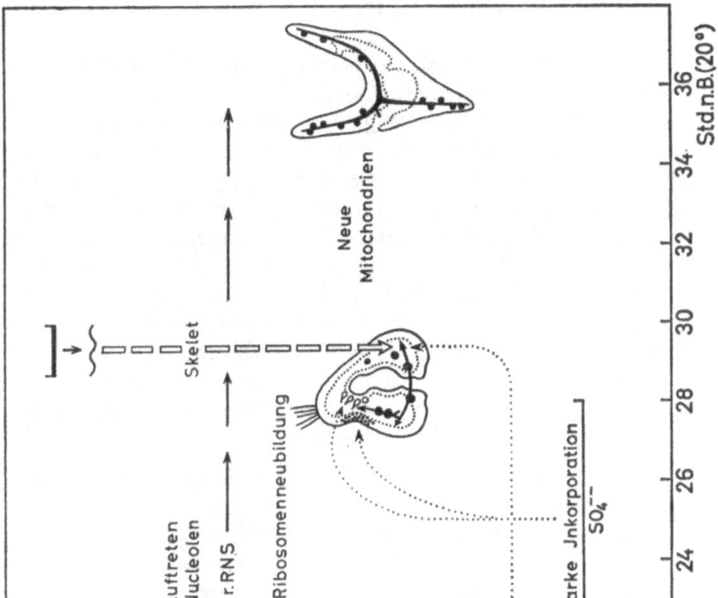

Abb. 31 b.

Abb. 31. *Paracentrotus* (Seeigel). Schema des Reaktionssystems im Ei (nach den Untersuchungen hauptsächlich der Schule von RUNNSTRÖM 1928–1969)
Abszisse: Stunden nach Besamung (n. B.) bei 20° C.
a) bis 20 Stunden. b) Fortsetzung
Ordinate: Mitte, Ooplasma, Entwicklungsvorgänge, die primär im Ooplasma der Eiarchitektur beginnen (vgl. Bd. I, Abb. 13, 14).
Oben, Genexpression, Codierung der Proteine über m-RNS.
Unten, Außenfaktoren und deren sensible Perioden.
Hohlpfeile: durch Actinomycin D hemmbare genetische Reaktionen. Dick punktierte Pfeile: Induktionsvorgänge.
an animal. *Ind.* Induktion. *vg* vegetativ

Durch alternative biologische Testung ließen sich verschiedene Typen wirksamer Agentien isolieren. Von zwei sehr aktiv animalisierenden Substanzen zeigt die eine eine UV-Absorptionskurve, die einen bedeutenden Gehalt an Tryptophan vermuten läßt. Sie wirkt allerdings nur bei Behandlung von animalen Eihälften aus dem 16-Zellenstadium. Die andere scheint eine Nucleotid-Struktur zu besitzen. Sie gibt positive Resultate der Animalisierung sowohl an animalen und vegetativen Hälften, wie an ganzen 16-Zellenstadien. Die Zeitdauer der Kompetenz des Keimes, 4–10 Std. nach Beobachtungsbeginn, ist auf Abb. 31 a eingezeichnet. Eine weitere Substanz, die vegetativisierend wirkt, vermag nur bei animalen oder vegetativen Hälften der 16-Zellenstadien zum Erfolg zu führen. Bei Anwendung auf ganze Eier blieb sie ohne Einfluß.

An welcher Stelle im ungefurchten Ei sich diese Agentien befinden und in welcher Richtung, zentrifugal oder zentripetal, sie ihre unterschiedlich polarisierenden Wirkungen ausüben, ist noch nicht auszumachen. Als wesentlich für weitere Betrachtungen muß man jedoch ansehen, daß einerseits *diese Substanzen in der Oozyte praeexistent* sind und andererseits es nicht jeweils ein einziges animales oder vegetatives Agens gibt, sondern *immer mehrere wirksame Fraktionen* gefunden werden, die sich in ihren chemischen Eigenschaften sehr unterscheiden. Ob sie ihre Wirkung über die Derepression von Genen oder positiv durch unmittelbare Aktivierung entfalten, ist noch nicht eigens untersucht. Doch darf man nach den Ergebnissen der Animalisierung und Vegetativierung mittels NaSCN und LICl unterstellen, daß Gene daran beteiligt sind.

Eine *weitere Genaktivität* führt *in der Oozyte* zur Bildung von m-RNS, welche in partikulärer Form als ein RNS-Protein-Komplex vom Oozytenkern aus in das Ooplasma übertritt. Die Partikeln, die schwerer als Ribosomen sind, bezeichnen SPIRIN und NEMER als *Informosomen* (vgl. I, S. 35).

Im reifen Ei wird die so *stabilisierte m-RNS* zuerst *durch die Besamung deblockiert* (I, S. 162) und steht von da ab für verschiedene Entwicklungsprozesse zur Translation bereit. Sie ist zur Proteincodierung für Beginn und Fortschreiten von *Fur-*

chungsteilungen ausreichend (Abb. 31 a, Spindelproteine). Dies kann aus der Furchung kernloser roter Seeigel-Eihälften entnommen werden (I, S. 93 f.). Doch bleibt das Muster der entstehenden Blastomeren ohne Ordnung (I, Abb. 23 c). Auch am normalen kernhaltigen Keim tragen die Eiweißsynthesen, die zu dieser Zeit mittels stabiler m-RNS eingeleitet werden, zur Abfolge der Spindelstellungen im Furchungsprozeß nichts bei. Denn trotz Unterbindung der Translation durch Puromycin stellen sich die Spindeln immer in typischer Weise ein (HULTIN). Im Einklang damit erinnert der Bd. I, S. 65 und aus I, Abb. 14 abgeleitete Vorgang einer im Ooplasma ablaufenden Zustandsänderung (Abb. 31 a, senkrechter Pfeil im 16-Zellenstadium) daran, daß *Vorgänge der Spindelstellung an Bedingungen der ursprünglichen Eiarchitektur gebunden* sind. Das gilt auch für die Mikromerenbildung, deren Ort in der Rindenarchitektur ja durch Zentrifugieren nicht verlagert werden kann (MORGAN und SPOONER). Zur Realisierung des speziellen Furchungsmusters scheint *Neusynthese von m-RNS* (vgl. I, Abb. 24), wie sie auf Abb. 31 a für das Keimalter von 4 Std. vermerkt wurde, möglicherweise *nicht unbedingt erforderlich* zu sein (I, S. 95).

Acht und zehn Std. nach Besamung machen sich die Erfolgsreaktionen dreier *Induktionsprozesse* (. . . in Abb. 31 a) bemerkbar:

Der *erste* dieser Vorgänge betrifft die *Gastrulation.* Er wurde im Anschluß an Abb. 29 und S. 97 ff. besprochen. Als Induktoren bzw. Produzenten des Induktor-Stoffes kamen primär die Mikromeren in Betracht. Jedoch verfügen auch die veg_2-Zellen noch über ein gewisses Induktionsvermögen, während dies den veg_1-Zellen fehlt (Abb. 28 h–k). Die Induktionsbefähigung zur Einleitung der Invagination bleibt überdauernd bis zum Stadium der Mesenchymblastula (14 Std. n. B.) bestehen; denn durch Anfügen einer animalen Hälfte eines 16-Zellenstadiums an die vegetative Hälfte einer Mesenchymblastula läßt sich zu dieser Zeit noch ein normaler Pluteus erzielen. Ähnliche zeitliche Beziehungen von Induktor zu Reaktionsblastem kehren in der Amphibien-Entwicklung wieder (vgl. S. 141 f. und Abb. 37).

Mit dem Vollzug der Gastrulation wird zugleich in einer *zweiten* Reaktion der *Stereo-Zilienbüschel der Blastula auf die enge Scheitelplatte* mit dem Wimperschopf des normalen Keimes *beschränkt*. Dieser zweite Induktionsvorgang ist, im Gegensatz zur Induktion für die Gastrulation, auch durch die weiter animal gelegenen veg_1-Zellen möglich (Abb. 28 d–g) und schließt mit dem Stadium der Zilienblastula (Abb. 31 a, *Ind.*, 8 Std. n. B.) ab: Die Wimperschopfplatte ist dann auf die Verhältnisse im Ganzkeim so festgelegt, daß sie in einem experimentell erzeugten Halbkeim der Mikromereninduktion nicht mehr mit ausgewogener, der Gastrulagröße angepaßter Ausdehnung folgen kann.

Der *dritte* Induktionsvorgang, die Induktion von *Mundbucht mit Wimperschnur,* sowie *Stomodäum,* wird zeitlich etwas *später* als die beiden vorhergenannten abgeschlossen (10 Std. n. B., Abb. 31 a). Er erstreckt sich auch lediglich über einen vegetativen Teilbereich der animal-vegetativen Achse. Letzteres geht bereits aus den Durchschneidungsversuchen Abb. 26 hervor. Selbst ein durch „Äquatorialschnitt" gewonnener vegetativer Pluteus (Abb. 26 c) vermag trotz gut ausgebildeten Skelets die *Arme* nicht voll zu entwickeln. Das den Mesomeren entstammende Hautektoblastem offenbart hier seine Prädisponierung zur Bildung der Arme, die auf der Wimperschnur *am Rande des Oralfeldes* entstehen. Bereits im 16-Zellenstadium (4 Std. n. B.) ließ sich das Oralfeld (Abb. 31 a, Punktierung) in einer Mesomere lokalisieren und auf die Eiarchitektur zurückführen (Bd. I, Abb. 13 a). Nach leichter Verschiebung des horizontalen Schnittes ins subäquatoriale Gebiet der Eiarchitektur (Abb. 26 e) bleibt im vegetativen Keimteil jede Arm- und Mundbildung aus. Umgekehrt macht diese geringe vegetativ gerichtete Erweiterung der animalen Hälfte des 16-Zellenstadiums die Bildung von Mund, Stomodäum und Wimperschnur möglich (Abb. 26 d_2). Es mußte zu den Mesomeren mit dem präsumptiven Oralfeld ein Stück der Makromeren, die den Induktor beeinhalten, hinzukommen. Auch nach Abb. 28 bilden sich Mund und Wimperschnur nicht aus den Mesomeren allein (a–c), sondern aus diesen nur unter Hinzufügung mindestens von veg_1-Zellen (d–g).

Der Induktionsvorgang für diese animalen Organe kann einerseits offenbar durch Mikromeren in Gang gesetzt werden, wie Abb. 27 b zeigt, also durch die gleichen Faktoren, wie die, welche die Gastrulation bedingen, andererseits aber auch durch Faktorenbereiche (veg_1), die zur Induktion der Gastrulation nicht mehr befähigt sind (Abb. 28 d–g gegenüber h–k). Nach unserer Auffassung muß man daraus ableiten, daß zur Induktion der Mundfeld-Organe qualitativ und quantitativ andere Faktoren benötigt werden als zur Induktion der Gastrulation, mit anderen Worten: *Die Organ-induzierenden Faktoren sind anderer Art als die das gesamte Ei betreffenden Bewegung-induzierenden.* Nicht ein einziger der Induktionsfaktoren läßt sich durch Actinomycin D blockieren. Solches ist lediglich bei einzelnen durch Gene gesteuerten Reaktionsfolgen möglich.

Die *Reaktionssysteme* für die drei hier unterschiedenen Induktionsfaktoren sind ganz unterschiedliche. Im 1. Induktionsprozeß der Gastrulation muß die vegetative Blastulawand zur Invagination angeregt werden (Abb. 31 a, 14 Std. n. B.). Nach Hemmungserfolgen mit Actinomycin D geschieht dies nicht durch mütterliche Messengers, sondern auf Grund neuer genetischer Informationen, die bis 12 Std. nach Besamung gegeben sein müssen, d. h. bis zum Ende der 1. Gastrulationsphase (S. 91). Später (Abb. 31 a, 13–17 Std. n. B.) in der 2. Phase ist die Gastrulation durch Actinomycin D nicht mehr zu unterdrücken. Vom Außenmedium her werden sehr viele SO_4^{--}-Ionen inkorporiert, ohne welche die Blastulawandzellen nicht über die nötige Beweglichkeit verfügen (S. 102), um dem Induktionsreiz folgen zu können. – Auch bei dem Reaktionssystem für den 2. Induktionsprozeß darf man die Mitwirkung neu transcribierender Gene annehmen, da bei isolierten animalen Hälften anstelle des dortigen breiten Stereo-Zilienbüschels die typische schmale Wimperschopfform nur unter Actinomycin D-Behandlung zu erreichen ist (Abb. 31 a, 5 Std. n. B. und S. 111). – Lediglich für den 3. Induktionsprozeß wird das Reaktionssystem in Gestalt des Oralfeldes von der Oozyten-Architektur her zur Verfügung gestellt, ohne daß neugebildete m-RNS unbedingt benötigt wird.

Die *Funktion der Mikromeren als Bildner des primären Mesenchyms, ihre Rolle und die der sekundären Mesenchymzellen* beim Vollzug der Gastrulation sind S. 91 ff. geschildert worden, ebenso die Mitwirkung von neu aktivierten Genen und von *Außenfaktoren,* wie SO_4^{--}- und Ca^{++}-Ionen. Hinzugefügt werden muß hier, daß von den Mesenchymzellen das *Skelet nicht ohne neu transcribierende Gene* sezerniert wird (Abb. 31 a, b, 20–30 Std. n. B.). Noch während der Gastrulation treten in den Kernen wieder *Nucleolen* auf (22 Std. n. B.). *Ribosomen* können daher neu gebildet werden. *Neue Mitochondrien* kommen hinzu, so daß eine *Wachstumsperiode die Pluteusbildung einleitet.* Die unter starker Ca^{++}-Zufuhr auswachsenden *Skeletnadeln vermitteln der Haut* dort, wo sie anstoßen, *einen Reiz, Arme bzw. das Hinterende auszubilden* (S. 93, Abb. 31 b, 28–36 Std. n. B.).

Schon sehr frühzeitig haben HÖRSTADIUS und LINDAHL im Anschluß an RUNNSTRÖM die Tatsache hervorgehoben, daß sich zu Anfang der Entwicklung des Seeigeleies in animal-vegetativer Richtung zwei Faktorenbereiche, ein animaler und ein vegetativer, herausheben, daß die Wirkungsstärke dieser Faktorenbereiche nach der Eimitte zu gefälleartig abnimmt und die Bereiche sich dabei überdecken. Diese Anschauung ließ sich im vorhergehenden vielfach durch Experimentalergebnisse bestätigen (S. 105 ff.). Allerdings wurde auch deutlich, daß die Faktorenbereiche nicht als einem gemeinsamen System zugehörig ungesondert und gleichzeitig in Funktion treten, sondern in eine Anzahl räumlich verteilter und zeitlich unterschiedlich abgestimmter Einzelbereiche mit eigenen Reaktionsfolgen aufgegliedert sind. Im Schema der Abb. 31 wurde versucht, das Zusammenwirken einiger dieser unendlich vielen Einzelreaktionen darzustellen.

RUNNSTRÖM und Mitarbeiter formulierten nach den ersten klassischen Experimenten, die die entwicklungsphysiologischen Unterschiede der Polregionen erkennen ließen, die **„Zwei-Gefälle-Hypothese“** der embryonalen Entwicklung. Animale und vegetative Tendenzen bringen nach dieser Hypothese im Ooplasma durch Zusammenwirken ihrer gegenläufigen Gefälle Schichten unterschiedlicher physiologischer Zustände und Wirkungsmöglichkeiten hervor. Auf jeder Querebene des Keimes würde sich danach ein gewisses Verhältnis zwischen beiden Tendenzen einstellen, das für die Aufgabenbestimmung des betreffenden Gebietes entscheidend sein soll.

Die Hypothese hat vielen Entwicklungsforschern wertvolle Anregungen gegeben. Für die Seeigel-Entwicklung ließen sich durch sie eine Menge von Tatsachen vor allem der Animalisierung und Vegetativisierung, der Differenzierung und Regulation, der Stoffwechselfolge, der Induktions- und Reaktionsbefähigung einheitlich betrachten. Verhältnismäßig mühelos wurden die vielfältigen Regulationserscheinungen erläutert, weil die Lokalisation der Organanlagen von vornherein als durch *relative* Faktorengleichgewichte bewirkt gedacht werden kann. Beim Herausschneiden beliebiger Teile aus dem Ei ordnen sich nach dieser Auffassung die Gefälle entsprechend den neuen Keimgrenzen immer wieder neu um. Wie jedoch aus dem Text zu Abb. 31, S. 108 ff., 113 ff. zu entnehmen ist, müssen wir das Entwicklungsgeschehen als ein sehr verwickeltes und vielschichtiges System von eng verzahnten Reaktionsabläufen ansehen, welche sich von sehr verschiedenen Ebenen, nicht nur der des entwicklungsphysiologischen Systems und der der Außenfaktoren, sondern zusätzlich noch von der der Genetik herleiten. Gerade aus diesem Grunde vermögen sich die Reaktionsabläufe einer so vereinfachten Vorstellung, wie sie die „Zwei-Gefälle-Hypothese“ darstellt, nicht zu fügen. Auch nimmt bei Einordnung neuer Tatsachen die auf generalisierender Induktion beruhende Hypothese gern entwicklungsphysiologische Erklärungen vorweg, die erst durch Einzelschritte strenger System- und Kausalanalyse in exakter Induktion erhoben werden können.

Will man die *große Menge von experimentellen Daten,* die bisher zur Echinodermen-Entwicklung zusammengetragen wurden, *in kurzen Worten typisieren,* so darf man feststellen:

Grundlage der Pluteusgestalt beim Seeigelei sind, wie Grundlage der Trochophoraentwicklung beim Annelidenei, Faktoren, welche sich bereits im ungefurchten Ei lokalisieren lassen. Gegegenüber dem Annelidenei besitzt das Ei der Echinodermen den weniger differenzierten Eitypus. Nicht Entoplasmen, wie dort, sondern die Eirinde erscheint als bevorzugter Träger wesentlicher Faktorenbereiche. Die Blasteme, die sich beim Annelidenei als „differenziertzellig" erweisen, sind beim Seeigelei vielfach „indifferentzellig". Im Zusammenhang damit gibt vor allem der gefälleartige Zustand der qualitativ verschiedenen Faktorenbereiche dem Seeigelei das besondere Gepräge.

d) Amphibien (Amphibia)

Die **Blastula** des 1,4 mm großen leicht zugänglichen Molcheies (*Triturus*) enthält sehr viel größere Dotterzellen am vegetativen Pol als die Blastula des Seeigeleies (Abb. 32 d_1, 34 c). So *entsteht die Gastrula, welche die Bildung der* **Körpergrundgestalt** bei diesen Tieren *einleitet, in einem ziemlich verwickelten Prozeß.* Infolge der massiven vegetativen Dotterplatte der Blastula kann der Urdarm sich nicht wie bei den Echinodermen (Abb. 31 a, 14 und 20 Std. n. B.) unmittelbar am vegetativen Pol eindellen und einstülpen. Die Invagination des Urdarmes beginnt daher, wie ein Medianschnitt der Blastula Abb. 32 d_1 zeigt, dorsal vom vegetativen Pol (o. Ul). Hier rollt Material ins Keiminnere ein und bildet den Urdarm (Abb. 32 d_2, Ud). Die ins Keiminnere geschobene massige Dotterplatte (Do) veranlaßt durch ihr Gewicht eine Drehung des Keimes beim Übergang von Blastula zu Gastrula im Sinne des Pfeiles, so daß im Medianschnitt Abb. 32 d_3 der bisher oben auf dem Keim (Abb. d_1) befindliche animale Pol (an Pl) nunmehr in der Zeichnung nach links rückt. Aus ihm wird das Vorderende des Tieres. Der vegetative Pol mit dem Urmund befindet sich in der Zeichnung d_3 jetzt rechts. Dieser wird zum Hinterende (H) des Molchkeimes.

Die diesen Bildungen zugrunde liegenden *Gestaltungsbewegungen* lassen sich im einzelnen an Hand von Farbmarkierungen (VOGT) verfolgen. Kleine, mit Nilblausulfat bzw. Neutralrot getränkte Agarstückchen legt man eine Stunde lang an die Blastulawand an. Man klemmt sie, während sich die Blastula in einer Grube des wachsbezogenen Kulturschälchens befindet, zwischen Keim und Grubenwand ein oder schiebt sie unter ein den Keim bedeckendes Stanniolblättchen. So können einzelne kleine Blastodermbezirke nach geplantem Muster angefärbt werden. Finden im Blastem Bewegungen statt, so ziehen sich quadratische Marken in der Bewegungsrichtung der Zellen schneller oder langsamer aus.

Dem Schnitt Abb. 32 d_1 entsprechend zeigt die Abb. 32 b_1 die Blastula im Oberflächenbild von der Seite. Die dort angebrachten kleinen quadratischen Meridianmarken 13–1 finden sich im Medianschnitt b_3 in den Außen- und Innenwänden der Gastrula wieder. Auf der Keimaußenfläche, im Ektoblastem (Ekt) der Gastrula, liegen die Marken 13–11. Die Marken 10–5 verlängern sich bei der Einrollung ebenfalls stark. Sie bilden das Urdarmdach (vgl. auch Abb. d_3, U.Dd), das sich unmittelbar von innen an das dorsale Ektoblastem anlehnt. Die Marke 1 gelangt auf den ventral gelegenen Urdarmboden (U.B). Urdarmdach und Urdarmboden bilden als Teilstücke des Urdarms das innere Keimblatt der Gastrula, das Entoblastem. Das Urdarmdach ist, wie die ausgezogene Form der Marken 1–3 auf der Oberflächenansicht vom vegetativen Pol der Gastrula Abb. a_1 erkennen läßt, unter starker Längsstreckung der Blastembezirke zuerst invaginiert, und zwar über die obere Urmundlippe (o.Ul) des zu dieser Zeit sichelförmigen Urmunds. Die Dotterplatte des Urdarmbodens folgt, wie die Gestalt der Marken 7–9 zeigt, langsamer. Vom sichelförmigen Urmund aus entsteht so der gesamte sackförmige Urdarm in seiner ersten Gestalt. Das vordere blinde Ende des Sackes bildet den Kopfdarm (Pharynx, Kd in Abb. d_2).

Eine Besonderheit und zusätzliche Komplizierung der „Gastrulation“ tritt bei *Triturus* dadurch auf, daß mit der Invagination in einem Zug zugleich *das mittlere Keimblatt, das Mesoblastem,* von der Keimoberfläche her eingerollt wird. Auch dies zeigen Oberflächenansichten des vegetativen Poles der Gastrula. Der sichelförmige Urmund (Abb. 32 a_1, o.Ul), bei dem die zur oberen Urmundlippe ausgezogenen Marken 1, 2, 3 der Äquatorialmarkierung auf die starke Einrollungsbewegung der Blastulawand hinweisen, vollendet sich durch Fortsetzung der Invagination nach den Seiten hin zu einem Urmundring, der die Dotterplatte (Dotterpfropf Do auf Abb. a_2) einkreist. Es entsteht eine untere Urmundlippe (Abb. b_2 u.Ul). Die Dotterplatte wird, wie aus den Medianschnitten Abb. d_2 und d_3 zu sehen war, als ganze nach innen zum Urdarmboden verlagert (U.B). Das Darmlumen erhält nun seine Seitenwände dadurch, daß der Urdarmboden sich rechts und links der Mediane mit seinen freien Seitenrändern im Sinne der Pfeile des Querschnitts Abb. 32 a_4 zu einem Rohr aufrollt. Diese Gestaltungsbewegung ist naturgemäß nur möglich, wenn der Urdarmboden sich vom Urdarmdach abgetrennt hat. Die Trennung geschieht während der Invagination. Wenn das animale Blastem über die obere Urmundlippe ein Stück weit (bis zur Bildung des Kopfdarms Abb. d_2 Kd) eingerollt ist, trennt sich im Verlauf der weiteren Invagination im Keiminnern das über die untere Urmundlippe (u.Ul) einrollende Dotterpfropfmaterial von dem Material der seitlichen und oberen Urmundlippe ab, so daß Urdarmboden und Urdarmdach eigene selbständige Gestaltungsbewegungen aufnehmen können. Die Pfeile am Dotterpfropf in Abb. 32 b_2 kennzeichnen den Verlauf der Trennungsschnitte, die im Keiminnern während der Invagination auftreten. So kann einerseits der Urdarmboden ein längsgerichtetes Darmrohr bilden (a_4). Andererseits vermag sich das von seitlichen und der oberen Urmundlippe invaginierte Urdarmdach mit seinen seitlichen Flügeln über das Darmrohr herüberzuschieben (Querschnitt a_4, Farbmarken 1–5 rechts und links): Soweit Urdarmdach unmittelbar über dem entstehenden Darmlumen in der Mediane liegt, wird es zur Chorda (Abb. a_4, Marke 1 und 2, Ch in d_5). Aus den verbreiterten, über dem Dottermaterial liegenden Seitenflügeln des Urdarmdachs entwickeln sich Ursegmente (a_4, Marken 4, 5; Us in d_5) und Seitenplatten (Spl). Durch die Trennungsschnitte zwischen der unteren und den seitlichen sowie der oberen Urmundlippe (b_2) wird es möglich, daß der eine Invaginationsakt zuerst die Urdarmbildung durchführt (d_2), anschließend aber mehr und mehr Material über die seitlichen Urmundlippen als Mesoblastem zwischen Ento- und Ektoblastem schiebt (Abb. 32 a_4, U.Dd; sowie d_2, d_3, Mesoblastem gestrichelt, hinter der Zeichenebene).

Dorsal über dem Urdarmdach grenzt sich im Ektoblastem die *Neuralplatte* ab (Abb. 32 c_1–c_4, Mpl, Ansicht von der Dorsalseite, H Hinterende, Abb. a_4, Querschnitt). Entsprechend den unterbrochenen Pfeilen auf a_4 wölbt sich die Neuralplatte (Mpl) auf und formt für das Stadium der geschlossenen Neurula das Neuralrohr (Med.R in Querschnitten Abb. 32 a_5, d_5). Außenansichten c_4, c_5 von der Dorsalseite. In Abb. b_5 links Neurula-Oberfläche, rechts unterlagernde Chorda und Mesoblastempartien, sowie Kopfdarm vom Entoblastem). Bei der Bildung des Neuralrohres bleiben die Neuralwülste der Platte als *Neuralleisten* (Abb. 32 a_4, Nl) außerhalb des Rohres. Ihr Blastem löst sich auf, wandert ventralwärts (a_5) und hat an vielen Bildungen des Tierkörpers teil (vgl. S. 176).

Nach der Gestalt des Urmundes kann man die verschiedenen *Stadien der Gastrula* als frühe Gastrula, mit sichelförmigem Urmund (Abb. 32 a_1–d_1), als mittlere Gastrula, mit ringförmigem Urmund bzw. mit Dotterpfropf (Abb. 32 a_2–d_2), als späte Gastrula, mit schlitzförmigem Urmund (Abb. 32 a_3–d_3), unterscheiden. Das letzte Stadium leitet zu dem der offenen Neurula (Abb. 32 a_4–d_4) über, welchem das der geschlossenen Neurula (Abb. 32 c_5–d_5) folgt.

Mit dem Stadium der geschlossenen Neurula in Abb. 32 c_5, d_5 ist die typische *Körpergrundgestalt eines Wirbeltierkeimes* nahezu erreicht: Dorsal vom Darm, der den Keim in der Vorn-Hinten-Richtung durchzieht, erstrecken sich in gleicher Richtung Chorda und Neuralrohr. Seitlich davon liegen die Reihen der Ursegmente und die Seitenplatten dem Darm auf. Wo ventral beide Seitenplatten zusammenstoßen, entsteht vorn unter dem Darm die Herzanlage. Folgende Gliederungsvorgänge schließen sich an: Im Kopfdarmgebiet sondert sich von der Chorda (Ch in d_4 und b_5) die prächordale Platte (p.Pl). Die Grenze entspricht etwa der späteren zwischen Pros- und Mesencephalon im Hirngebiet des über der Chorda befindlichen Neuralrohres. Seitlich von der prächordalen Platte liegt das sog. mandibulare Mesoblastem (Mand.M, Abb. 32 b_5). Dies ist ein Blastem, das vom entoblastemalen Kopfdarmepithel (Ent, Abb. 32 b_5) abstammt. Die dahinter folgenden Ursegmente neben der Chorda (Somiten) bedingen die Gliederung des Embryos. Sie ist nur dorsal ausgeprägt. Vom Kopfdarm aus differenzieren sich Mund und Kiemen, etwas weiter hinten die Leberbucht. Mit der Längsstreckung von Neuralrohr und Chorda geht am Urmund die Invagination von Material noch eine zeitlang zur Bildung des Schwanzes weiter. Ventral vom Urmund entsteht der After.

Aus den Farbmarkierungen lassen sich die Ursprungsgebiete für alle drei Keimblätter und die wesentlichen Organsysteme der Körpergrundgestalt auf der Blastulaoberfläche ermitteln (Abb. 35 a). *So gestatten es die Farbmarken, die prospektive Bedeutung der Keimteile einer Blastula genau festzustellen.* W. VOGT konnte durch diese von ihm entwickelte Methode (1925) zum ersten Mal am Beispiel von *Triturus* einen zuverlässigen *Plan von den präsumptiven Anlagen einer Körpergrundgestalt für die Blastula* aufzeichnen, wie er in Abb. 35 a wiedergegeben ist. Alle weiteren Untersuchungen entwicklungsphysiologischer Art erhalten dadurch die unentbehrliche morphologische Grundlage.

Zur Aufklärung der Frage, in welcher Weise sich die **Fähigkeiten zu** den verwickelten **Gestaltungsbewegungen in den Ei-**

Reihe 1: Frühe Gastrula. Reihe 2: Mittlere Gastrula. Reihe 3: Späte Gastrula. Reihe 4: Offene Neurula. Reihe 5: Geschlossene Neurula. a_1–a_4) Äquatorialmarkierung. a_1–a_3) Ansicht vom vegetativen Pol. a_4) Neurulaquerschnitt. a_5) Querschnitt durch Dorsalhälfte. b_1–b_4) Medianmarkierung. b_1) Seitenansicht. b_2) Vom vegetativen Pol. b_3) Längsschnitt. b_4) Aufsicht auf Neurula. b_5) Links Aufsicht auf offene Neurula, rechts unter der Oberfläche befindliche Mesoblastempartien und Kopfdarm (Ent). c_1–c_4) Neuralplattenmarkierung. Aufsicht auf Dorsalseite. c_5) Geschlossene Neurula, Dorsalseite. d_1–d_4) Längsschnitte. d_2–d_3) Urdarmdach gestrichelt, von der Innenfläche gesehen, hinter der Zeichenebene. d_5) Querschnitt zu c_5)
an. Pl animaler Pol. *Do* Dotterpfropf. *Ch* Chorda. *D* Darm. *dors* dorsal. *Ekt* Ektoblastem. *Ent* Entoblastem. *Fh* Furchungshöhle. *H* Hinterende. *Kd* Kopfdarm. *Mand. M* Mandibulares Mesoblastem. *M* Mundbucht. *Mpl* Neuralplatte. *Med. R* Neuralrohr. *N* Nephrotom. *Nl* Neuralleistenzellen. *o.Ul* obere Urmundlippe. *p.Pl* prächordale Platte. *Rz* Randzone. *Spl* Seitenplatte. *u.Ul* untere Urmundlippe. *Ud* Urdarm. *U.Dd* Urdarmdach. *U.B* Urdarmboden. *Us* Ursegment. *ventr* ventral. *veg. Pl* vegetativer Pol. Farbmarken numeriert. Blau dunkel, Rot hell punktiert. Pfeil in d_1: schwerebedingte Drehung

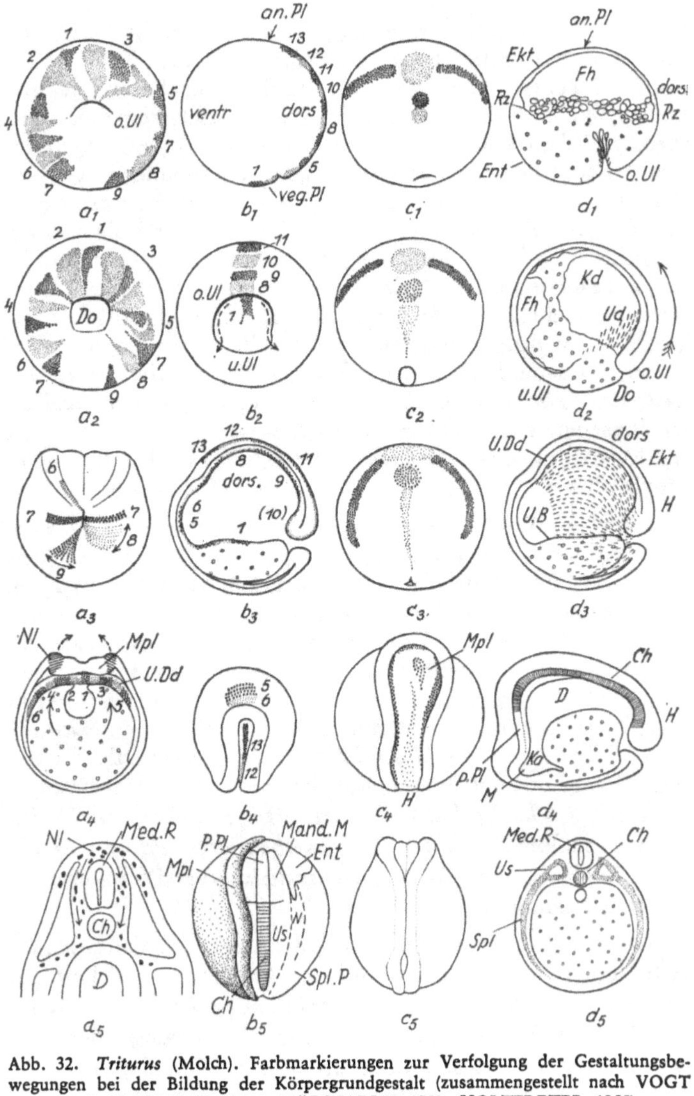

Abb. 32. *Triturus* (Molch). Farbmarkierungen zur Verfolgung der Gestaltungsbewegungen bei der Bildung der Körpergrundgestalt (zusammengestellt nach VOGT und GOERTTLER 1925, HÖRSTADIUS 1950, HOLTFRETER 1955)

und Keimteilen entfalten, geben zunächst Versuche einen Beitrag, in denen mittels einer Glasnadel der nackte Keim im 2-, 4- oder 8-Zellenstadium nach den verschiedenen Richtungen hin halbiert wurde (G. RUUD). Lag die Trennungsebene median entsprechend dem Schnürungsversuch (Abb. 22 d, f, Bd. I), so gastrulierten beide Partner, lag sie frontal, so gastrulierte zwar der dorsale Partner vollständig, der ventrale dagegen nur andeutungsweise (vgl. Abb. 22 e, g, Bd. I). Hier entstand niemals ein eigentlicher Urdarm. Vegetative Hälften begannen zu invaginieren, konnten jedoch mangels des animalen Materials den Dotter nicht ganz einziehen. Animale führten starke Oberflächenvergrößerungen durch, bildeten allerlei Falten und Lappen, aber keinerlei Urmund. *Demnach vermögen dorsale und vegetative Teile des Keimes allein die Gastrulationsbewegung einzuleiten,* die sonst nur dem Ganzen eigen ist; sie besitzen die Fähigkeit zur Regulation dieser Gestaltungsbewegung, so daß sie immer ganzheitlich verläuft.

Eine Erweiterung dieser Erkenntnisse über die Fähigkeiten im ungefurchten Ei erbrachten kürzlich Transplantationen kleiner, etwa 200 μm dicker Rindenstückchen (CURTIS). Wurden diese bei dem Krallenfrosch *Xenopus* in der Zeit vom ungefurchten Ei bis zum 8-Zellenstadium aus der Dorsalseite der Region des grauen Halbmondes entnommen und einem anderen Ei in die Ventralseite eingepflanzt, so entwickelte sich an diesem Ei ein zusätzlicher Embryo (Abb. 33 a). Entscheidende *Faktoren für die Einleitung der Gastrulation,* welche dann die Weiterentwicklung bedingt, finden sich demnach *im ungefurchten Ei in seiner Rinde. Entfernt man aus dem ungefurchten Ei den grauen Halbmond* (Abb. 33 b), *bleiben die Bildung sowohl einer Gastrula, wie eines Achsensystems aus.* Dann entsteht nur eine Blastula.

Nach dem 8-Zellenstadium (c) ist die Ausschaltung des grauen Halbmondes ohne Wirkung auf den Entwicklungsverlauf. Bis zu diesem Stadium muß eine Veränderung im grauen Halbmond, vielleicht auch eine bestimmte Verlagerung oder Ausbreitung der Bildungsfaktoren eingetreten sein. Ebenso ist die Kompetenz, den Bildungsreiz aufzunehmen und zu verarbeiten, im 8-Zellenstadium nicht mehr vorhanden, wie der Versuch Abb. 33 d gegenüber a zeigt.

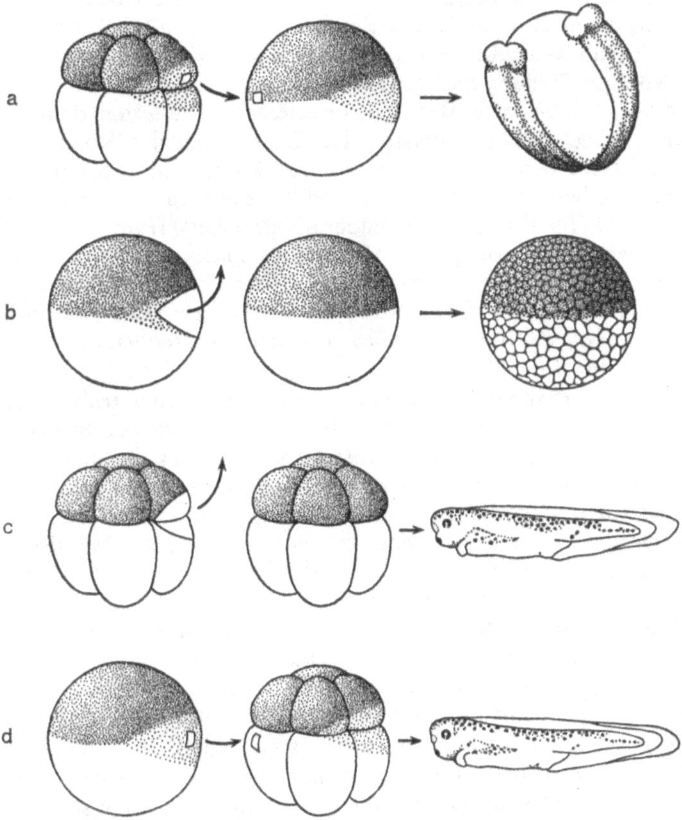

Abb. 33. *Xenopus laevis* (Krallenfrosch). Nachweis von Bildungsfaktoren für den Embryo in dem Cortex des grauen Halbmondes (nach CURTIS 1960, verändert) a) Implantation von Rinde des grauen Halbmondes aus dem befruchteten Ei oder einem Furchungsstadium bis zu 8 Zellen in ungefurchtes Ei ergibt zusätzliches Achsensystem (links) zum normalen (rechts). b) Exzision der Halbmondsubstanz aus einem befruchteten, aber ungefurchten Ei. Ergebnis: Blastula ohne Achsensystem. c) Das gleiche Experiment im 8-Zellenstadium hinterläßt keinerlei Schädigung für den Embryo. d) Implantation von Halbmond-Rinde aus dem ungefurchten Ei hat beim 8-Zellenstadium keine Wirkung. Es entsteht eine normale Larve

Wenn zum Verständnis der Wirkungsweise der Cortexfaktoren auch alle Unterlagen fehlen, so wird doch deutlich, daß der Cortex des ungefurchten Eies übertragbare Faktoren enthält, die auch an anderer Stelle ihre Wirkung entfalten können. Während Brachet die Anwesenheit von DNS-Partikeln mit der Feulgen-Färbung nachgewiesen zu haben glaubt, betont Curtis, daß Ribo- bzw. Desoxyribonuclease die Funktionsfähigkeit der Rinde nicht beeinflussen. Die Begrenzung der Kompetenz für plasmatische Empfängerregionen könnte mit dem Beginn von Aktivitäten des Kernes in den Blastomeren zusammenhängen. Wie Band I, S. 92 geschildert, bedarf bei *Triturus* der dorsale Plasmabereich (grauer Halbmond) spätestens *vom 16-Zellenstadium ab* einer Aufteilung in Zellen. Bis zu diesem Zeitpunkt *müssen die Kerne in Aktion treten, bzw. muß es ermöglicht sein, daß Kerne zum plasmatischen Faktorenbereich hinzukommen.*

Das Verhalten des Amphibienkeimes in diesen frühen Stadien erinnert, worauf Curtis hinweist, an das der Insekten. Wie dort nach Abb. 33 b durch Entfernung des plasmatischen grauen Halbmonds, so wird hier nach I, Abb. 20 e–h durch Ausschaltung des plasmatischen Bildungszentrums am Eihinterende die Entwicklung eines Embryos unterdrückt. Reaktionen von Kernen sind hier wie dort für den Fortgang der Entwicklung nötig. Bei Amphibien treten sie im 8-Zellenstadium, bei den Libellen im 64-Energidenstadium mit den plasmatischen Faktorenbereichen in Reaktion. Es folgen Gestaltungsbewegungen, die dort zur Gastrulation, hier zur Bildung der Keimanlage führen. *Über das besondere Funktionsverhalten der Kerne zu dieser Zeit unterrichten* S. 93 ff., 103 ff., 111 ff. in Band I.

Prüft man, wie Mangold es tat, die *Bewegungsbefähigung von Keimteilen der frühen Gastrula* dadurch, daß man solche in eine fremde Blastula einführt und sich dort entwickeln läßt (Einsteckversuch, vgl. Abb. 37), so stellt man fest: *Auch in diesem Stadium verfügt der Keim über ein Muster von Bewegungstendenzen.* Die Einrollungsbefähigung ist in der Gegend der dorsalen Urmundlippe am stärksten ausgebildet (Mangold). Diese starke Tendenz garantiert eine vollständige Unterlagerung des Ektoblastems mit Urdarmdach. Da stets Bildung eines ganzen Embryos nur bei guter Gastrulation erfolgt, wie ihn Bd. I, Abb. 22 d, e ausweisen, so erscheint die *Ausbildung eines ganzen Embryos* aus einem Keimfragment *gebunden an den Anteil des Fragmentes an präsumptiver oberer Urmundlippe mit Einrollungstendenz.* Diese Tatsache ist ein Ausdruck dafür, wie stark die Zytoplasmaarchitektur des Eies differenziert ist, obwohl dies histologisch nur wenig in Erscheinung tritt.

Allgemein läßt sich über die **genetische Situation** zu Anfang der Embryonalentwicklung sagen: Von der Oozyte her ist im Ooplasma eine gewisse Ausstattung mit den verschiedenen RNS-Sorten vorhanden. Sie treten während der Furchungsstadien in Funktion und werden erst zu Beginn der Gastrulation durch neue genetische RNS-Produktion ergänzt oder abgelöst (I, S. 117). Die Synthese von t-RNS beginnt beim Krallenfrosch *Xenopus* am Ende des Blastulastadiums, die Synthese von r-RNS etwas später. Sie setzt mit Beginn des Gastrulastadiums beim Neuerscheinen der Nucleolen ein (BROWN und LITTNA, GURDON und WOODLAND, vgl. auch Seeigelentwicklung Abb. 31 b). Allerdings vermögen sich die Embryonen auch ohne Neusynthese von r-RNS noch bis zum Schwanzknospenstadium zu entwickeln. Das zeigen homozygote nucleolenlose Mutanten von *Xenopus laevis* (ELSDALE und FISCHBERG), denen die Gene zur Bildung von 18s- und 28s-rRNS fehlen.

Entscheidend für die Beurteilung der Proteinbiosynthese sind aber Kenntnisse über *Auftreten und Qualitäten der m-RNS.* Ursprünglich entstehen, wie bei *Chironomus* (I, S. 34), eine hochmolekulare und auch niedermolekulare DNS-ähnliche RNS, die man, wie auf I, Abb. 5, als d-RNS bezeichnen kann. Erstere stellt möglicherweise Vorstufen für die ins Zytoplasma übergehende m-RNS dar. Da es noch nicht möglich ist, einzelne m-RNS-Spezies nach ihren Sequenzen unmittelbar zu charakterisieren, so bleiben zunächst nur zwei Prüfungsmöglichkeiten: Erstens die Methode der Hybridisierung, mit der man feststellen kann, ob und in welcher Hinsicht sich die Ribonucleinsäuren aus verschiedenen Entwicklungsstadien oder Embryonalbereichen unterscheiden. Zweitens die Anwendung von Transcriptionshemmern (z. B. Actinomcyin D), um zu erfahren, ob überhaupt Neusynthesen von RNS stattfinden (vgl. S. 109 und I, S. 64, 93 ff.).

RNS/DNS-Hybridisierung ist möglich, wenn, wie die RNS, auch die DNS in Einzelsträngen vorliegt. Dann kann man versuchen, beide, soweit sie komplementäre Nucleotidsequenzen enthalten, zur Verbindung zu bringen und kann nach dem Hybridisierungserfolg beurteilen, wie weit sich dabei RNS-Stränge unterschiedlicher Herkunft gleichartig oder ungleichartig verhalten (HALL und SPIEGELMANN).

Man geht so vor: DNS aus einem Organismus gleicher Art wie dem, von welchem RNS getestet werden soll, z. B. DNS aus der Leber von *Xenopus laevis* (TIEDEMANN), wird durch Erhitzung auf etwa 90 °C und schnell erfolgende Abkühlung, auch durch Alkalisieren, denaturiert. Dabei lösen sich die Wasserstoffbrücken, die DNS zerfällt in Einzelstränge. Man bettet diese in Agar oder auf Membranfilter und kann sie dann mit einer der zu prüfenden m-RNS inkubieren (66 °C). Sie wird von der DNS durch die Bildung von stabilisierten Doppelsträngen fixiert, falls sie komplementäre Nucleotidsequenzen enthält. Die nicht hybridisierten RNS-Anteile lassen sich durch RNase, welche die an DNS angelagerten RNS-Moleküle nicht angreift, zerstören und auswaschen. Wurde die m-RNS in Gegenwart radioaktiver Vorstufen synthetisiert, so kann man das Ausmaß der Hybridisierung durch Radioaktivitätsmessung feststellen (vgl. HARBERS).

Zum Vergleich zweier m-RNS untereinander benutzt man die Konkurrenz solcher Ribonucleinsäuren um die gleiche DNS. Eine dieser RNS-Sorten wird radioaktiv markiert.

Wie einzelsträngige DNS mit RNS hybridisiert, so kann denaturierte DNS auch wieder renaturieren. Den Grad der Reassoziation mißt man u. a. im Spektralphotometer an der Abnahme der Extinktion bei 260 nm. Dabei richtet sich die Geschwindigkeit der Wiedervereinigung getrennter Einzelstränge zu Doppelsträngen danach, ob redundante (vervielfachte) Kopien von DNS-Sequenzen in größerer oder geringerer Menge vorliegen. Auf diese Weise kann man einen Hinweis zur Unterscheidung von schnell und langsamer verlaufender Hybridisierungen gewinnen (BRITTEN und KOHNE). Man wird gerade den langsamer hybridisierenden Teil der DNS und die mehr durch singuläre Basensequenzen ausgezeichneten RNS-Arten zu erfassen suchen (TIEDEMANN, siehe dort die für exakte Messungen notwendigen Kautelen).

Mittels solcher Hybridisierungsexperimente läßt sich feststellen: In Amphibien-Embryonen beginnt die *Synthese von d-RNS während der Furchung* (BROWN und LITTNA), in Seeigelkeimen unmittelbar nach der Befruchtung (Abb. 31 a), und steigt allmählich an. Sowohl neusynthetisierte wie gespeicherte RNS ist an Polysomen als an der Proteinsynthese beteiligt nachzuweisen (CRIPPA und GROSS, RINALDI und MONROY). Nach Untersuchungen von H. JANTZEN, I. M. GASC und TIEDEMANN enthält die Gastrula bereits einen großen Teil aller m-RNS-Spezies, die auch im Schwanzknospenstadium gefunden werden.

Versuche mit *Inhibitoren der Proteinsynthese* bestätigen und ergänzen diese Ergebnisse. Durch Anwendung von Actinomycin D lassen sich Neusynthesen von RNS an DNS in frühen Entwicklungsstadien aufspüren. Zwar wird die Entwicklung intakter Amphibienkeime durch Actinomycin D (AcD) nur sehr wenig beeinflußt, da es in diese nur langsam eindringt. Man muß es injizieren (BRACHET, DENIS). Aber man kann auch die zu behandelnden Blasteme während der Kultur in vitro beeinflussen (Abb. 41, U. BECKER, H. TIEDEMANN, TIEDEMANN, BORN), oder nachdem man sie disaggregiert hat (vgl. S. 163, TOIVONEN, VAINIO, SAXÉN).

HOLTFRETER konnte mittels seiner Methode, Fragmente von Amphibienkeimen in verdünnter Ringerlösung steril zu züchten, die Bewegungserscheinungen im einzelnen studieren und so eine **Analyse der Gastrulation** einleiten. Er fand dabei, daß die äußerste Schicht der Eirinde im Molchei ein festes pigmentiertes Häutchen darstellt, welches sich auch in der Furchung und den folgenden Stadien erhält. Während die einschneidenden Zellgrenzen von den inneren Schichten der Rinde her auswachsen, bedeckt die *hyaline Oberflächenhaut* (*coat*) als elastische überzellige Membran die Furchungs- und Blastulazellen (Abb.

34 a, b). Solange die Zellen ihr angeheftet sind, zeigen sie eine deutliche Innen-Außen-Polarität und werden durch sie zu einheitlichen Massenbewegungen koordiniert. Behäutete Zellbezirke können sich nach der Invagination im Innern des Keimes, wie z. B. Mesoblastemzellen, auflösen, oder aber sie behalten, wie der Urdarm, ihre hyaline Oberflächenhaut bei. Sie kann sich an neugeformten Zellbereichen in Reaktion mit dem Außenmedium neu abscheiden. Die behäutete Darmwand kommt niemals in die Gefahr, mit der ihr gegenüberliegenden zu verkleben.

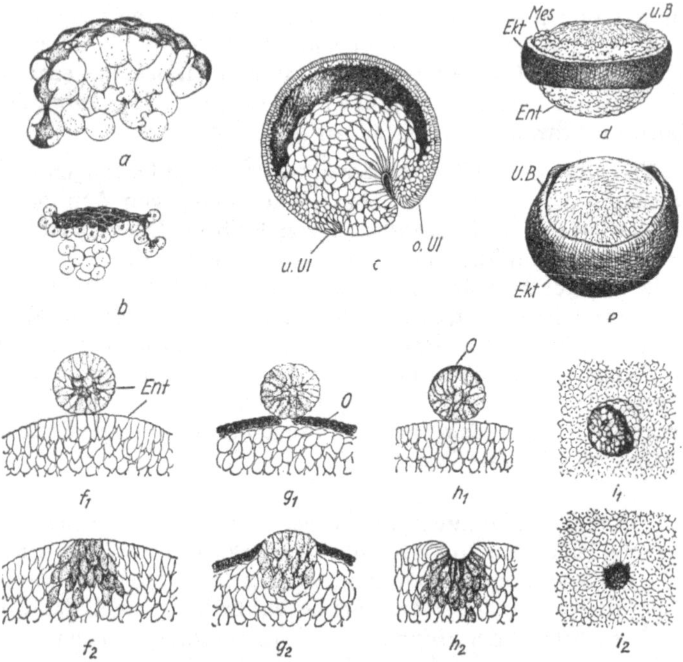

Abb. 34. *Amblystoma* (Axolotl). Isolationsversuche von Teilen der Blastula und frühen Gastrula zur Ergründung der Bewegungsvorgänge bei der Gastrulation (nach HOLTFRETER 1943, 1944)

a) Morulazellen. Überzellige pigmentierte hyaline Oberflächenhaut (coat), gespannt und zum Teil gerissen. Faden- und knopfförmige Verbindungsstränge zwischen den Blastomeren. b) Blastula-Ektoblastem. Innenzellen unbehäutet. c) Frühe Gastrula.

Je nachdem, ob ein hyalines Oberflächenhäutchen vorhanden ist oder nicht, verhalten sich die Zellbereiche verschieden. Trägt man von einer späten Gastrula im Stadium der Abb. 32 d_3 das dorsale Urdarmdach samt dem Ektoblastem ab (Abb. 34 d), entkleidet außerdem ventral das Entoblastem der Bauchepidermis, so bleibt ein äquatorialer Ring behäuteten Ektoblastems (Ekt) bestehen. Über ihm befindet sich eine ringförmige Zone unbehäuteten Ento- und Mesoblastems (Mes), welche einen Bezirk behäuteten entoblastemalen Urdarmbodens (U.B) einschließt. Unter dem Ring ist das Entoblastem (Ent) ganz ohne Oberflächenhaut. In der Folge breiten sich sowohl das behäutete Ektoblastem wie das Entoblastem (U.B) über die unbehäuteten Teile aus (Abb. 34 e), bis die behäuteten Zellbezirke zusammenstoßen. Ausbreitungstendenz besitzt außer der gesamten animalen Hemisphäre der Blastula auch der Urdarmboden, der sich ja entsprechend der unteren Pfeile der Abb. 32 a_4 zum Darm aufwölbt. Daß diese *Ausbreitungstendenz* mit dem hyalinen Oberflächenhäutchen zusammenhängt und als solche auch dem ungefurchten Ei eigen ist, erkennt man an unbefruchteten Froscheiern, wenn sie 2–3 Tage in hypertonischer Kulturlösung gehalten werden. Ihre pigmentierte animale Rinde breitet sich dann in vielen Fällen in Richtung auf die vegetative Hemisphäre aus, als ob eine Gastrulation beginnen solle. Wie die Richtungsorganisation, muß auch die Lage des späteren Urmunds bereits im ungefurchten Ei vorbereitet sein.

Für die Invagination erweist sich außer der Polarisierung der Zellen durch Ausbildung des Oberflächenhäutchens auch das *Bewegungs- und Kontaktverhalten der Zellen in den Blastemen*

Flaschenförmige Zellen an den Invaginationsstellen der oberen und der unteren Urmundlippe. d) Späte Gastrula nach Entfernung der dorsalen Hemisphäre und der ventralen Epidermis. e) Ausbreitungstendenz von Epithelien mit hyaliner Oberflächenhaut. Überwachsung der nackten Stellen durch behäutete Ektoblastem- und Urdarmbodenoberfläche. f) Verschmelzungstendenz unbehäuteter Zellgruppen. Vital gefärbtes unbehäutetes Entoblastem aus der Blastula von unbehäutetem entoblastemalen Substrat eingezogen. g) Einverleibung von Entoblastem in epidermisbedecktes entoblastemales Substrat nach künstlicher Perforation der behäuteten Epidermis. h), i) Außenseitig mit Oberflächenhaut bedeckte Zellen der Urmundregion werden unter Grubenbildung in unbehäutetes entoblastemales Substrat eingezogen. h) Schnitte. i) Oberflächenbilder

Ekt Ektoblastem. *Ent* Entoblastem. *Mes* Mesoblastem. O hyaline Oberflächenhaut. *o. Ul* obere Urmundlippe. *u. Ul* untere Urmundlippe. *U. B.* Urdarmboden

als bedeutungsvoll. Die innerhalb der Blastula befindlichen unbehäuteten Zellen besitzen anstelle der Ausbreitungsfähigkeit eine *Vereinigungstendenz*. Wird in einem Schälchen mit Kulturlösung auf ein Fragment aus dem Innern des massigen Urdarmbodens (Abb. 34 f_1, Ent) ein Häufchen von ebenfalls unbehäuteten vital gefärbten Entoblastemzellen gelegt, so kleben diese Zellbezirke nicht nur aneinander, sondern der kleinere Haufen wird in die Unterlage hineingezogen, vorausgesetzt, daß ihre Zellen locker liegen und kapillare Kräfte sich auswirken können (Abb. 34 f_2). Man kann die vital gefärbten Zellen mechanisch wieder herauslösen und den Versuch mit gleichem Erfolge mehrmals wiederholen. Auch beschränkt sich die Vereinigungstendenz nicht auf artgleiches Gewebe. – Behäutete Epidermis (Abb. 34 g_1) verhindert die Einverleibung. Sobald aber ein kleines Loch entsteht, kriechen die Zellen hindurch, um sich mit dem entoblastemalen Substrat zu vereinigen (g_2). – Ist das Zellhäufchen der Urmundgegend entnommen und zu einem Teil behäutet (Abb. 34 h_1, i_1), so beginnen die Zellen, falls die unbehäuteten Oberflächen aneinanderlagen, zwar auch ihre Einwanderung, aber soweit sie an der hyalinen Oberflächenhaut hängen, ziehen sie sich flaschenförmig aus (h_2) und veranlassen die Haut zu einer Eindellung, der sich auch die Nachbarzellen anschließen (i_2). Hier ist genau die Lage verwirklicht, die sich am vegetativen Pol der Blastula findet (Abb. 34 c). An der Keimoberfläche werden die Voraussetzungen zu solcher Invagination dadurch geschaffen, daß das Entoblastem infolge der größeren Ausbreitungstendenz des Ektoblastems an eigener Ausdehnung gehindert wird. Seine im Urmundbereich sehr stark behäuteten Zellen geben dem Zwang, ihr Oberflächengebiet zu verkleinern, nach, indem sie in eine zur Keimoberfläche senkrecht nach innen gerichtete Bewegung eintreten. Die Flaschenzellen nehmen nicht an der späteren Differenzierung teil. Sie werden ins Darmlumen abgesondert und gehen zugrunde.

Nach HOLTFRETER wird die zentral gerichtete Bewegung der Zellen an dieser Stelle durch ein *Gefälle von Oberflächenspannungsgraden* koordiniert, das vom äußeren Medium nach der Furchungshöhle hin absinkt. Es ist bedingt durch eine Erhöhung des pH-Wertes sowie eine Verminderung der Ca^{++}-Ionen in der Blastozölflüssigkeit gegenüber der Außenwelt. An der Invaginationsstelle bilden lockere Entoblastemzellen das Substrat für die peripher liegenden kleinen behäuteten Randzellen. Diese aber hängen einerseits an dem coat fest und tendieren andererseits danach, sich in Richtung auf die Region der niederen Oberflächenspannung, also zum Blastozöl hin, auszudehnen und zu verlängern. So kommt es zur Flaschenform und Invagination der peripheren Zellen. Dem Fortschreiten der Invagination passen sich die umliegenden Ekto- und Mesoblastempartien an. Ihre Bewegungsweise ist eine Funktion der Lage innerhalb des Musters der gesamten Gastrula.

Die Gestaltungsbewegungen des Ganzkeimes lassen sich durch eine solche Analyse mittels des Explantierungsexperiments *auf Bewegungs- und Kontaktreaktionen zwischen Zellen, Zellaggregaten und Blastemen zurückführen. Chemotaktisch und strukturell bedingte Abstoßungs- und Anziehungsvorgänge, Aufnahme, Verstärkung, Minderung, Lösung von Kontakten der Zelloberflächen ergeben vielseitige Möglichkeiten für die Anordnungsweise der Zellen im Embryo. Der Zusammenschluß ganzer Keimblätter durch Abscheidung eines hyalinen Oberflächenhäutchens oder großflächig spezifische Verteilung von Ionen, die das Außenmedium liefert, tragen dazu bei, das Zellverhalten zu koordinieren und Ausbreitungs- oder Konzentrationstendenzen in Massenbewegungen zu ermöglichen. Gerichtete Verformungen von Zellen oder Blastemen, die hierbei auftreten, lassen erkennen, daß in der Bewegungsstimulation auch polarisierende Einflüsse enthalten sind.*

Nach HOLTFRETERS Vorgehen bezeichnet man die wechselseitigen zellspezifischen Bewegungstendenzen als *Affinitäten*, die sich in positivem oder negativem Sinne äußern können und auch in ihrer Intensität jeweils besonders abgestimmt sind. Der Begriff Affinität ist sehr weit gefaßt, und es fällt schwer, ihm eine Definition zu geben, aus der eine exakte Fragestellung für klärende Experimente erwachsen könnte. So wird der Begriff im folgenden nur zu allgemeiner Kennzeichnung gebraucht, aber sonst durch solche Begriffe ersetzt, die, wie Tendenz zu chemotaktischem Verhalten, zur Kontaktaufnahme usw., den jeweils für diese Analyse vorgesehenen Vorgang genauer beschreiben.

Für die unter den Begriff der Affinität eingeordneten Vorgänge mögen einige Beispiele genannt werden, um die Probleme aufzuzeigen, die der Erklärung harren: Wie aus den Isolierungsversuchen hervorgeht, ändern kleinste Fragmente von präsumptiven Keimschichten ihre Bewegungsformen zeitlich in gleicher Weise, als ob sie noch dem Ganzkeim angehörten. *Entoblastemzellen* aus früher Gastrula vereinigen sich zur Kugel, um ohne Anstoß von außen zu der Zeit, in der sie im Innern des Ganzkeimes in die frühe Neurula eintreten würden, zu flächenhafter Ausbreitung überzugehen. – Früh miteinander explantierte *Ektoblastem- und Entoblastemzellen,* die sich ebenfalls zunächst aneinanderschließen, wandeln ihre anfangs positive Kontaktnahme später in eine Kontaktminderung um, welche der abstoßenden Tendenz beider Keimblätter während und nach der Invagination entspricht. Dies geschieht in der Mund- und Kiemenregion viel später als in den übrigen Körperteilen. – Zwischen *Ektoblastem und Mesoblastem* gewinnt nach einer zunächst abstoßenden und auflockernden Tendenz bald eine solche Vereinigung und Verfestigung das Übergewicht. Der Wechsel erfolgt entsprechend dem Übergang von den gleitenden Bewegungen der Keimblätter während der Gastrulation zu der festen Verklebung von unterlagerndem Urdarmdach mit dem darüberliegenden Ektoblastem in der Neurula. Demnach ist *nicht nur der Anfangszustand, sondern auch der in der Entwicklung auftretende Wandel der Bewegungstendenzen zur Kontaktnahme von vornherein den einzelnen Zellen der Blastula eigentümlich* und äußert sich selbstdifferenzierend. Eine Erklärung dieses Verhaltens kann daher nur von Untersuchungen über die inneren Zustände und spezifischen Zellmembrankomponenten der Blastomeren und Gastrulazellen erwartet werden (vgl. S. 177 ff.).

Außer den Bewegungserscheinungen wurden an Fragmenten der frühen Gastrula die **Differenzierungsfähigkeiten der Blastembereiche** untersucht (HOLTFRETER). Vergleicht man die Ergebnisse mit dem durch Farbmarkierungen gewonnenen Anlagenplan (Abb. 35 a), so sind bedeutsame Unterschiede festzustellen: Nicht nur aus dem Gebiet präsumptiver Epidermis (Abb. 35 a, Ep), sondern auch aus dem der Neuralplatte (N) ergeben Explantate lediglich eine organologisch und zytologisch atypische Epidermis mit einer richtungslosen Ausbreitungstendenz (Abb. 35 b), die nur zur Epithelbildung, Sekretion, Flimmerung fähig ist. Fragmente vom präsumptiven Chorda- (Ch) und Ursegmentbereich (1–10) aus dem Randzonengebiet besitzen gerichtete Wachstumstendenzen und vermögen als Gestaltungsbewegungen Kontraktion, Ausbreitung, Streckung und Invagination durchzuführen. Fragmente beider Gebiete lassen jeweils beide Differenzierungsgebilde mit histologisch typisch gesonderten Strukturen entstehen (Abb. 35 e, f). Aus solchen Isolaten gehen auch neurale Bildungen hervor (c). Bei mehr vegetativ dem Gebiet der Ursegmente und Seitenplatten entnommenen Fragmenten werden vorwiegend in der Tiefe der Randzone (Abb. 32 d_1, Rz) liegende Körperanlagen getroffen und entwickelt: Herz, Vorniere, Blutanlagen einerseits (Abb. 35 h) und Vorderextremität sowie verschiedene Darmabschnitte andererseits (Abb. 35 i). Da die Entwicklungsfähigkeiten am animalen Pol und im dorsalen Teil der Randzone nicht den Erwartungen entsprechen, die man nach den Angaben des Anlagenplanes haben dürfte, so gewinnt man den Eindruck: *Besondere Entwicklungsvorgänge müssen die blastematischen Faktorenbereiche des präsumptiven Chorda-Mesoblastemgebietes und der Neuralplatte in den Stand setzen, die ihnen nach der prospektiven Bedeutung zugehörigen Organe hervorzubringen, während die dem vegetativen Pol genäherten Faktorenbereiche von Anfang an klare Selbstdifferenzierungsfähigkeiten aufweisen,* welche einander nur wenig überdecken.

Untersuchungen über die Natur der Vorgänge, die das Ektoblastem des präsumptiven Neuralplattengebietes befähigen, Neuralplatte hervorzubringen, hatte bereits 1918 SPEMANN begonnen. Ihm gelangen als erstem Transplantationen an so frühen Embryonalstadien, und so konnte er seinem Gedanken Gestalt geben, das **Problem der Organisierung von Keimteilen** einer experimentellen Lösung zuzuführen. Die Experimente sind sowohl in ihrer Methode wie in ihren Ergebnissen grundlegend geworden und haben eine wahrhaft neuartige Sehweise für die Probleme der Grundgestaltbildung geschaffen. SPEMANN konnte

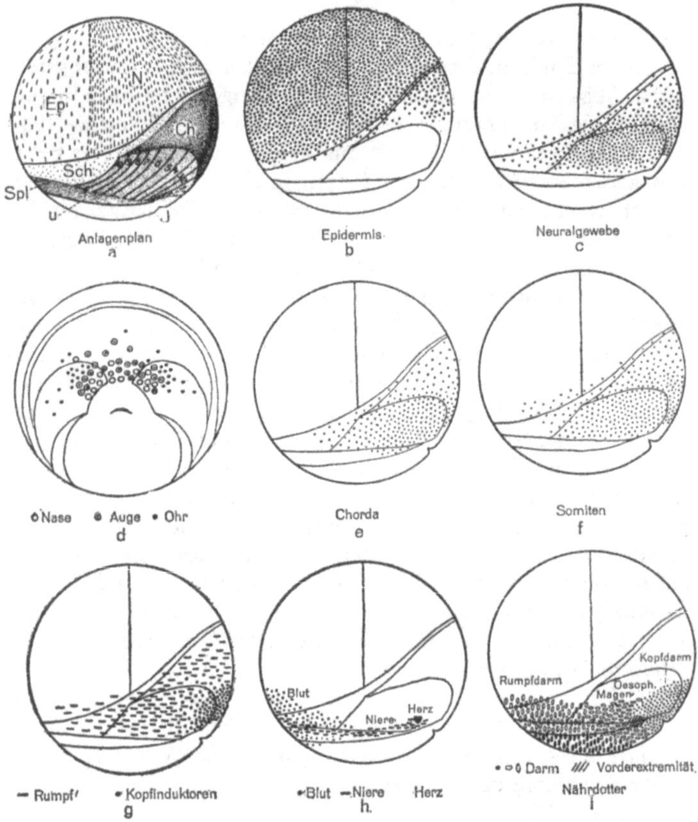

Abb. 35. *Triturus* (Molch). Anlagenplan und Pläne der Differenzierungsfähigkeiten in der früheren Gastrula (HOLTFRETER 1938, verändert)

a) Anlagenplan nach den Farbmarkierungen von VOGT. Seitenansicht. *Ch* Chorda. *Ep* Epidermis. *I* Invaginationsgrube. *N* Neuralplatte. *Sch* Schwanzknospenmaterial. *Spl* Seitenplatte, 1–10 Ursegmente. Zwischen Chorda und Neuralplattenanlage liegt nach neueren Erfahrungen ein Streifen Schwanzknospenmaterial beiderseits der als Invaginationsgrenze ausgezogenen Linie. b–i) Differenzierungsfähigkeiten nach dem Isolationsversuch. Zeichendichte entsprechend der prozentualen Häufigkeit der Differenzierungsprodukte. Umrisse zum Vergleich mit dem Anlagenplan. b) Epidermis. c) Neuralgewebe. d) Nase (Kreis), Auge (Kreis mit Punkt) und Ohrblase (Punkt). Plan von der vegetativen Eiseite. e) Chorda. f) Ursegmente. g) Kopf- und Rumpfschwanzinduktoren. h) Blut, Niere, Herz, auf die Oberfläche projiziert. i) Darm, Vorderextremität (Schrägstriche), Nährdotter (ausgefüllte Ovale), ebenfalls auf die Keimoberfläche projiziert

dartun, daß die genannten Vorgänge in der Form *abhängiger Differenzierung* ablaufen. Er ging von der Frage aus, ob in frühen Stadien die Fähigkeiten eines Keimteiles eindeutig festgelegt (determiniert) seien, ob und wann eine Bestimmung der Keimteile für ihre Aufgabe derart erfolge, daß sie diese selbstdifferenzierend durchführen können. Sein Instrument war die Transplantationspipette. Mit ihr konnte er nach Entfernung der Gallerthüllen und des Dotterhäutchens aus dem Keim Teile ausstanzen (Abb. 36 a_2) und sie an anderer Stelle einsetzen. Entnahm er das Transplantat im Stadium der beginnenden Neurula aus der Gegend der präsumptiven Augenblase und setzte es in die Bauchregion einer anderen Neurula ein (Abb. 36 a_1, b_1, a_2, b_2, Tr), so entwickelte sich dort herkunftsgemäß ein Auge (b_3, Au). Machte er jedoch im Stadium der frühen Gastrula (Abb. 36 c_1, d_1) das gleiche Experiment, wobei er ein Transplantat aus der präsumptiven Neuralplattenregion entnahm (Abb. 36 c_2, Abb. 35 a), in die präsumptive Bauchgegend eines anderen helleren Keimes einsetzte (Abb. 36 d_2), und umgekehrt, so paßten sich beide Stücke vollständig den Körperformen des Wirtskeimes an. Sie entwickelten sich ortsgemäß weiter. Im Augenblick der Transplantation besaßen sie die Fähigkeiten der Selbstdifferenzierung am fremden Ort noch nicht. Präsumptives Neuralplattenblastem vermochte sich, wie auch im Isolierungsversuch, zu Epidermis zu entwickeln (d_3), oder wie aus anderen Transplantationsexperimenten hervorging, auch zu meso- oder entoblastemalen Gebilden (S. 141 f.). Entscheidende Prozesse der Differenzierung müssen vom Stadium der frühen Gastrula mit sichelförmigem Urmund bis zur späten Gastrula mit schlitzförmigem Urmund stattgefunden haben. Aufschluß über sie ergab das nächste Experiment. Wurde in der frühen Gastrula das Transplantat unmittelbar über der oberen Urmundlippe, dem Gebiet der Anlage für Chorda und Ursegmente, entnommen (Abb. 36 $e_{1,2}$, Abb. 35 a), und der präsumptiven Bauchseite eines gleichalten Keimes implantiert (f_1, f_2), so setzte dieses Stück am fremden Ort seine eigene Gestaltungsbewegung durch, invaginierte, und das Entscheidende war: Es bildete sich in dem über dem Transplantat befindlichen Bauchektoblastem eine sekundäre Neuralplatte (Abb. 36 f_3).

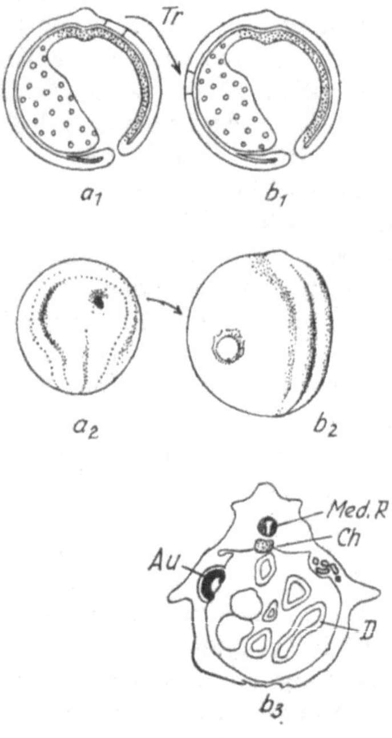

Abb. 36. *Amphibien*. Transplantationsversuche zur Feststellung der Bildungsfähigkeiten verschiedener Keimbereiche. Induktionswirkung des Organisationszentrums (nach SPEMANN 1918)

a), b) *Bombina* (Unke). Transplantation präsumptiver Neuralplatte (a) der späten Gastrula in präsumptive Bauchepidermis (b). a_1), b_1) Schema. Gastrulalängsschnitte. a_2), b_2) Operation, Aufsicht. b_3) Ergebnis. Querschnitt durch Kaulquappe, welche aus b_2) entstanden ist. *Au* Augenbecher, aus Transplantat herkunftsgemäß selbstdifferenzierend. c), d) *Triturus* (Molch). Austausch präsumptiver Neuralplatte (c) gegen präsumptive Epidermis (d) der frühen Gastrula. c_1), d_1) Schema. Längsschnitte. c_2), d_2) Operation. Aufsicht auf den dunklen Keim von der Dorsalseite, auf den hellen von der Ventralseite. c_3), d_3) Ergebnis im Neurulastadium. Entwicklung der Transplantate ortsgemäß. c_3) Helles Stück präsumptiver Epidermis in Neuralplatte. d_3) Pigmentierte präs.Neuralplatte in Bauchepidermis. e), f) Transplantation präsumptiven Urdarmdachs aus der Gegend der oberen Urmundlippe (e) in präsumptive Epidermis (f). e_1), f_1) Schema. e_2), f_2) Operation. Keimansichten c_2, d_2 entsprechend. f_3) Ergebnis in der Neurula. Nach herkunftsgemäßer Einstülpung ins Keiminnere von dort aus Induktion einer sekundären Neuralplatte *Au* Auge. *Ch* Chorda. *D* Darm. *Med.* R Neuralrohr. *prim.Mpl, sek.Mpl* primäre und sekundäre Neuralplatte. *Tr* Transplantat

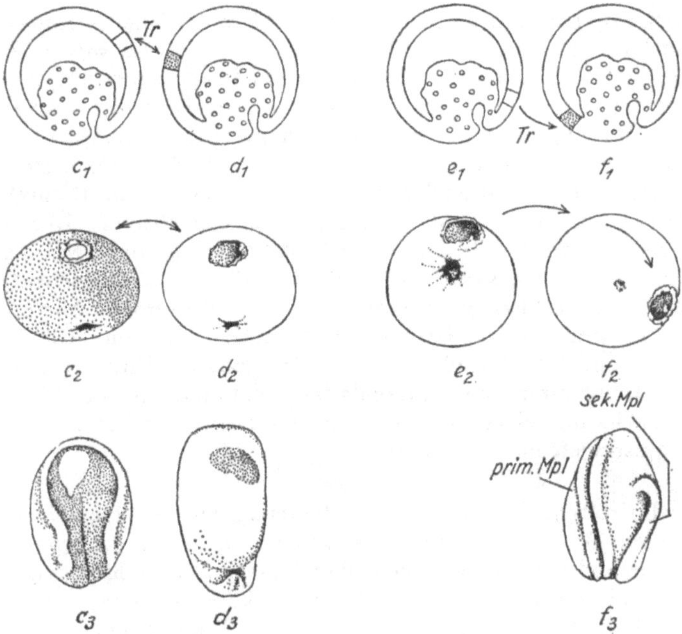

Indem das Transplantat sich selbst herkunftsgemäß in Chorda und Ursegmente differenzierte, gab es durch Induktion im Ektoblastem den Anlaß zur Bildung von Neuralplatte. Dieser Induktionsreiz hatte den Explantaten des Anlagengebietes der präsumptiven Neuralplatte gefehlt (Abb. 35 b), aber in Fragmenten der Chorda-Mesoblastem-Anlage konnte Neuralblastem gebildet werden, weil hier regulativ entstandenes Ektoblastem sofort unter induktorischem Einfluß in Neuralblastem verwandelt wurde (Abb. 35 c).

Spemann bezeichnete ein Stück oberer Urmundlippe als **Organisator** und das ganze Gebiet präsumptiven Urdarmdachs als **Organisationszentrum,** weil von hier aus die gesamten Reaktionen eingeleitet werden, welche Ektoblastem veranlassen, mit der Bildung der Neuralplatte auch alle weiteren Entwicklungsschritte zur Ausgestaltung eines vollständigen Wirbeltierachsensystems auszuführen. Um den Ablauf der Organisierungsreaktionen aufzuzeigen, ist es wesentlich, die *Eigenschaften* des präsumptiven Urdarmdachs als Sitz *des Organisators* und diejenigen des Ektoblastems als *des Reaktionsblastems,* welches die Wirkung des Organisators aufnimmt, gegeneinander abzugrenzen. Dabei muß der umfassende Begriff des Organisators mehr im einzelnen analysiert werden. Dreierlei Auswirkungen lassen sich unterscheiden: Das *Organisationszentrum* ist 1.) Sitz von besonderen *Fähigkeiten zur Gestaltungsbewegung.* Mit der Einrollung stellt sich 2.) die *Fähigkeit für eine organisierende Selbstdifferenzierung im Urdarmdach* ein (Selbstorganisierung und assimilatorische bzw. komplementäre Induktion). Gleichzeitig bildet die Einrollung durch Einleitung der Unterlagerung des Ektoblastems mit Urdarmdach die Voraussetzung für 3.) die Auswirkung seiner *Fähigkeiten zur Induktion von Neuralplatte* (konstituierende Induktion).

Im folgenden wird zunächst die letztgenannte dieser Fähigkeiten (3), die **konstituierende Induktion,** besprochen, wobei insbesondere die Experimente über die Natur des Induktors und über die Entwicklungszustände des Reaktionsblastems, zu dem der Induktor in Beziehung tritt, ferner die Untersuchungen über die Eigenschaften des übergeordneten, beide blastematischen Faktorenbereiche umfassenden embryonalen Systems Berücksichtigung finden. Als „konstituierend" wird im folgenden dieser Induktionsvorgang zur Unterscheidung von anderen Induktionsprozessen deshalb bezeichnet, weil das induzierende Blastem, das Urdarmdach, durch Reaktionen mit dem überlagernden, ganz anders gearteten, auch keimblattfremden Blastem, dem Ektoblastem, dieses zur Bildung von Neuralplatte lediglich in Stand setzt, ohne sich selbst mit seinem Zellmaterial an dieser Formbildung zu beteiligen. Im Anschluß an die konstituierende Induktion sollen die Untersuchungen über die *organisierende Selbstdifferenzierung des Urdarmdachs* (2), seine assimilatorischen bzw. komplementären Induktionsbefähigungen, und solche über die Bedeutung seiner eigenen Aufgliederung für die konstituierenden Induktionsprozesse zur Darstellung kommen. Schließlich wird klar gelegt werden, wie sich für die Organisierung der Körpergrundgestalt die Tatsache auswirkt, daß *die induzierenden und die reagierenden Faktorenbereiche dem Bewegungssystem des ganzen Keimes* eingeordnet sind (1). Erst nach allen diesen analytischen Betrachtungen läßt sich die Stellung des Organisators im Keimganzen beurteilen.

Konstituierende Induktion. Die *Zeitspanne der Wirksamkeit des Induktors umfaßt mehrere Differenzierungsschritte des ihn beherbergenden Blastems* (MANGOLD, BAUTZMANN). So kann genau so gut präsumptives Urdarmdach aus der frühen Gastrula (Abb. 37a, e), das unterlagernde Urdarmdach der mittleren (b, f) oder späteren Gastrula (c, g), oder Chorda und Mesoblastem aus der Neurula (d, h) oder aus späteren Stadien in die frühe Gastrula eingeführt (i) eine sekundäre Neuralplatte (k) induzieren. Aber die *Aufnahmefähigkeit (Kompetenz) des Reaktionsblastems* für den induzierenden Reiz ist zeitlich durch die dauernde Änderung seines Differenzierungszustandes *begrenzt* (MACHEMER): Die Blastulawand (Abb. 37m) ist noch nicht fähig, den Induktionsreiz der implantierten induzierungsbereiten oberen Urmundlippe aufzunehmen. Sie bringt auch bei früher Organisatorimplantation sekundäre Neuralplatte erst von dem Stadium an hervor, in welchem die primäre erscheint. Andererseits erweist sich die Epidermis der späten Gastrula nicht mehr als induzierbar (p, q). Sekundäre Induktionsprodukte stellen nicht mehr, wie in der frühen und mittleren Gastrula (Abb. 37 n, l, o, r), der Mehrzahl nach Neuralplatten, sondern nur noch Verdickungen der Epidermis dar (p, s), bis schließlich die ventrale Epidermis der Neurula nicht mehr auf den eingepflanzten Induktor anspricht (q, t). Das *Reaktionsblastem hat eine deutlich abgegrenzte sensible Periode,* in der der Induktionsreiz des Organisators zur Bildung der Neuralplatte nötig ist. Auffallend gut stimmt die Zeitspanne der sensiblen Periode mit Veränderungsmöglichkeiten des gesamten Keimektoblastems überein. Dieses Keimblatt, das sich ja im Explantat allein epidermal verhält (S. 135), ist während dieser Zeit nach allen geprüften Richtungen hin anpassungsfähig: In eine frühe Gastrula eingepflanzt vermag es der Form nach an der Bildung von mesoblastemalen Teilen wie Chorda, Ursegmenten,

Abb. 37. *Triturus* (Molch). Transplantationsversuche zum Nachweis der überdauernden Induktionsbefähigung des Organisators (a–k) und der sensiblen Periode des Ektoblastems für die Aufnahme des Induktionsreizes (l–n) (zusammengestellt unter Benutzung der Versuche von SPEMANN, MANGOLD sowie BAUTZMANN 1929 und MACHEMER 1932)

a–d) Operationsstadien. e–h) Schematische Querschnitte dazu nebst Entnahmeorten für den Organisator. e) aus früher, f) aus mittlerer, g) aus später Gastrula, h) aus der Chorda der Neurula. i) Einsteckversuch nach der Methode von MANGOLD. k) Allgemeines Ergebnis: Sekundäre Neuralplatte. l) Entnahmeort des Organisators und Transplantation in m) Blastula sowie n–q). Stadien entsprechend a–d). r) In-

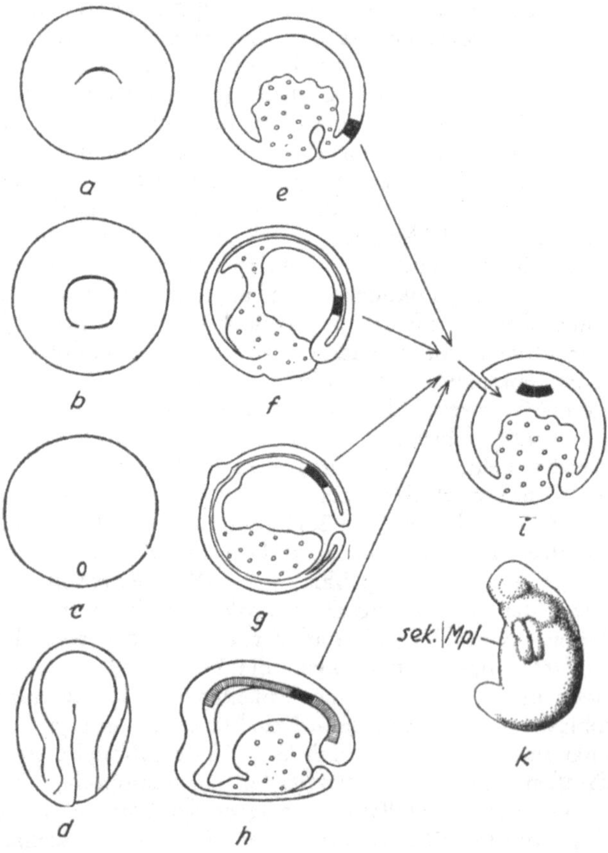

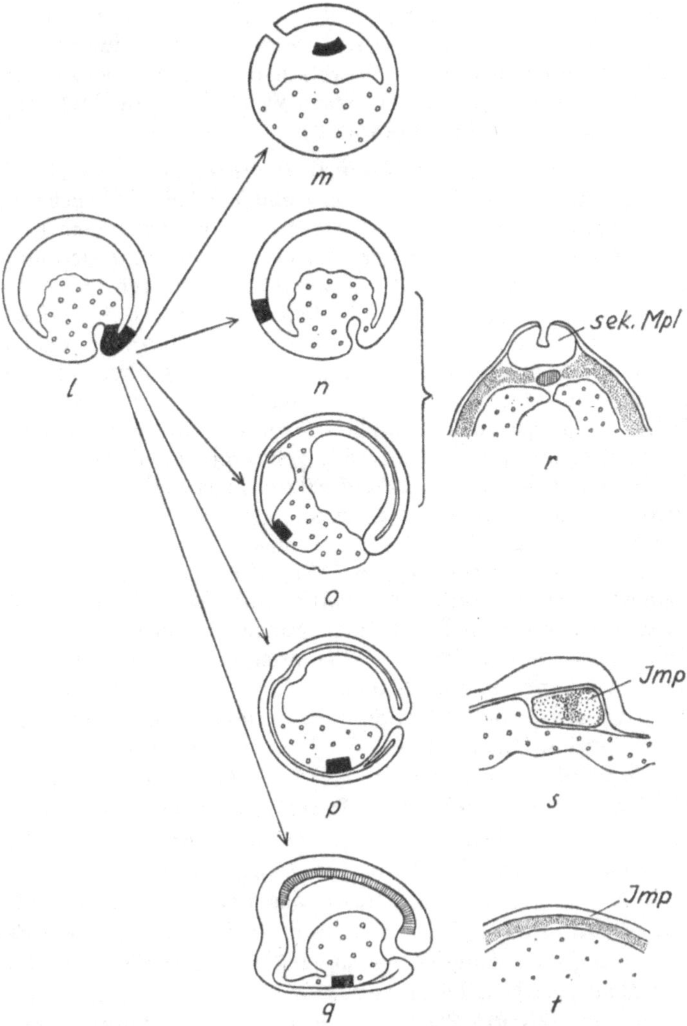

duktionsergebnis aus n–o): Neurale Bildung. s) Ergebnis aus p): Epidermisähnliche Induktionsleistung. t) Ergebnis aus q): Epidermis, keine Induktion
Imp Implantat. *Sek.Mpl* Sekundäre Neuralplatte

Vornierenwulst, Seitenplatte und von entoblastemaler Darmwand teilzunehmen. Auch diese allgemeine Verwendungsfähigkeit der Blasteme ist in der Neurula nach der Abgliederung der Neuralplatte aus dem Ektoblastem, wenn dieses zu Epidermis geworden ist, erloschen (MANGOLD).

Die *Artspezifität des Reaktionsblastems im Gegensatz zu der weniger spezifischen Wirkung des Induktors* läßt sich auch aus Transplantationsversuchen mit art- bis ordnungsfremdem Material erkennen. Sie geben über die Lokalisation und Herkunft der Entwicklungsfaktoren für gewebliche Leistungen innerhalb der Formbildung Aufschluß. Der Induktor von *Triturus cristatus* (Abb. 38 c_1) vermag im Keim von *Triturus vulgaris* (Abb. 38 d_1), in dem später deutlich am histologischen Bild die artfremden Chorda- und Ursegmentanteile zu erkennen sind (Abb. 38 d_4, *crist*), eine sekundäre Medullarplatte zu induzieren (Abb. 38 d_2 links, d_3). Auch entfaltet ein Froschinduktor in einer Molchlarve volle Wirkung. Das Reaktionsblastem kann aus art-, gattungs- oder ordnungsfremdem Material aufgebaut sein. Wird der Versuch Abb. 36 c, d heteroplastisch, zwischen dem kleineren Ei von *Triturus vulgaris* (Abb. 38 a) und dem größeren pigmentlosen von *Triturus cristatus* (Abb. 38 b) durchgeführt, so entwickelt sich in den Transplantaten die *allgemeine Form* unter dem *Einfluß des Induktors* ortsgemäß; artfremde präsumptive Epidermis paßt sich der Gehirnwand an (Abb. 38 $a_{2,3}$, Med.R), artfremde präsumptive Neuralplatte der Haut- und Kiemenregion (Abb. 38 b_2–b_4, K). Aber deutlich bleiben die *speziellen Formbildungstendenzen und die histologischen Eigentümlichkeiten der Herkunft des Reaktionsblastems* entsprechend (a_3, Tr): Die Gehirnwand weist die *cristatus*-Stärke auf. Die Zellen sind größer, das Plasma ohne Pigment, die Dotterplättchen klein. Wie an den Kiemen aus *vulgaris*-Implantat auf Abb. 38 b_3, b_4 (K.W, K.Tr) abgelesen werden kann, richtet sich auch die *Entwicklungsgeschwindigkeit* nach der Herkunft des Reaktionsmaterials. Die *vulgaris*-Blasteme eilen im *cristatus*-Keim den *cristatus*-Blastemen in der Formbildung voraus. „Daß" eine Formbildung eingeleitet werden soll, bestimmt der Induktor. „Was" entsteht, richtet sich nach der Konstitution

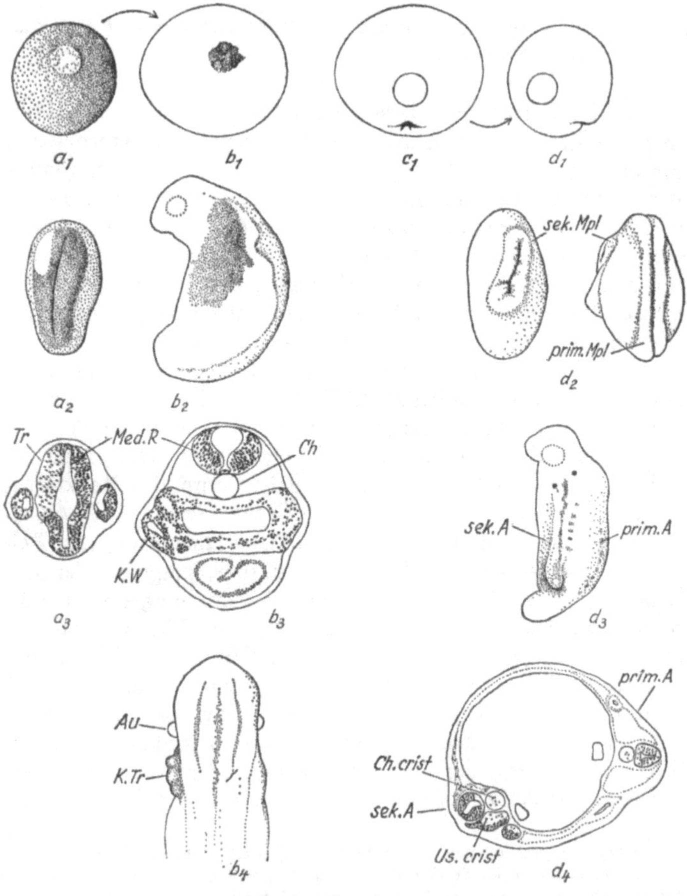

Abb. 38. *Triturus* (Molch). Heteroplastische Transplantationsversuche in der frühen Gastrula zur Entscheidung der Frage nach dem Anteil von Organisator und Reaktionsblastem an der Form- und Strukturgestaltung des Embryo (nach SPEMANN 1921, sowie SPEMANN und HILDE MANGOLD 1924)

a_1) *Vulgaris*-Gastrula mit einem Stück präsumptiver *cristatus*-Epidermis. b_1) *Cristatus*-Gastrula mit einem Stück präsumptiver *vulgaris*-Neuralplatte. a_2), b_2) Ergebnis: Ortsgemäße Entwicklung. a_3) Querschnitt durch das geschlossene Medullarrohr von *vulgaris* mit formgemäß eingepaßtem, aber histologisch unterscheidbarem Transplantat. b_3) Querschnitt durch späteres Stadium (b_4) des *cristatus*-Embryo. *Vulgaris*-Transplantat in Kiemengegend (links) eingepaßt, aber durch dichtere

und der Lage von Induktor und Reaktionssystem im Keim, das „Wie" hängt vom *Reaktionsblastem* ab.

Kombinationen von verschiedenen Geweben mit Induktoren im Explantat, bei denen man im allgemeinen Induktorblastem mit einer kleinen Hülle von Reaktionsblastem umgibt (Sandwich- oder Mantelexperiment, Abb. 41 b, HOLTFRETER), lassen bestimmte *strukturelle Voraussetzungen für die Wirkungen des Induktors auf das Reaktionsblastem* erkennen, die abgesehen von dem Induktionsvorgang auch die Erfolgsreaktionen fördern. Ein Blastem ohne Oberflächenhaut zu induzieren, gelingt nicht. Ebensowenig kann eine Induktion sich auswirken, wenn das Reaktionsblastem mit der hyalinen Oberflächenhaut dem Induktor anliegt. Die unbehäutete Seite muß sich ihm zuwenden. Ein fester Kontakt der Schichten und ein bestimmter Permeabilitätszustand der unbehäuteten Zellseiten erleichtern die Induktion sehr. Weiterhin ist es günstig, wenn das Reaktionsgewebe eine gewisse Lockerung aufweist. Seine Adsorptionseigenschaften lösen eine flaschenförmige Verlängerung der Zellen aus. Sie ist wie für die Einrollungsbewegung bei der Gastrulation (S. 132), so auch für die Einkrümmung der Neuralplatte zum Rohr wesentlich. Die Zellen des Ektoblastems besitzen nicht von Anfang an die Fähigkeit, eine solche Formveränderung durchzuführen, sondern gewinnen sie vermutlich einerseits durch Vorgänge, welche in ihrem eigenen Entwicklungsgang zu ihrer sensiblen Periode führen, andererseits durch ihre Reaktion mit dem Induktor. Präsumptives Neuralplattenblastem, vor der Unterlagerung isoliert, krümmt wie präsump-

Kerngruppierung und herkunftsgemäße Entwicklungsgeschwindigkeit erkennbar (K. W). c_1), d_1) Entnahme eines Stückes der oberen Urmundlippe von *cristatus* (c_1) und Einpflanzung in präsumptive Epidermis von *vulgaris* (d_1). d_2) Induktion einer sekundären Neuralplatte. Links Aufsicht, rechts Seitenansicht und Aufsicht auf primäre Neuralplatte. d_3) Weitere Entwicklung zum sekundären Achsensystem mit Hörblasen am Vorderende und Ursegmenten und Schwänzchen. d_4) Querschnitt durch d_3). Die Chorda der induzierten Embryonalanlage ist vom Implantat gebildet. Neuralrohr und Ursegmente sind aus Implantat und Wirtsgewebe zusammengesetzt

Au Auge. *Ch* Chorda. *Med.* R. Neuralrohr. *prim.A, sek.A* primäres und sekundäres Achsensystem. *K.Tr* Kiemen des Transplantats. *K.W* Kiemenwulst. *sek.Mpl* sekundäre Neuralplatte. *Tr* Transplantat. *Us.crist* Ursegment, *cristatus*-Teil

tive Epidermis der Gastrula oder wie Epidermis der Neurula die Seiten nach innen, wird, vom Keiminneren aus gesehen, konkav, seinen ektoblastemalen Spannungszustand anzeigend. Dieses Verhalten ändert sich auch dann nicht, wenn der Induktionsreiz länger ferngehalten wird. Sobald jedoch Randwülste nach einer Induktion die Neuralplatte gegen die Epidermis abgrenzen, beginnen explantierte Fragmente dieser Platte sich zunehmend, von außen her gesehen, konkav zu wölben. Eine ältere Neuralplatte vermag sich autonom zum Neuralrohr einzustülpen.

Wenn ein fester Kontakt von Induktions- und Reaktionsblastem, wie er durch die positive Affinität gewährleistet ist, den Induktionsvorgang fördert, so ist zu erwarten, daß stofflichen Reaktionen und physiko-chemischen Strukturbildungen ein großer Anteil an diesem zukommt. Mit einer gemeinsamen Veröffentlichung haben SPEMANN, HOLTFRETER, BAUTZMANN und MANGOLD die große Anzahl der Untersuchungen über die *substanzwechselphysiologische Analyse des Induktionsvorganges* eingeleitet. Transplantate oberer Urmundlippe konnten vor der Implantation (wie in Abb. 37 i, k) gekocht, gefroren, getrocknet, zerquetscht, mit Alkohol, Xylol und nachträglich mit Paraffin durchtränkt sein und induzierten dennoch. Der rein mechanische Reiz völlig unspezifischer Stoffe wie Wachs, Agar, Gelatine, Weizenmehl, Kartoffelstärke genügt nicht, um eine Induktion hervorzurufen. Ektoblastem- und Entoblastemstücke der Gastrula, die ja normalerweise nicht zur Induktion fähig sind, ließen sich somit durch Denaturieren, wodurch die besonderen Permeabilitätsverhältnisse der lebenden Zellwände zerstört werden, zum Induktor machen. Danach sind die induzierenden Agentien zwar in allen Keimschichten enthalten, aber im Ekto- und Entoblastem in inaktiver Form, sei es, daß sie entweder durch die lebenden Zellwände nicht diffundieren können, oder daß sie in physikalisch maskierter oder chemisch gebundener Form vorhanden sind. Nur nach Abtötung der Zellen werden sie frei.

Die Allgegenwart von Induktionsstoffen erschien besonders durch „*heterogene Induktoren*" aufzeigbar, d. h. durch Induktoren aus nicht dem Wirtstier entsprechenden Spendern. Lebende

Gewebe fast jedweder tierischen Organe, insbesondere der Wirbeltierleber, von Nieren, Nebennieren, Thymus, Herz und Skeletmuskulatur vermögen Induktionen hervorzurufen, und zwar in jeder Form, ob man Proben von ihnen frisch oder getrocknet, oder nach Erhitzung in eine Blastula einpflanzt. Ebenso induzieren zellfreie koagulierte Homogenate von Amphibien- und Hühnerembryonen oder etwa von *Daphnia pulex,* wenn man sie, in Agar oder Eialbumin eingeschlossen, in das Blastozöl einer Amphibien-Blastula einführt. Auch in diesen Fällen darf man nicht daran denken, einen Induktor unmittelbar zur Wirkung gebracht zu haben. Es bleibt zu überlegen, ob die im heterogenen Induktor wirksamen Substanzen nicht erst durch das Enzymsystem der lebenden Blastula aktiviert werden. Es ist auch möglich, daß die heterogenen Induktoren lediglich toxisch wirken und, indem sie eine Zytolyse der Blastulazellen einleiten, die Induktionsstoffe in den lebenden Blastulazellen freimachen (*Relais-* bzw. *Vorspann-Mechanismus,* HOLTFRETER). Nach allem erscheint es als im Prinzip unmöglich, unmittelbare Sicherheit zu erlangen, ob die eine oder andere der implantierten heterogenen Substanzen mit dem induzierenden Agens des lebenden Urdarmdaches identisch ist. Man wird nachdrücklich auf einen durch Zytolyse ermöglichten Prozeß der „*Autoinduktion*" verwiesen.

HOLTFRETER gebührt das große Verdienst, über diesen Prozeß klare Aussagen gemacht zu haben. Nachdem durch BARTH gefunden war, daß bei *Amblystoma punctatum* in der Kulturlösung isolierte Ektoblastemstücke ohne Induktor neurale Strukturen auszubilden vermögen, konnte HOLTFRETER die Bedingungen für dieses nach SPEMANNS Befunden niemals zu erwartende Ergebnisse herausstellen. Gegen die benutzte Standard-Kulturlösung sind die Zellen des von SPEMANN und Nachfolgern benutzten *Triturus* nicht so empfindlich wie diejenigen von *Amblystoma.* In der normalen Standardlösung (pH 8) lockert sich das *Amblystoma*-Ektoblastem-Explantat auf (soweit die Ektoblastemzellen nicht von einer Oberflächenhaut [coat] bedeckt sind, wie in Abb. 34b). Diese Auflockerung genügt, um einen „*Zustand subletaler Zytolyse*" hervorzurufen und in 65 % der Fälle neurale Autoinduktion einzuleiten. Erst bei einem auf 4,5 erniedrigten pH wird das Ektoblastem von *Amblystoma* so gefestigt, daß es lediglich Epidermis hervorbringt. Ebenso geschieht dies bei Zugabe von Glukose, Saccharose oder Histonen zur Kulturlösung.

Triturus dagegen verhält sich ganz anders. Das Ektoblastem seiner Keime ist normaler und adnormaler Kulturlösung (pH 5–9,2) gegenüber unempfindlich. Es bildet stets Epidermis (Abb. 35 b). Allein bei einer Schockwirkung mit Lösungen von tieferem und höherem pH-Wert (5 und 9,2) schreitet das Ektoblastem zur Neuralisation. Kurzer Schock mit anorganischen Säuren, Alkali, 10 %igem Alkohol, Aqua dest. oder Ca^{++}-freier Kulturlösung (vgl. I, Abb. 41) bewirkt dasselbe. Durch solche Behandlung wird die Zellpermeabilität erhöht, die Schwellung gefördert. Bei längerer Anwendung beginnt das Blastem sich aufzulockern. Die Zellen gehen subletaler Zytolyse entgegen, welche die Autoinduktion zu Neuralmaterial fördert.

Allgemein läßt sich sagen: Je näher die Ektoblastemzellen an den Rand des Todes gebracht werden, um so aussprochener werden sie neural. Hiermit erscheint der *Schwerpunkt der Umwandlung von Ektoblastem zu Neuralplatte auf Prozesse im Reaktionssystem verlagert* zu sein. Die Induktion wäre eine Anregung einfachster Art, wie in diesen Fällen Zufügung einschlägiger Substanzen bzw. Verschiebung des pH-Wertes im umgebenden Medium. – Weiterführende substanzwechselphysiologische Untersuchungen zum Induktionsproblem können erst nach formwechselphysiologischen Experimenten zur regionalen Spezifität der Induktoren (S. 154 ff.) gebracht werden. Lediglich seien vorher noch einige Daten über den *Stoffwechselablauf in der Gastrula* gegeben.

Bisher lassen sich in dieser Hinsicht nur Vermutungen äußern. Wie durch mikromanometrische Atmungsmessungen (Brachet, Fischer und Hartwig, Boell, Needham) festgestellt wurde, ist der respiratorische Quotient in Blastulateilen 0,65, dagegen in der oberen, später auch in der unteren Urmundlippe = 1. Dies weist auf einen Kohlenhydratstoffwechsel der oberen Urmundlippe hin. Tatsächlich findet nach den Glykogenbestimmungen (Woerdemann, Heatley, Lindahl) während der Invagination dort ein erhöhter Glykogenabbau statt. Er kann verhindert werden, wenn Material der oberen Urmundlippe unter Umgehung der Invagination im Einsteckversuch (Abb. 37 i) induziert. So liefert der Glykogenabbau, der sowohl auf aerobem wie auf anaerobem Wege erfolgen kann, wohl lediglich die Energie für die Gestaltungsbewegungen. Da die später zu besprechenden Induktionsstoffe (S. 160 ff.) wesentlich Proteincharakter besitzen, vor allem aber im Reaktionssystem für den Beginn der Neurulation Differenzierung von besonderen bewegungsfördernden Zellen nötig ist, deren lange Fortsätze sich nach den Ergebnissen der Polarisationsanalyse auch als fibrillär erweisen, so wird man erwarten dürfen, daß für die Induktion dem Eiweißaufbaustoffwechsel entscheidende Bedeutung zukommt.

Für die Aufklärung der Reaktionen, die bei der konstituierenden Induktion zwischen dem Urdarmdach als Induktionssystem und dem darüberliegenden Ektoblastem als Reaktionssystem ablaufen, sind Untersuchungen über die **Vorgänge der Selbstgliederung und der assimilatorischen bzw. komplementären Induktionen innerhalb des Urdarmdaches** (2) besonders aufschlußreich.

Während der Invagination vollzieht sich zunächst eine *Quergliederung des Urdarmdachs,* indem die dorsal am meisten konvergierenden Zellen Chorda bilden, die seitlich anschließenden Mesoblastem. Stets findet man nun die Medullarrinne als den mittleren Teil der induzierten Neuralplatte auch unmittelbar über der Chorda. Verpflanzt man eine Neuralplatte nach der Bildung der Neuralrinne ohne die Unterlagerung (F. E. LEHMANN), so verschwindet die Rinne. Sie kann sich ohne Chorda nicht ausbilden. Ändert man die normale Quergliederung durch Einpflanzung nur e i n e r Längshälfte präsumptiven Urdarmdachs in die untere Urmundlippe eines anderen *Triturus*-Keimes ab (B. MAYER), so vermag sich, falls das Implantat dem Urmund einer frühen Gastrula entstammt, das Material während der Einrollung vollständig zu regulieren. Die Chorda entsteht dann nicht herkunftsgemäß seitlich im Urdarmdach, sondern ortsgemäß median (Abb. 39 a_3 des sekundären Achsensystems).

Außerdem kann das Urdarmdach, wohl schon während der Einrollung beginnend, sich in komplementärer Induktion (S. 153) aus dem Wirtsmesoblastem Teile angliedern (Abb. 39 a_3, vgl. auch Abb. 38 d_4). Liegt die Chorda eines Implantats asymmetrisch, so wird auch die induzierte sekundäre Neuralplatte asymmetrisch. Bildet die Chorda sich dagegen in der Mediane, wie in Abb. 39 a_3, so induziert das Urdarmdach auch eine ungefähr symmetrische sekundäre Neuralplatte (Abb. 39 a_2). – Halbseitige Urdarmdachimplantate aus der mittleren Gastrula (großer Dotterpfropf) regulieren nicht mehr. Die Chorda bleibt weitgehend asymmetrisch liegen (Abb. 39 b_3). Obwohl sich die eine Mesoblastemseite aus dem Wirtsmesoblastem harmonisch ergänzt, richtet sich das Induktionsergebnis nach der Lage der Chorda im ursprünglichen Implantat. Die Neuralplatte ist das Abbild dieser rechtseitigen Urdarmdachhälfte (Abb. 39 b_2). Das komplementär angegliederte Mesoblastem hat sich nicht mehr an der Induktion beteiligt, oder sein Induktionsreiz traf das Ektoblastem zu spät. – Transplantate späterer Stadien zeigen durchschnittlich eine noch entschiedener herkunftsgemäße Asymmetrie von Urdarmdach und entsprechend von induzierter Neuralplatte (Abb. 39 c_1–c_3). *Das Urdarmdach vermag sich demnach autonom querzugliedern, und über eine einfache Anregung hinaus* ist das *präsumptive Neuralplattenektoblastem auch weiterhin insofern zu beeinflussen, als die Quergliederung des Urdarmdachs die allgemeine Quergliederung der Neuralplatte bestimmt.* Da sich die Quergliederung des Urdarmdachs während der Einrollungsbewegung bildet und sich in diesem Bewegungsprozeß regulieren kann, ist sie harmonisch dem Keimganzen eingefügt. Dadurch, daß die Lage der Neuralrinne mit dem Ort der Differenzierung der Chorda zusammenhängt und die Stärke der Wulstbildung durch die Menge des unmittelbar begleitenden Mesoblastemmaterials bedingt ist, passen die verschiedenen dorsalen Teile des Achsensystems unmittelbar zusammen. Nach der ventralen Seite hin wird die Richtung der Aufrollung des Darmbodens für die Bildung des Darmlumens ebenfalls durch die Lage der Chorda beeinflußt. *Die allgemeine Quergliederung des Entoblastems folgt derjenigen des Urdarmdachs.*

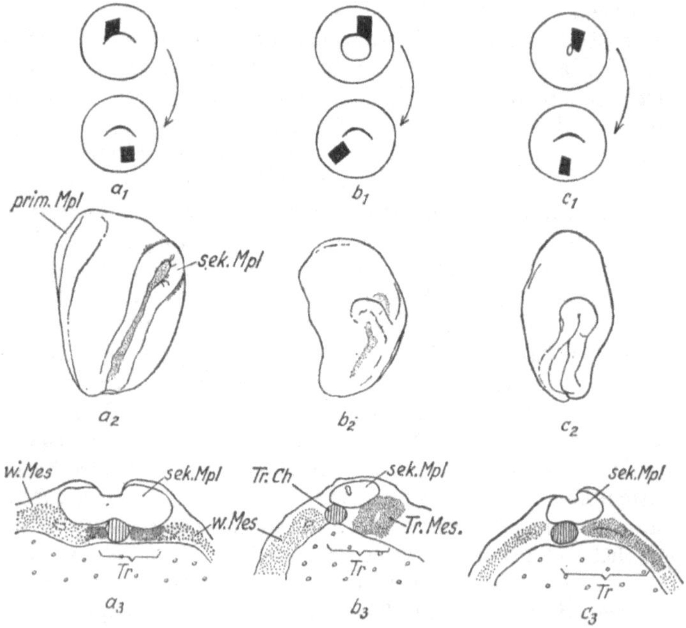

Abb. 39. *Triturus* (Molch). Transplantation halbseitiger oberer Urmundlippen aus verschieden alten Gastrulae in die ventrale Urmundlippe früher Gastrulae (zusammengestellt nach MAYER 1935)

a) Frühe Gastrula. a_1) Operationsschema. a_2) Induktionsergebnis: Normal lange fast symmetrische sekundäre Neuralplatte. Implantat (punktiert) schimmert durch die Oberflächenschicht. a_3) Querschnitt durch das sekundäre Achsensystem: Implantat (dunkel) liegt symmetrisch gegliedert im sekundären Chorda-Mesoblastem. b) Mittlere Gastrula. b_1) Operationsschema. b_2) Induktionsergebnis: Kurze sekundäre rechtsseitige Neuralplatte. b_3) Querschnitt durch sekundäre Neuralplatte: Rechte Halbseite. Links angegliedertes Ursegment aus Wirtsmesoblastem. c) Späte Gastrula. c_1) Operationsschema. c_2) Induktionsergebnis: Kurze asymmetrische sekundäre Medullarplatte. c_3) Querschnitt wie b_3)

Ch Chorda. *Mes* Mesoblastem. *Mpl* Neuralplatte. *prim* primär. *sek* sekundär. *Tr* transplantiertes Material. W Wirtsmaterial

Trotz dieser klaren Abhängigkeit der Neuralplatte in ihrer allgemeinen Quergliederung vom Urdarmdach dürfen einige Hinweise nicht übersehen werden, die auch *innerhalb des Reaktionssystems Faktoren für die spezielle Quergliederung der Neuralplatte* vermuten lassen. Die seitlichen Grenzen der Neuralplatte stehen zu denen von Chorda und Ursegmenten nicht in Beziehung. Induktionsversuche mit heterogenen Induktoren (S. 147) ergeben oft Gehirnbildungen von hoch organisierter bilateral-symmetrischer Struktur, ganz abgesehen davon, daß ja auch durch die Gestaltungsbewegungen während der Gastrulation normalerweise eine solche Struktur für die Dorsalseite jedes Keimes vorgebildet werden kann (Abb. 32 c_1–c_4).

In den Experimenten der Abb. 39 wurde beobachtet, wie sich während des Ablaufs der Invagination das vorhandene implantierte Material nicht nur harmonisch in Chorda und Mesoblastem aufteilt, sondern auch fähig ist, zur Ergänzung fremdes, ursprünglich nicht zugehöriges Material heranzuziehen und in die eigene Gliederung mit einzubegreifen. Diese Fähigkeit bezeichnet man als *assimilatorische* bzw. *komplementäre Induktion* (SPEMANN, MANGOLD und SEIDEL, LEHMANN). Assimilatorisch ist der Prozeß insofern, als ein einheitliches Blastem das Material zur Erweiterung der eigenen Bildung sich angleichen kann; komplementär wird er dann, wenn eine komplexe Bildung, wie das Chorda-Mesoblastemdach, sich durch Angliederung von Wirtsmaterial organisatorisch vervollständigt. Diese assimilatorische Induktion erfolgt wie andere Induktionsarten in engstem Blastemkontakt. Durch sie vermag außer der *Fähigkeit zu bestimmter Differenzierungsleistung* auch die Fähigkeit *zur selbständigen Durchführung von Gestaltungsbewegungen* und sogar *zur Induktion von Neuralplatte übertragen* werden: Ein Stück präsumptiver Epidermis kann nach 24-stündigem Aufenthalt im äußeren Blatt der dorsalen Urmundlippe an einer indifferenten Seite eines anderen Keimes invaginieren (RAVEN). Pflanzt man ein Stückchen präsumptiver Epidermis der beginnenden Gastrula nach Vitalfärbung in den Bezirk des präsumptiven Urdarmdachs ein, und entnimmt es nach der Einrollung dem Innern der Gastrula wieder, so hat es die Fähigkeit gewonnen, in einem weiteren Keim Neuralplatte zu induzieren (SPEMANN und GEINITZ). Diese Versuche legen es nahe, auch bei der assimilatorischen und komplementären Induktion an eine Übertragung der Fähigkeiten auf dem Wege stofflicher Reaktionen zu denken.

Die *Differenzierung des Urdarmdachs in der Längsrichtung* geht wie die in der Querrichtung mit einer Gliederung seiner Induktionsfähigkeiten in dieser Richtung einher. Die Chorda mit den Muskelsegmenten erstreckt sich nur bis in den Bereich des späteren Mittelhirns, während das spätere Zwischen- und Vorderhirn von dem Gewebe der sog. prächordalen Platte (Abb. 32 d_4, b_5, p.Pl) unterlagert wird. Die Neuralplatte besitzt ebenfalls eine gegliederte Form. Sie ist im Hirnabschnitt breiter, im Rumpfabschnitt schmaler. Vorn vermag sie sich in die Hirnabschnitte zu gliedern und Sinnesorgane, insbesondere die Augenblasen, hervorzubringen, während sie im Rumpfabschnitt stärkere Streckungstendenz aufweist und sich durch Flossensaum- und Schwänzchenbildung auszeichnet. In Transplantationsversuchen kann die Entstehung solcher Organe einen Hinweis auf die bereits der Neuralplatte durch das Urdarmdach vermittelte regionale Gliederung geben.

Entnimmt man obere Urmundlippe einmal im Stadium der Abb. 32 d_1, ein andermal im Stadium der Abb. 32 d_2, so gewinnt man im ersten Falle kopfunterlagernden, im letzten Falle rumpfunterlagernden Organisator (Abb. 40 a, d, SPEMANN). Zur Ent-

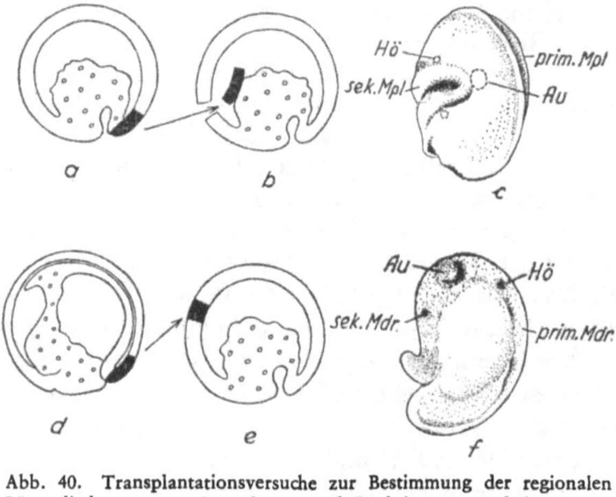

Abb. 40. Transplantationsversuche zur Bestimmung der regionalen Längsgliederung von Organisator und Reaktionssystem bei *Triturus* (zusammengestellt nach SPEMANN 1931)

scheidung, ob die regionale Gliederung der Neuralplatte allein durch das Reaktionsblastem oder auch durch den Organisator bedingt ist, muß man Rumpforganisator in Kopfgegend (Abb. 40 d, e) und Kopforganisator in Rumpfgegend verpflanzen (Abb. 40 a, b). Bei dem Neuralrohr, das der Rumpforganisator in Kopfgegend erzeugt, treten außer typischen Rumpfeigenschaften in der gleichen Ebene, in welcher der Wirt Augen- und Hörblasen (durch eigenen Organisator) bildet, diese auch beim sekundären Rohr auf (f). Für die Kennzeichnung des Organisators aber ist besonders der andere Fall bedeutsam: Unabhängig von der Ebene, in der der Wirtskeim sonst Augenblasen und Ohrbläschen entstehen läßt, bilden sich am Vorderende der vom Kopforganisator induzierten Neuralplatte eine zyklopische Augenblase (Abb. 40 c, Au) und lagegerecht zu ihr, wenn auch nach vorn besser als nach hinten, Hörbläschen (Hö). Damit sind die Bezeichnungen *Kopforganisator* und *Rumpforganisator* berechtigt. Ersterer besitzt zugleich, wie aus dem Vergleich von Abb. 40 a, c mit d, f hervorgeht, eine stärkere Einstülpungstendenz als letzterer. Auch im Explantat von präsumptiven Urdarmdach offenbart sich die regionale Gliederung, soweit die isolierten Stücke regulativ Ektoblastem bilden und auf diese Weise neurale Induktionen hervorbringen. Abb. 35 c zeigt den ganzen Bereich an, in dem dieses möglich ist. Auf Abb. 35 g sind die Orte mit typischen Gehirnbildungsfähigkeiten (Augenblasen, Nasengrübchen, Haftfaden) durch Punktierung, diejenigen mit solchen für neurale Rumpf- und Flossensaumbildungen (einschließlich Hörbläschen) gestrichelt angegeben. Nähere Einzelheiten über die Kopfinduktoren lassen sich aus Abb. 35 d ent-

a), b) Kopforganisator (obere Urmundlippe der frühen Gastrula) in Rumpfgegend verpflanzt. Operationsschema. c) Induktionsergebnis: Sekundäre Neuralplatte mit (schematisch angegeben) eigener zyklopischer Augenblase und Hörbläschen, hinter der Ebene der primären. d), e) Rumpforganisator (obere Urmundlippe der mittleren Gastrula) in Kopfgegend verpflanzt. Operationsschema. f) Induktionsergebnis: Sekundäres Neuralrohr, dessen Vorderende mit dem primären verschmolzen ist. In der Abbildungsebene gemeinsame Augenblase, auf der Gegenseite getrennte Augenblasen. Hörbläschen am Hinterhirn in Höhe derer des primären Achsensystems

Au Augenblase. *Hö* Hörbläschen. *Mdr* Neuralrohr. *Mpl* Neuralplatte. *prim* primär. *sek* sekundär

nehmen. Die Induktionsbereiche für Riechorgan und Auge decken sich mit denen für Gehirn, während sich diejenigen für das Ohrbläschen über einen größeren Bezirk zerstreuen. Genauer abgegrenzt dürfte der Kopforganisator seine Induktionsfähigkeit auf den vordersten Kopfbereich bis einschließlich zum Zwischenhirn, der Rumpforganisator auf den Bereich vom Nachhirn bis zum Rumpfende ausdehnen. Das Gebiet des Mittel- und Hinterhirns einschließlich der Ohrbläschen kann offenbar von beiden Organisatoren versorgt werden. *Zur Induktion eines vollständigen Achsensystems müssen im Transplantat je ein Teil vom Kopf- und Rumpforganisator enthalten sein.*

Mit fortschreitender Entwicklungszeit wird die Gliederung vielteiliger. So konnte MANGOLD durch Einführung von einzelnen Urdarmdachstücken der offenen Neurula in die Blastula (Abb. 32 c_4) folgende *regionalspezifische Induktoren* feststellen (Abb. 42): In den beiden vordersten Vierteln einen Induktor für Vorderkopf (Archencephalon, anatomische Bezeichnung Prosencephalon), im dritten Viertel für Hinterkopf (Deuterencephalon, anatomisch Mes- und Rhombencephalon), im letzten Viertel für Rumpfbildungen (Spinale Region) und Schwanzbildungen (Caudalregion) mit ihren neuralen und vegetalen Komponenten.

Die Frage nach der substanzwechselphysiologischen Natur der Urdarmdach-Induktoren erhielt durch diese Ergebnisse am lebenden Keim einen neuen Impuls. Gab es für Versuche in vitro Induktoren, die zwar heterogen sind, aber regionalspezifisch wirken, so war man der Frage nach der wirklichen Natur der Induktoren zunächst enthoben und konnte sich vordergründig darauf beschränken, **die unterschiedlichen Substanzcharaktere und regionalspezifischen Wirkungen heterogener Induktoren** zu kennzeichnen. Eine Erörterung darüber, ob solche Induktoren denen des Urdarmdachs gleich sind, durfte man zunächst zugunsten der Frage vernachlässigen, welche Unterschiede in induktorischen Substanzen vorhanden sein müssen, damit sie im Einsteckversuch (Abb. 37 i), dem Sandwich-Experiment (Abb. 41 b) oder während einer Explantation (Abb. 41 c) Kopf- oder Rumpf-Schwanz-Teile induzieren können.

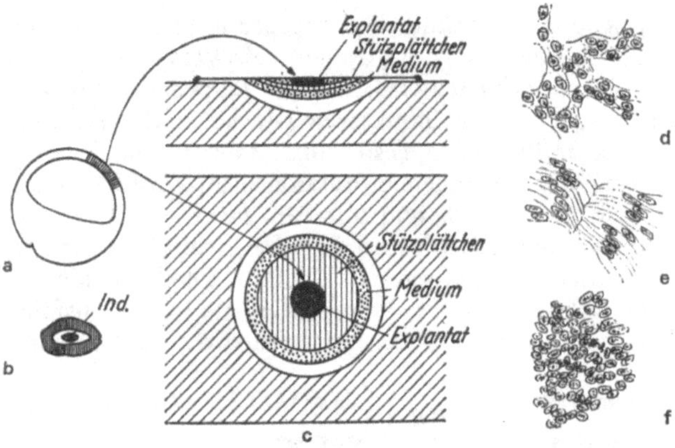

Abb. 41. *Triturus* (Molch). Operationsschema zur Explantation von Blastemen

a) b) „Sandwich"-Methode (HOLTFRETER 1933). c) Stützplättchenmethode (URSULA BECKER, HILDEGARD und H. TIEDEMANN 1962 und 1967). Für alle Methoden wird als Reaktionssystem das Blastula-Ektoblastem gewählt. Da dieses unter geeigneter Nachbarschafts- oder Extraktwirkung Material aller Keimblätter hervorbringen kann (MANGOLD, vgl. S. 141 ff.), ist es sehr geeignet, Induktionsfaktoren zu testen. Als Medium nimmt man für c entweder eine neutrale Salzlösung oder eine induzierend wirkende Lösung. Das Blastem wird auf einem Deckglas montiert, mit einem Stützplättchen aus Seide, Filtrierpapier oder Schwammgewebe bedeckt und dann umgekehrt im hängenden Tropfen im Hohlschliffobjektträger kultiviert. So kann es sich nicht einrollen und dadurch infolge der Oberflächenhaut (coat) für Induktionsfaktoren impermeabel werden. Das Material des Stützplättchens ist für den Erfolg der Methode unwesentlich, sofern es nur das Abkugeln des Explantats verhindert und dem Medium uneingeschränkten Zutritt zu den Zellen gewährt. d) Ektoblastem ohne Induktor, Stränge kubischer Zellen. e) Ergebnis bei Zugabe eines Muskulatur-induzierenden Faktors. f) Differenzierung von Ektoblastem nach Zugabe eines Extraktes, der einen neural-induzierenden Faktor enthält

Solche Unterschiede wurden von HOLTFRETER, CHUANG, TOIVONEN frühzeitig festgestellt. Als Beispiel seien *zwei heterogene Gewebe* genannt, *Leber und Knochenmark des Meerschweinchens* (TOIVONEN, SAXÉN, YAMADA). Hitzebehandelte Leberstückchen bringen in der Einsteckmethode hauptsächlich Vorderkopf- und Hinterkopforgane hervor (Abb. 42, links unten, %-Sätze der Ergebnisse aus einem Induktionsversuch mit

Leber). Knochenmarkstückchen dagegen induzieren vorwiegend Chorda, Somiten, sowie Vorniere, Schwanzgebilde, Flossensäume (Rumpf-Schwanz-Organe, Abb. 42, rechts unten, %-Sätze Knochenmark). Diese Induktoren wurden nach verschiedenen Methoden fraktioniert. Testet man laufend die Induktionsbefähigung der gewonnenen Fraktionen im Einsteckversuch, so kann man sie reinigen und mit den wirksamen Faktoren anreichern. So induzieren hitzestabile Agentien allgemein archencephal, hitzelabile spinocaudal. Durch Alkoholbehandlung verliert das Lebergewebe die deuterencephale Induktionsfähigkeit und induziert vorzugsweise nur noch archencephale Gebilde.

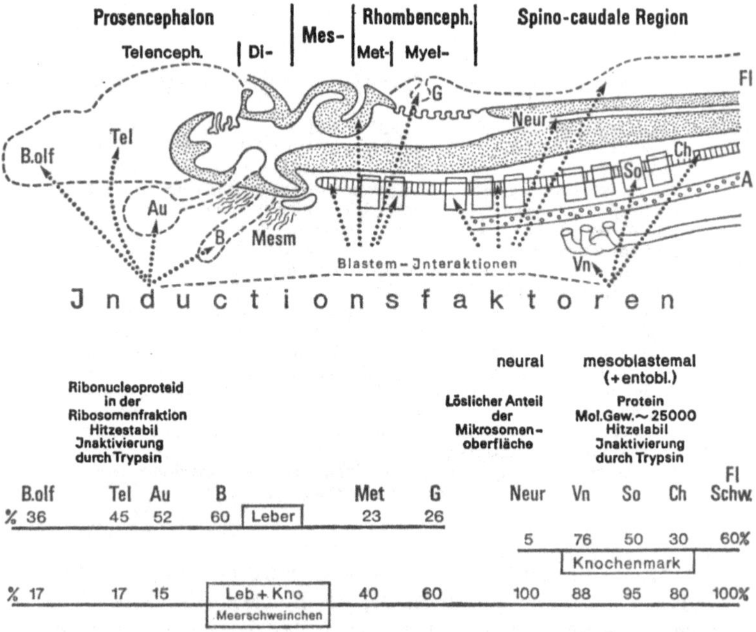

Abb. 42. *Triturus* (Molch). Darstellung der Induktionsfaktoren des Urdarmdachs der offenen Neurula und ihrer Wirkungen nach ihrem durch O. MANGOLD (1933) gezeigten regionsspezifischen Verhalten und nach Versuchen mit heterogenen Stoffen der Laboratorien von TOIVONEN, SAXÉN (1940–1967) und TIEDEMANN (1956–1970)

Knochenmark geht durch Alkoholisierung die Rumpf-Schwanz-Neuralrohr induzierende Komponente verloren. Es wird zu einem rein mesoblastemalen Induktor, der lediglich mesoblastemalen Organen, wie Chorda, Somiten, Seitenplatten den Ursprung gibt. – Hervorragend eignet sich für solche *induktorischen Testversuche* das Ektoblastem, mit dem man etwa bei der Sandwich-Methode (Abb. 41 b) den zu prüfenden Induktor umhüllt. *Ektoblastem* kann man nicht nur zur Bildung von neuralen Organen, sondern auch von mesoblastemalen, ja sogar entoblastemalen Organen (vgl. TIEDEMANN, S. 161) veranlassen (TOIVONEN, ENGLÄNDER). Es erweist damit in vitro und unter dem Einfluß heterogener Induktoren seine *totale Bildungspotenz* nicht nur für keimblattzugehörige Organe, etwa Neuralplatte, sondern auch für keimblattfremde Organe, wie dieses in vivo und für normale Induktoren schon durch MANGOLD gezeigt war, als er Ektoblastemstücke von *Triturus* in das Blastozöl artgleicher oder artfremder Gastrulae einführte (S. 126, 144).

Wenn die Regionalität dieser spezialisierten heterogenen Induktoren normale Verhältnisse des Gastrula-Urdarmdachs widerspiegeln würde, so war anzunehmen, daß man diese *Induktoren zur Bildung eines vollgegliederten Achsensystems kombinieren* könnte. Tatsächlich lassen sich durch Zusammenfügen der Induktoren aus Leber und Knochenmark des Meerschweinchens, wie die %-Sätze der Induktionsergebnisse in Abb. 42 unten (Leb + Kno) dartun, die vorher wenig hervortretenden rhombencephalen und spinalen Neuralrohr-Bildungen erheblich steigern, so daß für die ganze Länge des Achsensystems ein

A Aorta descendens. *Au* Auge. *B* Balancer (Haftfaden). *B. olf* Bulbus olfactorius. *Ch* Chorda. *Fl* Flossensaum. *G* Gehörbläschen. *Mes* Mesencephalon. *Mesm* Mesenchym. *Met* Metencephalon. *Neur* Neuralrohr. *Schw* Schwanzgebilde. *So* Somiten. *Tel* Telencephalon. *Vn* Vorniere

Oben: Leistungen regionaler Induktoren des Urdarmdachs der offenen Neurula nach MANGOLD sowie Leistungen neural und vegetal induzierender Blasteme der jungen Gastrula und ihrer Interaktionen.

Mitte: TIEDEMANNs Analysenergebnisse für den neuralen (archencephalen), sowie den mesoblastemalen (spinocaudalen bzw. vegetalen) primären Induktor der jungen Gastrula und ihre Kombinationen.

Unten: TOIVONEN und SAXÉNs prozentuale Induktionsergebnisse für Induktoren aus Meerschweinchenleber und -knochenmark, sowie für kombinative Einwirkung beider Induktoren

sehr viel ausgeglicheneres Induktionsbild herauskommt. Nach dem Ergebnis dieser in vitro-Experimente würde man nun auch in vivo mit zwei Induktionsfaktoren rechnen können, die am Vorder- und Hinterende des Keimes möglicherweise einzeln und im mittleren Überschneidungsgebiet in einem Kombinationsverhältnis für eine Primär-Induktion zur Verfügung stehen. Vorderhirn würde der archencephale Faktor (alkoholvorbehandelte oder erhitzte Leber) induzieren. Bei geringer Zufügung von mesoblastemalem Faktor (alkoholbehandeltem Knochenmark) würde neben Vorderhirn mehr Hinterhirn entstehen. Stärkere Zugabe von mesoblastemalem Faktor würde in der Induktion zunehmend an Stelle des Deuterencephalon zur Bildung von spinalem und caudalem Neuralrohr führen.

Neuere Experimente brachten eine weitere Klärung und führten zu einer Abänderung der eben dargelegten Auffassung vom Wesen der Primärinduktion und vom Zusammenwirken der Induktionsfaktoren. Dieses wird unten S. 163 ff. näher diskutiert, nachdem zunächst weitere Untersuchungen über die Gewinnung heterogener Induktoren dargelegt sind.

Von einer anderen Basis aus, aber von vornherein mit der *Absicht, heterogene Induktoren biochemisch klar zu definieren,* griffen TIEDEMANN und Mitarbeiter das Problem an. Schon frühzeitig hatte HOLTFRETER bei der Testung von Homogenaten aus Hühnerembryonen deren sehr große Induktionsaktivität feststellen können. Sie erstreckt sich recht gleichmäßig sowohl auf Vorder- und Hinterkopf, wie auch auf Rumpf-Schwanzorgane. Auf dieser Tatsache fußend wurde von TIEDEMANN, HILDEGARD TIEDEMANN, URSULA BECKER, KESSELRING, BORN bei der Fraktionierung von Material aus 9 Tage alten Embryonen zunächst ein m e s o b l a s t e m a l e r F a k t o r gewonnen. Er induziert in der Gewebekultur (Abb. 41 c) Chorda, sowie quergestreifte Muskulatur (e). Der Faktor kommt in Hühner- und Amphibienembryonen allein im Zytoplasma, und zwar in der sog. Mikrosomenfraktion vor. Er wurde als Protein mit einem Molekulargewicht von etwa 25 000 identifiziert. Trypsin inaktiviert den Faktor. Ebenso wie der aus Knochenmark isolierte ist letzterer hitzelabil (Abb. 42, Mitte rechts). Da der Faktor durch die Extrahierung mit Phenol seine Wirksamkeit nicht verliert, kann diese nicht an das gesamte Molekül bzw. an die Sekundärstruktur des Proteins gebunden sein. Diese würde bei Phenolextraktion verändert werden. Möglicherweise sind es besondere „aktive Stellen", die die Auslösung der mesoblastemalen Induktion bedingen. Die Ausbeute an einer derartigen Fraktion beträgt, wenn diese weitgehend gereinigt ist, 10 μg aus 1 000 g Hühnerembryonen. Nach der Einsteckmethode getestet, ruft sie nach 8 000- bis 12 000facher Verdünnung mit einem inerten Protein noch in 30–40 % der Fälle Induktionen hervor. Die pro Gastrula applizierte Menge beträgt dann etwa 0,002 μg, zusammen mit dem inerten Protein ein Kügelchen von 20–30 μg.

Wird dieser Faktor isoliertem Ektoblastem nach der Sandwich-Methode zugefügt (vgl. S. 159), induziert er neben den mesoblastemalen Organen auch Darmepithel. So ist auf der Abb. 42 (rechts Mitte) ein Hinweis (+ entobl.) darauf gegeben, daß möglicherweise auch in den gereinigten Fraktionen nebeneinander zwei chemisch sehr ähnliche, ein mesoblastemal und ein entoblastemal induzierender enthalten sind. Man faßt sie unter dem Begriff „vegetaler Faktor" zusammen.

Als weiterer Induktionsfaktor kommt in Hühnerembryo-Homogenaten ein archencephaler Faktor hinzu, welcher an Ribosomen gebunden (Abb. 42, Mitte links), aber auch in den Zellkernen enthalten ist. Eine neurale Komponente dieses Faktors induziert vorwiegend Vorderköpfe mit Vorderhirn, Zwischenhirn und Augen. Der induzierende Faktor ist ein Ribonucleoproteid. Da aber seine Aktivität nicht durch Ribonuclease, sondern durch Trypsin beseitigt wird, muß man den Proteinanteil für die Induktion als den entscheidenden ansehen. Der Faktor ist hitzestabil.

Solche *Induktionsfaktoren unmittelbar aus Amphibien-Gastrulen oder -Neurulen* zu gewinnen, ist außerordentlich schwierig, insbesondere wegen ihrer in vivo geringen Menge. Es könnten jeweils nur wenige Moleküle eines Induktionsfaktors sein, die eine Blastemzelle als archencephal oder vegetal determinieren. Überdies wird durch den hohen Gehalt der Keime an inaktiven Dotterproteinen die Isolierung sehr erschwert. Noch nicht sehr weit gereinigte Extrakte aus Molchembryonen, die Vorderköpfe, Hinterköpfe und Schwänze induzieren, werden wie die heterogenen Induktoren aus Hühnchenembryonen, durch Phenol nicht, wohl aber durch Pepsin und Trypsin inaktiviert. Sie sind nicht ribonucleaseempfindlich (FAULHABER). Die genuinen Gastrula-Induktoren scheinen also chemisch mit den heterogenen Induktoren vergleichbar zu sein, mindestens auch Proteinnatur zu besitzen. Anders als die Fraktionen der Zellkerne weist die aus dem Zellplasma von Gastrulastadien gewonnene Partikel-Fraktion, welche bei 105 000 g sedimentiert, die höchste Aktivität auf. Vermutlich sind der neurale wie der mesoblastemale Induktionsfaktor bereits in der Blastula, vielleicht schon vom Beginn der Furchung an, vorhanden.

Die biochemischen Methoden TIEDEMANNS erlauben eine genaue quantitative biologische Testung bei Kombinationen der *in etwa gereinigten* primären Induktionsfaktoren. Dazu werden die flüssigen Extrakte mit dem inerten, nicht induzierenden Protein in verschiedenem Mengenverhältnis so kombiniert, daß die Gesamtproteinkonzentration immer die gleiche bleibt. Nach Alkoholfällung kommen gleichgroße im Vakuum getrocknete Stücke zur Implantation. So lassen sich Kombinationen dieser heterogenen Induktoren auf unterschiedliche Wirkung für bestimmte Keimregionen einstellen. Insbesondere sind durch geeignete Zusammenlegung archencephaler und mesoblastemaler Induktoren (z. B. 50 : 1 oder 5 : 1) vermehrt Bildungen von hinteren Gehirnteilen mit Gehörbläschen zu erzielen (Abb. 42, Mitte links und rechts).

Auf den zwei ganz unterschiedlichen methodischen Wegen konnten demnach TOIVONEN und TIEDEMANN die übereinstimmende Feststellung treffen: *Aus bestimmten Sorten heterogener Induktoren lassen sich jeweils Paare mit unterschiedlicher Wirkungsweise, ein neuraler (archencephaler) und ein vegetaler (Meso-/Entoblastemaler) kombinieren. Im Zusammenwirken miteinander induzieren diese in etwa normal ausgeglichener Abstufung Organe des Achsensystems der Amphibien.*

Will man diese Erkenntnisse auf die Verhältnisse im normalen Molchkeim übertragen, so ist zweierlei zu überlegen.

Einerseits werden neuraler und vegetaler Induktionsfaktor, auch wenn sie beide im Urdarmdach lokalisiert sind, in unterschiedlicher Richtung ihre Wirkung entfalten. Der vegetale Faktor wird zunächst innerhalb des Blastems, in dem er lokalisiert ist, die Entwicklung von Chorda, Ursegmenten, Seitenplatten, Vorniere veranlassen. Er gibt dem Urdarmdach durch Induzierung der Urdarmdachorgane das Gepräge (vgl. Abb. 32 b_5, und S. 150 ff., 153). Der neurale Faktor aber wird vom Urdarmdach, von dem Wirkungsbereich des vegetalen Faktors aus, auf das darüberliegende Ektoblastem seine Induktion ausüben. Die neurale Komponente des vegetalen Faktors wird daran teilhaben.

Die zellphysiologische Realisierung der Induktionen im Urdarmdach und vom Urdarmdach aus wurde Gegenstand weiterer Untersuchungen (Toivonen, Saxén, Vainio). Da sich deuterencephale Organe und Neuralrohrbildungen durch Kombination des archencephalen und vegetalen Induktionsfaktors hervorrufen lassen, war zu fragen, *auf welcher Ebene die Kombinationswirkung beider Induktionsfaktoren zustande kommt.* Dies wurde durch den Versuch geprüft, nicht unmittelbar Induktoren zu kombinieren, sondern archencephale und vegetale Induktoren zunächst allein, je für sich, induzieren zu lassen (Sandwich-Methode, Abb. 41 b) und dann die isoliert zu archencephalen oder zu vegetalen Leistungen angeregten Blasteme zu kombinieren. Dabei mußten die primär einschlägig induzierten Zellen bzw. Blasteme miteinander reagieren können. Die Ektoblastem-Sandwiches wurden jeweils nach einer bestimmten Einwirkungszeit vom Induktor befreit und durch Alkalibehandlung (pH 9,4) oder Versen disaggregiert. Die so neuralisierten und die vegetalisierten Explantate fügten die Autoren jeweils paarweise zusammen, wirbelten sie gründlich durcheinander und pipettierten sie in eine Vertiefung des Agarbodens einer Zuchtschale. In der Kulturlösung reaggregierten die Zellen bald wieder und bildeten meist eine Blase. Nach 10–14 Tagen ließen sich etwaige Differenzierungen beobachten. Es waren nicht nur entsprechend den Induktionsfaktoren allein Archencephalon und Mesoblastem festzustellen, sondern es erschien die ganze Skala der Organe des

Achsensystems, vor allem auch Augenanlagen, Deuterencephalon mit Gehörbläschen und spinales wie caudales Neuralrohr.

Demnach kann die *regionale Gliederung des Achsensystems im Anschluß an den Induktionsprozeß durch eine sekundäre Interaktion zwischen Zellen oder Blastemen* zustande kommen, *welche primär einschlägig für archencephale und vegetale Bildungen induziert worden sind.* Die Regionalität der Achsenorgane wird dabei nicht durch das Mengenverhältnis der Primärinduktoren unmittelbar hervorgerufen, sondern geschieht durch Reaktionen zwischen den sich vegetal und archencephal differenzierenden Zellen. Im Sandwich-Ektoblastem ist vegetales und neurales Zellmaterial entstanden, das wie Urdarmdach und Ektoblastem Reaktionen zur Konstituierung des ganzen Achsensystems durchführen kann. Da nach vielen Erfahrungen zur Einleitung einer Differenzierung eine gewisse Mindestmenge von reaktionsbereiten Zellen nötig ist (sog. *Masseneffekt*), wird natürlich das quantitative Verhältnis der Zellen mit unterschiedlicher Differenzierungstendenz für die Art der endgültigen Differenzierung und Gliederung mitentscheidend sein.

Dieses Konzept über die Ausbildung der Regionen entlang der Keimlängsachse wurde von Toivonen noch durch *Explantations- und Transplantationsexperimente unmittelbar am Triturus-Keim* erhärtet. Vorderhirn-Region der frühen Neurula mit anliegender präsumptiver Epidermis, mit Somiten und Seitenplatten ergibt, unmittelbar isoliert oder nach Disaggregation explantiert, Archencephalon mit Augen, Linsen und Riechgruben. Wird aber zugleich mit der Vorderhirn-Region ein Stück caudalen Mesoblastems disaggregiert und dieses mit ersterem in Kombination explantiert, so entstehen zusätzlich zu den Vorderhirn-Organen und zu den Somiten und Seitenplatten zugleich in angemessenen Prozentsätzen Hinterhirne einschließlich Gehörbläschen, sowie spinales Neuralrohr mit Chorda, Muskelsegmenten, Vornierenkanälchen und Extremitätenanlagen.

Naturgemäß vermögen die aus archencephaler und caudal mesoblastemaler Region kombinierten Zellen miteinander nur dann zu reagieren, wenn sie der frühen Neurula entnommen sind. Mit Zellen der mittleren Neurula gelingt das Experiment nicht mehr, wie bereits nach Abb. 37 q, t zu erwarten ist. Die Ektoblastemzellen sind dann so weit determiniert, daß sie weder die Kompetenz zum Empfang eines Induktionsreizes, noch zu gegenseitiger Differenzierungsreaktion besitzen. Kombinierte Vorderkopf- und Schwanz-Mesoblastemzellen bringen dann Hinterhirn und neuro-spinales Achsensystem nicht mehr hervor.

Nach diesen Ergebnissen kann man versuchen, einige Sätze zum **Gesamtkonzept über den Modus der Induktion des Achsensystems der Amphibien** zu formulieren, sowohl was die Selbstgliederung und Selbstinduktion des Urdarmdachs wie die konstituierende Induktion vom Urdarmdach zu Ektoblastem angeht. *Man darf die Organisierung des Achsensystems nicht mehr als einen einheitlich gerichteten, einfachen Zentralvorgang ansehen.* Sowohl im Urdarmdach, wie im darüberliegenden Ektoblastem laufen gleichzeitig unterschiedliche Induzierungs- und Gliederungs-, wie auch Differenzierungsreaktionen ab. Außerdem sind zwischen beiden Keimblättern neben den Reaktionen von Urdarmdach zu Ektoblastem sekundäre Einwirkungsprozesse zu berücksichtigen, die S. 170 ff. als Affinitäten und polarisierende Einflüsse beschrieben werden und die sich vom regional gegliederten Neuralrohr aus wieder in entgegengesetzte Richtung wenden, um die Gestaltung von Chorda, Ursegmenten, Seitenplatten, Darmrohr zu beeinflussen.

Von allen hier in Frage kommenden Prozessen der *Interaktion* sind wir nach S. 160 f. und Abb. 42 (rechts) gut über die innerhalb des Urdarmdachs vorhandenen biochemischen Potentiale, soweit sie den vegetalen und den mesoblastemalen Faktor betreffen, informiert. Das Problem der Induktion von Urdarmdach zu Neuralbereich und das der regionalen Gliederung des Achsensystems sind noch nicht klar durchschaubar. Hier sind allerdings zum Modus der konstituierenden Induktion einige *molekularbiologisch-genetische Aspekte* sichtbar geworden. Nach den S. 128 f. beschriebenen RNS/DNS-Hybridisierungsversuchen enthält bereits die Gastrula einen großen Teil aller m-RNS-Spezies, die auch im Schwanzknospenstadium gefunden werden. Aber ein Zusatz ist zu machen: Im dorso-neuralen Blastem, d. h. im Reaktionssystem für die Neuralplatteninduzierung, tritt während des späten Gastrulastadiums nach der vollzogenen Induktion eine neue m-RNS auf. Auch Hemmungsversuche mit Actinomycin D lassen schon bei geringen Dosen (0,5 μg/ml) eine Wirkung am Reaktionssystem erkennen (Abb. 43, rechts +). Nach den bisher auf genetischer Basis erarbeiteten Vorstellungen wird man zur Erklärung annehmen können: Der Induktor bildet beim Eintritt in Zellen des Reaktionssystems mit einem Rezeptor-Protein einen Komplex und gelangt in den Kern. Dort leitet er direkt oder über regulierende Nicht-Histon-Proteine eine Derepression ein (Bd. III, Abb.

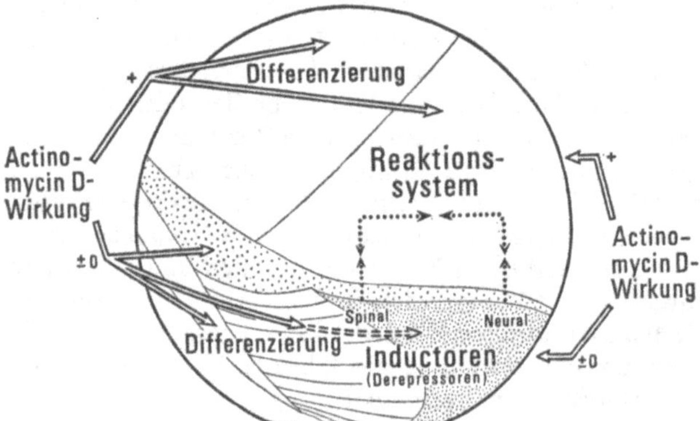

Abb. 43. *Triturus* (Molch). Schematische Darstellung der Bedingungen für die neurale Induktion an Hand des Planes der präsumptiven Organanlagen in der Blastula (vgl. Abb. 35 a)

Spinale und neurale Faktoren des Urdarmbereichs reagieren als Induktoren (. . . .>) mit dem präsumptiven Neuralbereich als Reaktionssystem. Actinomycin D (rechts) beeinflußt die Induktionsbefähigung der als Proteine gekennzeichneten Induktoren nicht (± 0) oder nur bei längerer Einwirkung. Dagegen wird die Entwicklung des Reaktionssystems durch Act. D gestört (+), als Ausdruck dafür, daß der Induktionserfolg an DNS/RNS-Transcription gebunden ist. – Diese Act. D-Wirkung auf die Differenzierung des Ektoblastems ist eine durchgängige (links +), während im Blastulastadium die Differenzierung des Meso- und Entoblastems durch Act. D nicht beeinflußt wird (± 0). Die zur Differenzierung des Urdarmdachs nötigen Primärreaktionen laufen schon früher, während der Furchung, ab (vgl. Abb. 35 h, i und Abb. 33)

19). Möglicherweise regt auch ein Induktor-Rezept-Komplex im Kern unmittelbar DNS-Sequenzen zu einer Transcription an (vgl. Bd. III). Abb. 43 gibt die erste Alternative wieder.

Im *Induktionssystem* (Abb. 43, rechts und links ±) wird dagegen durch Actinomycin D auch nach mehrstündiger Behandlung mit 2,5 μg/ml das Induktionsvermögen nicht verringert. Dies ist zu erwarten, wenn die *Induktoren Proteinnatur* besitzen.

Die hierin sich ausdrückende klare Ansicht über die Funktion der Hemmstoffe allein im Reaktionssystem könnte jedoch Abänderungen erfahren müssen. Wenn nicht-induktionsbefähigte Blasteme durch Behandlung mit Alkohol, Phenol usw. zur Induktion aktiviert werden können (S. 147), so muß man auch mit Inhibitoren rechnen, die unmittelbar dem Induktor zugehören und deren Entfernung eine positiv stimulierende Wirkung auf das Reaktionssystem ausübt. Die Kenntnis der verschiedenen *Inhibitoren-Mechanismen* könnte die Bedingungen für die jeweilige Aktivität eines Induktors, für das „Eingreifen" des Induktors in das Entwicklungsgeschehen offenlegen.

Vergleicht man die Empfindlichkeit der Differenzierung von Neuralrohr gegenüber AcD in der genannten geringen Dosis mit derjenigen von Chorda und Muskulatur, so erscheinen diese als Organsysteme des Urdarmdachs sehr viel weniger anfällig (Abb. 43, links ± 0). Vielleicht drückt sich darin aus, daß sie sich zur Zeit der Neuralplatteninduzierung nicht im Stadium des Induzierens, sondern vielleicht schon der Segregierung befinden (vgl. Abb. 35 e, f).

Durch die **Zuordnung von Faktoren der Blastembewegungen und Kontaktregulierungen zu den Induktoren** (1) wird das Ausmaß der Induktorenwirkung den Erfordernissen des Keimganzen angepaßt. Diese Zusammenhänge äußern sich unmittelbar im *Größenmaß der jeweiligen Neuralplatte* und ihrer Ausrichtung auf der Keimoberfläche. Wenn im Explantat alle Teile des noch nicht eingerollten Urdarmdachgebietes gleichmäßig sowohl Chorda wie Mesoblastem bilden (Abb. 35 e, f), und am gleichen Ort regulatorisch auch Ektoblastem entstehen kann (das in diesem Falle unmittelbar zu Neuralmaterial induziert wird (Abb. 35 c), so tritt durch die Einrollungsbewegung eine erste Sonderung der Differenzierungstendenzen des Urdarmdachs ein: Bei der Gastrulation von dorsalen Keimhälften kann sich nur ein Teil des präsumptiven Urdarmdachs einrollen und mit dem Ektoblastem Kontakt aufnehmen. Durch die der jeweiligen Keimgröße harmonisch angepaßte Gastrulationsbewegung und die Fähigkeit des Urdarmdachmaterials, regulatorisch, soweit es nicht eingerollt ist, auch Ektoblastem zu bilden, gleicht sich das Urdarmdach in seinen Größenmaßen dem Keim an. Die Neuralplatte wird harmonisch, obwohl z. B. in dorsalen Schnürhälften (Abb. 22 g, e, Bd. I) das ungeteilte Organisationszentrum vorhanden ist. Schnürt man jedoch im späten Gastrulastadium ein, in welchem die Gastrulationsbewegung sich nicht mehr dem neuen Ganzen anpassen kann, so entsteht ein Keim mit übergroßem Neuralrohr (G. Ruud und Spemann). Demnach ist die *Größe des Achsensystems der Körpergrundgestalt eine Funktion des normalen Ablaufes der Gestaltungsbewegungen im Keimganzen.* Innerhalb dieser Beziehung kann man die *allgemeine Größe der Neuralplatte als von der Größe des Urdarmdachs abhängig* bezeichnen.

Über die *Bedingungen für die Orientierung des Achsensystems auf der Keimoberfläche* unterrichten Implantationsexperimente entsprechend Abb. 36 e, f, bei denen ein spitz oval geformtes Organisatortransplantat quer zur Längsachse des Wirtskeimes gestellt wurde (Spemann, F. E. Lehmann). Der Organisator vermag seine eigene dem Spenderkeim entstammende Einrollungsrichtung zunächst um so mehr durchzusetzen, je näher er dem Urmund gelegen war. Oft wird die unterlagernde Schicht entsprechend der Richtung der Gestaltungsbewegungen des Wirtskeimes abgebogen oder mindestens durch sie mitbeeinflußt. *Im normalen Keim ist demnach die Längsorientierung der Achsenrichtung ebenfalls durch die Richtung der Gestaltungsbewegungen diktiert.*

Die Stellung des Organisationszentrums innerhalb der übrigen blastematischen Faktorenbereiche des Keimganzen läßt sich wie folgt kennzeichnen: *Durch die Gestaltungsbewegungen der Ga-*

strulation wird das Organisationszentrum als Urdarmdach dem Keim harmonisch eingepaßt und so der Induktorenbereich regulatorisch auf das Reaktionsblastem abgestimmt, bevor die Induktoren selbst ihre Wirkung entfalten. Die bereits vor Beginn der Gastrulation in differenzierterer Gliederung vorhandenen *ento-mesoblastemalen Anlagen der inneren Randzone verteilen sich* der Invaginationsbewegung entsprechend *auf die ventrale Keimwand* und lehnen sich dem Chorda-Mesoblastem-Gebiet längsgestaffelt an. Der Faktorenbereich der Chorda tritt zu dem des Darmes in Beziehung. Während einer bestimmten sensiblen Periode ist das ektoblastemale Material für *induktorische Reaktionen* aufnahmebereit. Es wird durch regionsspezifische Induktoren in den Stand gesetzt, die Bildung der Neuralplatte einzuleiten. Der *Gestalt* und *Gliederung des Urdarmdachs entsprechend* bilden sich auf Grund dieser Reaktionen die *allgemeine Größe, Form und innere Gliederung* der Neuralplatte aus. Gleichzeitig laufen unabhängig vom Urdarmdach *innerhalb des Reaktionsblastems besondere Vorgänge* ab, *die auf die allgemeine Formbildung* der Neuralplatte *spezialisierend und modifizierend einwirken. In einem* zur Zeit noch ganz unaufgeklärten *Vorgang der Selbstgliederung bildet das Urdarmdach* Organbezirke und kann deren Grenzen durch *assimilatorische* bzw. *komplementäre Induktion* harmonisch abrunden. Wie sich auf Grund der allgemeinen Gliederung in der Neuralplatte die Sonderung der Organanlagen vorbereitet, ist nicht bekannt.

Für die **Ausgestaltung des Achsensystems** erlangen neben den Vorgängen, welche die strukturelle Differenzierung einleiten, insbesondere Erscheinungen der Abgliederung der Körperteile und ihrer Formprägung Bedeutung. Wie der Ablauf der Gastrulation, so lassen sich auch diese auf bestimmte **Affinitäten,** auf **Bewegungs- und Kontaktreaktionen** zurückführen. Hinzu kommen bestimmte **orientierende und polarisierende Einflüsse** zur Formung und Gliederung von Zellen und Blastemen. Bewegungs- und Formgestaltungsreaktionen sind meist eng miteinander verzahnt.

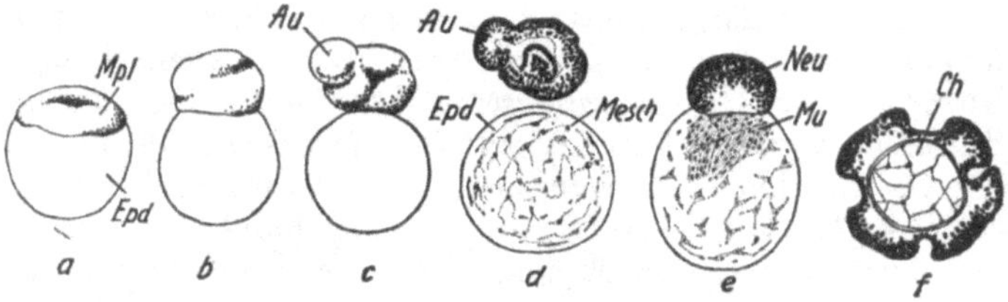

Abb. 44. *Triturus* (Molch). Isolierungsversuche zur Darstellung wechselseitiger Blastemaffinitäten und ihrer Veränderung im Entwicklungsverlauf (nach HOLTFRETER 1939)

a) Stück der Kopfneuralplatte mit kleinem anhängenden Epidermisbezirk in kugelförmiger Vereinigung: Positive Affinität. b), c) Umschlag der positiven Affinität in negative während der Neuralrohrdifferenzierung. d) Schnitt zu c) Vollendete Selbstisolierung des Gehirns von Epidermis und Mesenchym. e) Positive Affinität der Neuralmasse zu Mesoblastem bleibt auch bei Differenzierung von Muskulatur erhalten (breite Kontaktfläche). f) desgl. zu Chorda (Verdünnung der Kontaktfläche) *Au* Augenblase. *Ch* Chorda. *Epd* Epidermis. *Mesch* Mesenchym. *Mpl* Neuralplatte. *Mu* Muskulatur. *Neu* Neuralmasse

Im folgenden sollen zunächst Experimente über das Verhalten der Blasteme, anschließend dann solche über das Verhalten der Zellen dargestellt werden.

Differenzierungsschritte von Organgebieten sind häufig mit einem Wechsel der Blastem-Affinitäten verbunden. Dies läßt sich an länger explantierten Blastemen, ähnlich denen, wie sie S. 134 beschrieben sind, dartun: Zur gleichen Zeit, in der sich der *Neuralplattenbereich* gegen den der Epidermis abgrenzt, ändert sich die anfänglich zwischen allen Ektoblastembestandteilen bestehende einheitlich *positive Affinität* (Abb. 44 a) *in eine negative Affinität von Neuralplatten zu Epidermisblastem* um. Das Material des Neuralrohrs verklebt nicht mehr mit dem der Epidermis (c). *Dieser Affinitätswechsel zur Epidermis, der sich auch auf das Mesenchym ausdehnt* (Abb. 44 d), *fördert die lokale Abgliederung des differenzierten Neuralmaterials von beiden Blastemen. Dabei übt das Mesenchym einen polarisierenden Einfluß auf das neurale Blastem aus:* Ohne Mesenchym explantiert, rundet sich ein Haufen von Neuralplattenzellen zu einer Kugel mit außenliegenden Kernen und zentraler Fasermasse (Abb. 45 a). Grenzen die Zellen dagegen an Mesenchym, so tritt die Fasermasse an die Oberfläche, und innerhalb der

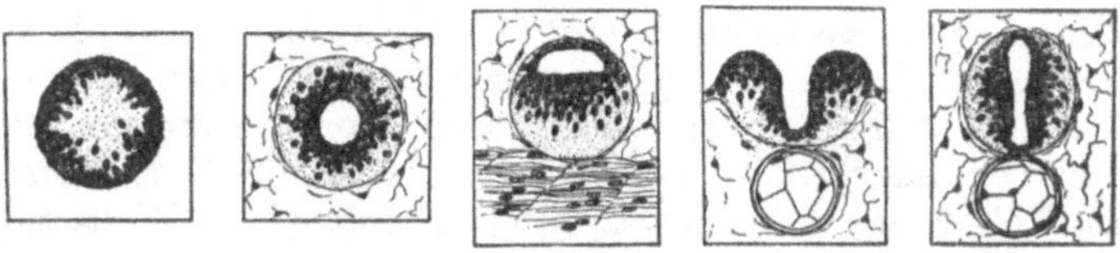

a b c d e

Abb. 45. *Triturus* (Molch). Isolierungsversuche zur Darstellung der polarisierenden Einflüsse einzelner Blasteme auf Neuralplattenmaterial (nach HOLTFRETER 1934) a) Rein kultiviertes Nervenmaterial. b) Neuralrohr inmitten von Mesenchym. c) Neuralrohr mit starker Basalmasse auf Muskulatur. Große Kontaktfläche (vgl. Abb. 44 e). d) Noch geöffnetes Neuralrohr mit spaltbedingter Chorda. Verdünnte Kontaktfläche (vgl. Abb. 44 f). e) Neuralrohr mit spaltbedingender Chorda inmitten von neutralem Nachbargewebe

zentral gesammelten Kerne kann sich ein Lumen ausbilden (b). – Wie hier das Neuralrohrblastem, so bedarf auch anderes Organgewebe, Niere, Pankreas, Schilddrüse, Thymus, in der Gewebekultur der Gegenwart von Mesenchym, um sich organtypisch differenzieren zu können. Das Mesenchym braucht nicht immer organspezifisch zu sein.

Anders als zur Epidermis und zum Mesenchym stellt sich das neurale Blastem dem geformten Mesoblastem gegenüber ein. Es behält die *positive Affinität zum Mesoblastem,* die von der Unterlagerung mit Urdarmdach her bekannt ist, auch den Differenzierung des Urdarmdachs gegenüber bei (Abb. 44 e). Lediglich stuft sich die Affinität der Intensität nach ab. Zur Chorda zeigt Neuralmaterial stärkere Verklebungstendenz als zu Muskelgewebe. *Diese positive abgestufte Affinität ist begleitet von einem verschiedenartigen polarisierenden Einfluß der Chorda und des Mesoblastems auf die Substanzverteilung der Neuralmasse. Chorda verdünnt die Kontaktfläche.* Man findet grubenförmige Einsenkungen (Abb. 44 f) des Neuralmaterials auf der mit ihm vereinigten Chorda. *Muskulatur verstärkt die Berührungsfläche* (Abb. 44 e). *Diese Einflüsse der Mesoblastemderivate machen die Entstehung der besonderen Querschnittsgestaltung des Neuralrohrs, starke Seitenmassen und dünne Deck- und Bodenschicht, verständlich.*

Ergebnis solcher Beeinflussungen muß sein, daß die Formgestaltung des Neuralrohrs durch seine Lage zu Chorda und

Ursegmenten gewährleistet wird (MANGOLD und SEIDEL, F. E. LEHMANN). Explantate aus der späten Gastrula zeigen dies besonders gut (HOLTFRETER). Falls keine Chorda vorhanden ist, bleibt das mit einem coat ausgekleidete Lumen des Neuralrohrs rund (Abb. 45 b). Es orientiert sich, wie anfänglich die Neuralrinne, in Richtung auf eine Chorda (d, e). Muskulatur fördert die Basalmasse (Abb. 45 c), so daß auch zwei median getrennte Ursegmente ohne Chorda ein dorsoventral spaltförmiges Lumen erzeugen können. Derartige Einflüsse sind jedoch nicht einseitig gerichtet. Das Urdarmdach, das die Ausbildung der regionalen Struktur der Neuralplatte fördert und dessen Derivate die Form des Rohres entscheidend beeinflussen, ist selbst wiederum Empfänger von Einflüssen seitens des Neuralrohres.

Am eindrucksvollsten läßt sich dieses aus der Entwicklung neuralplattenloser Keime erschließen, die HOLTFRETER durch Verhinderung der Gastrulation erhielt. Ein Axolotl-Keim, der ohne Hüllen in verdünnter Ringerlösung auf die spätere Ventralseite gelegt wird, kann nicht invaginieren. Es entsteht eine totale Exogastrula, deren Ektoblastem (Abb. 46 b, Epd) ein platter Hautsack ohne Unterlagerung bleibt und infolgedessen keine Neuralplatte entwickelt. Das Urdarmdach (*Ch,* Chorda; *Mu,* Muskulatur), vom normal sich aufwölbenden Entoblastem *(D,* Darm; *Ed,* Enddarm; *Ko.D,* Kopfdarm; *M.D,* Mitteldarm) umschlossen (c), differenziert wohl Kopfmuskel (*Ko.Mu*), Mesenchym und Knorpel (*Kn*). Aber da das überlagernde Neuralrohr und das sich von ihm herleitende Neuralleisten-Mesenchym fehlen, streckt sich die Chorda (*Ch*) nicht gut; der Schwanz wächst nicht aus; die Ursegmente bleiben ohne segmentale oder bilaterale Gruppierung regellos durcheinandergewürfelt liegen. *Sinnvolle Ordnung gewinnen die Formteile des embryonalen Körpers durch stetige lagebestimmende Wirkungen der Blasteme aufeinander. Die sich so äußernden positiven und negativen Affinitäten lassen sich in einzelnen Fällen genauer kennzeichnen als: Tendenzen zu chemotaktischem Verhalten, und zu bestimmten Kontakt- oder Isolierungsreaktionen, wie auch als polarisierende und formgebende Einflüsse.*

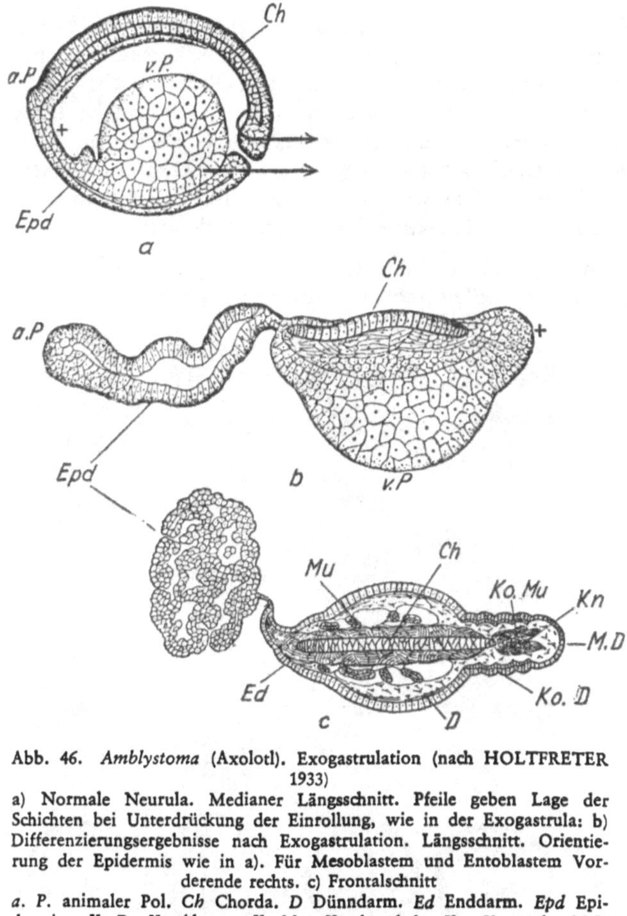

Abb. 46. *Amblystoma* (Axolotl). Exogastrulation (nach HOLTFRETER 1933)
a) Normale Neurula. Medianer Längsschnitt. Pfeile geben Lage der Schichten bei Unterdrückung der Einrollung, wie in der Exogastrula: b) Differenzierungsergebnisse nach Exogastrulation. Längsschnitt. Orientierung der Epidermis wie in a). Für Mesoblastem und Entoblastem Vorderende rechts. c) Frontalschnitt
a. P. animaler Pol. *Ch* Chorda. *D* Dünndarm. *Ed* Enddarm. *Epd* Epidermis. *Ko.D* Kopfdarm. *Ko.Mu* Kopfmuskel. *Kn* Knorpel. *M.D* Munddarm. *Mu* Rumpfmuskulatur. *v. P* vegetativer Pol. + Vorderende

Nähere Aufschlüsse über das Bewegungs- und Kontaktverhalten der Einzelzellen im Blastem zu gewinnen, gelang TOWNES und HOLTFRETER. Die Methode der Disaggregierung und Reaggregierung von Zellen, die auf HOLTFRETER zurückgeht, ist S. 163 schon erwähnt. In einem

Kulturmedium, das durch tropfenweise Zugabe von KOH einen pH von 9,6–9,8 erreicht, zerfallen isolierte Blastembereiche von Amphibien-Embryonen in einzelne Zellen. Mischt man mit Hilfe von Glasnadeln Zellen von zwei oder mehr Blastemtypen miteinander und ersetzt dann das alkalische Medium durch ein frisches vom pH 8, so reaggregieren die vorher dis-aggregierten Zellen wieder. Aus dem losen Zellhaufen erhält man eine kompakte Kugel mit beiden Zellsorten.

In Abb. 47 a I ist eine solche Kugel aus *Neuralplatten-* (hell) und *Epidermiszellen* (schwarz) von *Amblystoma punctatum* dar-

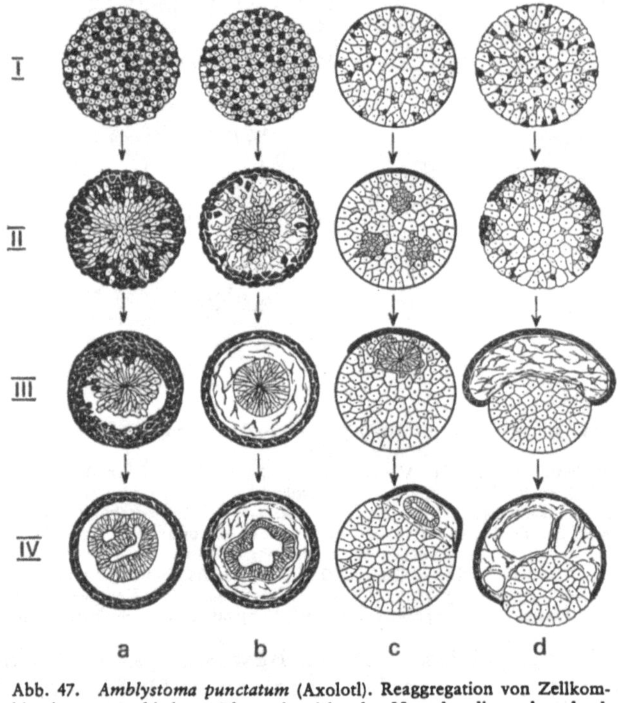

Abb. 47. *Amblystoma punctatum* (Axolotl). Reaggregation von Zellkombinationen verschiedener Blastembereiche der Neurula, die vorher durch pH-Erhöhung dis-aggregiert waren. Halbschematisch. Es sind weniger Zellen gezeichnet, als die Aggregate enthalten (nach TOWNES und HOLTFRETER 1955)

gestellt. Schon nach wenigen Stunden beginnen die beliebig zusammengewürfelten Zellen, sich zu sondern (a II). Die Epidermiszellen wandern nach außen, die Neuralplattenzellen nach innen, wo sie nach 22–24 Std. eine homogene Anhäufung, umgeben von einem Epidermiszellenmantel, bilden (a III). In der Neuralzellenmasse entstehen Lumina. Sie sondert sich nunmehr völlig vom Epidermismantel (a IV). Die Epidermiszellen haben peripher ein Epithel gebildet.

Im Gegensatz zu den Experimenten Abb. 44, in denen isolierte Blastembereiche unversehrt miteinander kombiniert waren und im Stadium Abb. 44 c, d gleiche Sonderungstendenz wie im Stadium Abb. 47 a III, IV zeigten, sind in diesem Experiment Einzelzellen isoliert und lassen zellspezifische Bewegungstendenzen erkennen. Diese Tendenzen erscheinen als festgelegt durch die vorhergegangenen, während der Gastrulation vom Urdarmdach aus eingeleiteten Induktionsprozesse. Präsumptive Neuralplattenzellen zeigen vor der Induktion die zentralgerichtete Bewegungstendenz nicht. In dem so entstehenden

a) Kombination von Zellen aus Epidermis (dunkel) und Neuralplatte (hell). I. Ausgangszustand. Zufallsmäßige Verteilung bei Beginn der Reaggregation. II. Zellbewegung in entgegengesetzter Richtung. III. Entmischung nach 24 Stunden. Bildung eines Epidermismantels. IV. Neuralrohrbildung im Innern. b) Kombination von Zellen aus Epidermis (dunkel), Neuralplatte und Neuralleiste (hell). I. Ausgangszustand. II.–III. Entmischung. IV. Die Mesenchymzellen aus der Neuralleiste (neben Melanophoren, Cutiszellen, Ganglienknoten) zwischen Epidermismantel und Neuralmaterial fördern die Rohrbildung stark. c) Kombination von Zellen aus Neuralplatte (kleine Zellen, hell), Neuralleiste (mit bedeckender Epidermis) und Entoblastem (große Zellen, hell). I. Ausgangszustand. II. Nach 20 Stunden, Bildung einer Epidermiskappe. Innerhalb der Entoblastemzellen Gruppen von Neuralplattenzellen. III. Nach 5 Tagen Epidermiskappe durch Pigmentzellen unterlagert. Neuralzellen in radiärer Ordnung gesammelt und von Neuralleistenzellen umgeben, aber infolge der massigen Dotterzellen nicht zentral liegend. IV. Epidermiskappe mit Pigment abgehoben. Mesenchymzellen der Neuralleiste fördern Neuralrohrbildung (vgl. Abb. 45 b). d) Kombination von Zellen aus ventraler und lateraler Epidermis (dunkel) mit unterlagerndem Mesoblastem (kleine Zellen) und relativ viel Entoblastem (große Zellen). I. Ausgangszustand der Reaggregation. II. Innerhalb von 10 Stunden Ansammlung der Epidermiszellen peripher. III. Bildung einer Epidermiskappe, da zur Umfassung zu viel Entoblastem vorhanden. Mesenchym zwischen Haut und Entoblastem. IV. In späten Kulturstadien erscheinen Vorniere, Blutzellen und Mesothelien. Die Epidermis gewinnt nirgends unmittelbaren Anschluß an das Entoblastem

Organmuster vermißt man jegliche regionale Vorn-Hinten-Gliederung der Neuralmasse in Gehirnregionen. Es fehlt auch die bilaterale Richtungsorganisation. Beides würde entsprechend S. 151, 154 nur bei Anwesenheit eines gegliederten Urdarmdachs zu erwarten sein (vgl. dazu S. 153).

In der gleichen Weise konnten die Bewegungstendenzen weiterer Zellen aufgezeigt werden. Dem Neuralleistenmaterial entstammen *Mesenchymzellen,* die bei einer Zellkombination wie der vorigen, der man disaggregierte Neuralleistenzellen hinzugefügt hat (Abb. 47 b), nach innen wandern und sich im Raum zwischen Epidermis und Neuralmaterial ansammeln. Man findet dort auch Melanophoren und kleine Ganglienknoten. Bindegewebe unterlagert den Epidermismantel. Mesenchym breitet sich stets zwischen Neuralmaterial und Entoblastem aus (Abb. 47 c) oder zwischen Ekto- und Entoblastem (Abb. 47 d). Es fördert, wie auch im Versuch Abb. 45 b, bei der Ausgestaltung des Neuralmaterials die Neuralrohrbildung (c IV). Im Gegensatz zum Versuch Abb. 45 b, bei dem am Neuralplattenmaterial die hyaline Oberflächenhaut (coat) erhalten blieb, formen im Fall Abb. 47 c IV die Zellen das Lumen, ohne durch einen coat verbunden zu sein.

Wie alle Beispiele erkennen lassen, geschieht die Reaggregierung nach *zwei Prinzipien: Einerseits suchen die miteinander vermischten Zelltypen mit gleichartiger Zellform nach einem Kontakt, durch den homogene funktionsfähige Blastemschichten hergestellt werden. Andererseits polarisieren sich diese Schichten nach bestimmten Regeln. Homogene werden mehr und mehr stabil. Nicht-Homogene trennen sich und zeigen bestimmte nach außen oder innen gerichtete Bewegungstendenzen, während mesoblastemale Elemente eine intermediäre Lage anstreben und die Verbindung zwischen inneren und äußeren Epithelien herstellen.* Dabei verhindert die Anwesenheit von Ektoblastem das Mesoblastem, sich etwa innerhalb des Entoblastems anzusammeln. Ebenso bewahrt die Anwesenheit von Mesoblastem bzw. Mesenchym das Ektoblastem vor einer Selbstisolierung. Den verschiedenen Zelltypen eignet eine zellspezifische Tendenz, sich in einem Blastem-Muster zu arrangieren, welches dem der normalen Entwicklung korrespondiert.

Alle kombinierten Zelltypen, auch wenn sie mehreren Embryonen entstammen, bringen immer ein einziges einheitliches Gestaltmuster hervor. Disaggregierte Zellen aus sechs verschiedenen oberen Urmundlippen bilden nicht etwa 6 Chorden und 12 Vornierenkanälchen, sondern immer nur eine, wenn auch abnorm gestaltete Chorda. – So wenig, wie Herkunft aus verschiedenen Individuen, bieten auch *artgebundene Unterschiede* den Geweben *keine Schranke,* um aus disaggregierten Zellen einheitliche Organe aufzubauen. Dies wurde mutatis mutandis etwa bei der Vereinigung von präsumptiven Retinazellen der Maus und des Hühnchens, oder auch bei disaggregierten Schwammzellen unterschiedlicher Arten beobachtet.

Von den Prozessen, die der differentiellen Reaggregierung von Zellen und Blastemen zugrunde liegen, ist lediglich der der Zellkontaktnahme näher aufgeklärt worden. Die Ergebnisse verdienen großes Interesse, handelt es sich doch beim Zusammenschluß und bei der Vereinzelung von Zellen um bedeutsame Prinzipien für das Verständnis der Gestaltbildung überhaupt (vgl. Echinodermen, S. 91 ff.). Einfache Modellfälle für solche Untersuchungen bieten die Verhältnisse bei der „kollektiven“ Amöbe *Dictyostelium discoideum.* Zellen dieser Amöbe leben in der vegetativen Phase, der Vermehrungsphase ihres Lebenszyklus, isoliert, wandeln sich in der morphogenetischen Phase, welche man künstlich durch Entzug der Bakteriennahrung hervorrufen kann, in aggregationsreife Amöben um und bauen dann einen Sporenträger auf, der zwei Typen differenzierter Zellen, Stielzellen und Sporenzellen, enthält. So stehen für die Versuche über Kontaktbedingungen zwei genetisch gleiche, aber funktionell unterschiedliche Zellpopulationen zur Verfügung. Auch Mutanten mit vollständigem Verlust der Aggregationsbefähigung lassen sich zum Vergleich heranziehen.

Daß an der Kontaktaufnahme *spezifische Komponenten der Zellmembran* beteiligt sind, kann man immunochemisch nachweisen: Durch Immunisierung von Kaninchen gegen aggregationsreife *Dictyostelium*-Amöben oder ihre Membranen lassen sich Antikörper gewinnen. Sie dienen zunächst einmal als spezifische Reagenzien zur Identifizierung bestimmter elektrophoretisch isolierbarer Membranproteine, welche beim Übergang von der solitären zur kontaktbereiten Phase auftreten (GERISCH).

Im Muster der verschiedenartigen molekularen Strukturen der Zelloberfläche treten demnach besondere Komponenten bei der Kontaktaufnahme auf. Bindet man an diese die Antikörper aus dem Kaninchenserum, nachdem man sie durch Papainspaltung univalent gemacht hat, so kann man die für den Zellkontakt bereitstehenden Membranstrukturen blockieren, und der Kontakt der Zelloberflächen kommt nicht zustande. Hierin liegt die Bestätigung dafür, daß der *Zellkontakt durch komplementäre, nach Antigen-Antikörperart miteinander reagierende Membrankomponenten* zustande kommt. Die antigenen Strukturen in der Zellmembran müssen während des Übergangs von der Vermehrungsphase zur Phase der Aggregationsreife in die Zellmembran zusätzlich eingebaut oder dort aktiviert bzw. exponiert werden (GERISCH). Diese Membrankomponenten sind artspezifisch. Man kann sie durch Hitze und durch Perjodat inaktivieren.

Wie nach weiteren Versuchen am Modell *Dictyostelium* zu vermuten ist, sind in der Plasmamembran außer den für den Zellkontakt verantwortlichen Orten, und nicht identisch mit diesen, *Receptoren für chemotaktisch wirkende Agentien* vorhanden, die sich ebenso immunochemisch nachweisen lassen. Ihre serologische Aktivität ist perjodat-, aber nicht pronase- oder temperaturempfindlich und kann so auf einen Kohlenhydratanteil der Antigene zurückgeführt werden (GERISCH und Mitarbeiter).

Bei der Fortsetzung der Versuche sollte es möglich sein, auf Grund der Kenntnisse über die Funktion der molekularen Membrankomponenten der Einzelzellen außer ihrer Kontaktnahme und Kontaktlösung auch die Verformungen zu verstehen, denen sie als isolierte Zellen, wie auch im Blastemverband unterliegen können. *Kontaktänderungen der Zellmembranen setzen,* wie vielfach erörtert wurde (S. 134, 170), *die aus Zellen aufgebauten Blasteme in den Stand, bestimmte Formen anzunehmen und bestimmte Gestaltungsbewegungen durchzuführen, die man mit allgemeinem Ausdruck als bedingt durch Affinitäten, chemotaktisches Verhalten, polarisierende und orientierende Einflüsse zusammenfaßt.*

Bewegungen von Einzelzellen oder locker verbundenen Zellgruppen, wie Keimzellen oder Neuralleistenzellen, mit fernsteuernden Prinzipien sollen Bd. III, Kap. 4b abgehandelt werden.

e) Bildungsprinzipien der Körpergrundgestalt

Die **Bedeutung der Eiorganisation** erschöpft sich nicht in den ersten Entwicklungsschritten. Strukturunterschiede, wie sie in den Extremen der weiten *Formenreihe von Eiern mit mehr oder weniger stark differenzierter Zytoplasmaarchitektur* hervortreten, wirken sich für die Bildung der Körpergrundgestalt sehr deutlich aus. Sie sind eng mit anderen Merkmalen verbunden, welche den Stil der Entwicklung entscheidend beeinflussen:

Embryonen aus s t a r k d i f f e r e n z i e r t e n Eiern sind, wie die der Würmer, mancher Gliederfüßler und Weichtiere, häufig großzellig und *differenziertzellig* (sog. Mosaikkeime). Einzelne Eibereiche werden mit ihren besonderen architektonischen Merkmalen in bestimmte Blastomeren überführt, und hier laufen Reaktionen innerhalb der Zellen in den Faktorenbereichen ab. Beim w e n i g d i f f e r e n z i e r t e n Eitypus mit kleinzelliger und *indifferentzelliger* Entwicklungsweise, wie bei Stachelhäutern, Insekten, Wirbeltieren, werden diese Reaktionen überzellig von den Blastemen vollzogen. – Sowohl in der *Furchung* wie in späteren Stadien der *Grundgestaltbildung* treten bei Differenziertzellern als Zeichen der verschiedenen Funktionen der Zellbereiche differentielle Teilungen auf. Damit ergibt sich die Formgestaltung des Keimes unmittelbar aus der von der Eiorganisation her bestimmten Anordnung der Zellen. Bei indifferentzelligen Keimen mit vorwiegend der Vermehrung dienender, undifferenzierter Zellteilung wird diese Formgestaltung erst in den fertigen Blastemen sichtbar. Sie ist dann meist mit bestimmten formbildenden Bewegungsvorgängen, wie Gastrulation, Primitivrinnenbildung, Segmentierung, verbunden. – *Organe* werden bei differenziertzelligen Keimen häufig unmittelbar aus bestimmten Zellgruppen geformt. Bei indifferentzelligen Keimen entstehen sie meist auf Grund der allgemeinen den ganzen Keim erfassenden blastematischen Gliederungsvorgänge.

Infolgedessen ist die *raum-zeitliche Differenzierungsordnung* des Gesamtkeimes z. B. bei Ringelwürmern durch Zellvorgänge, Sprossung des Keimstreifs von den Somatoblasten aus, bedingt, während sie bei Insekten durch Selbstgliederungs- und Bewegungsvorgänge an Blastemen hervorgerufen wird. Diese erfassen das gesamte bereits in Zellen aufgeteilte Blastoderm vom Differenzierungszentrum aus. Auch im Amphibienkeim tritt die Differenzierungsfolge erst an Vorgängen im vielzelligen Ektoblastem hervor. Die Differenzierungsordnungen wirken sich im Rahmen der durch das Ei gegebenen Richtungsorganisationen aus.

An vier Beispielen, der Entwicklung der Trochophora und des Adultus von Anneliden, des Pluteus der Stachelhäuter, des Keimes der Insekten und Amphibien, ließ sich gut erkennen, wie die *Eiorganisation jeder einzelnen Tiergruppe zu der jeweiligen Grundgestalt in unmittelbarer oder mittelbarer Beziehung steht.* Dabei kann man die hier gegebenen Entwicklungsbeispiele von Polychaeten, Echinodermen und Amphibien einerseits und von Oligochaeten und Insekten auf der anderen Seite einander entgegenstellen. Bei dotterarmen Echinodermen- und auch den Amphibieneiern führt die Entwicklung über eine totale Furchung, Blastula und Invaginationsgastrula zu einer Körpergrundgestalt, die sich aus der gesamten Gastrula herausbildet. Es ist eine *Entwicklung aus dem Ganzen, eine Hologenese.* Bei den dotterreichen Insekteneiern dagegen grenzt sich auf dem Wege über die superfizielle Furchung, die partiell lediglich die Eioberfläche ergreift, aus dem peripheren zelligen Blastoderm eine Keimanlage ab, die als Teilbildung des Eies die gesamte Körpergrundgestalt aus sich hervorgehen läßt. Diese *Entwicklung aus dem Eiteil bezeichnen wir als Merogenese.*

Naturgemäß stehen bei der Analyse der Bildung der Körpergrundgestalt in der Hologenese die *Gestaltungsbewegungen* im Vordergrund, durch die der Anlagenplan der einschichtigen, vielfach monaxonen Blastula sich in den mehrschichtigen und nach allen Körperrichtungen differenzierten Embryo wandelt. Faktorenbereiche bzw. embryologische Zentren innerhalb des Anlagenplanes werden durch Bewegungsprozesse, wie beim Organisator der Amphibien, einander nahe gebracht, so daß zwischen Urdarmdach und Ektoblastem Wechselwirkungen, *Interaktionen,* etwa in Form von Induktionen, eintreten. An die Hologenese können sich *gerichtete Wachstumsvorgänge,* wie die Sprossung der Körperregion bei den Würmern, anschließen. Dabei wird besonders deutlich, daß eine Gastrula der Würmer, der Echinodermen und eine solche der Amphibien wohl formalmorphologisch miteinander verglichen werden können, niemals aber hinsichtlich der entwicklungsphysiologischen Bedeutung der Faktorenbereiche. Diese sind jeweils nur durch Rückblick auf die Eiarchitektur und Vorausschau auf die Bildungsaufgabe für die Entstehung der jeweiligen Körpergrundgestalt zu kennzeichnen. Alle Gestaltungsbewegungen und Differenzierungsreaktionen zielen schon vom Beginn der Gastrulation an, ohne daß eine Pause eintritt, auf die Bildung der Körpergrundgestalt. In manchen Fällen lassen sich bereits Ordnungsmerkmale der Körpergrundgestalten (Urodelen, Anuren) an der Form der Gastrula ablesen.

In der M e r o g e n e s e entsteht die *Keimanlage* der Insekten, die nicht immer im Periplasma vorgebildet ist, *durch Interaktion vom Dotter-Entoplasma-System und dem Periplasma bzw. Blastoderm.* Ein im Dotter-Entoplasma-System befindlicher und für die Entwicklung unentbehrlicher primärer Faktorenbereich der Differenzierung vermag einerseits Gestaltungsbewegungen auszulösen, andererseits die Anlagen für die Körperteile zu aktivieren. Er enthält diese in konzentrierter und unaufteilbarer, aber nicht fest lokalisierter Anordnung als *Selbstgliederungssysteme, „Potenzbereiche“* (S. 60). Das in diesen Potenzbereichen vorbereitete Muster der Segmente und Organe manifestiert sich dann nach den Interaktionen mit dem Periplasma im Präblastoderm bzw. Blastoderm der Keimoberfläche als *Keimanlage.*

So stehen bei allen Differenzierungstypen, den indifferentzelligen wie den differenziertzelligen, im Zentrum der Bildung der Körpergrundgestalt, *abgesehen von den Gestaltungsbewe-*

gungen, die weiter unten behandelt werden, **Selbstgliederungsvorgänge,** sowie **Interaktionen zwischen Blastemen.** *Differenzierungstendenzen der einzelnen Blasteme entstehen in Potenzbereichen unmittelbar, oder werden durch Induktionen hervorgerufen.* Eine Einsicht in die *Funktion der Potenzbereiche, der selbstgliedernden und selbstregulierenden Faktorenbereiche,* wie sie insbesondere im Insektenkeim isoliert wurden, läßt sich noch nicht geben. Als *Induktionsvorgänge* bezeichnen wir auf formwechselphysiologischer Ebene solche Interaktionen, die primär nicht wechselseitige Wirkungen entfalten, sondern sich einbahnig von einem Keimsystem auf ein anderes richten. Bezüglich der allgemeinen Entwicklungstendenz ist ein Blastembereich des Reaktionssystems, bevor er durch das Induktionssystem seine besondere Differenzierungstendenz erhält, im Verhältnis zu dieser Tendenz differenzierungsindifferent. Seine Zellen sind vielfach vor dem Ablauf des Induktionsprozesses mit den Zellen der Nachbarschaft isopotent.

Konstituierende Induktoren ließen sich zwischen den Keimblättern der Weichtiere (S. 15 f.), der Würmer (S. 23 f.) und Insekten (S. 87 f.), zwischen Keim und Amnion der Insekten (S. 45), ebenso zwischen Dotter-Entoplasma-System und Präblastoderm der Insekten (S. 62), von den Mikromeren der Stachelhäuter aus (S. 99 ff.) und insbesondere vom Urdarmdach- zu überlagerndem Ektoblastem der Amphibien (S. 140 ff.) feststellen. – *Komplementären Induktionen,* wie denen innerhalb des Urdarmdachs der Amphibien (S. 150 ff.) sind Ergänzungsvorgänge am Mesoblastem von *Tubifex* (S. 26) gleichzusetzen oder die Anregung der animalen Keimhälfte zur Gastrulation durch vegetative Blastomeren bei *Paracentrotus* (S. 99). – Wie bei den Amphibien durch Kontaktwirkung konnte die Induzierungsbefähigung bei Stachelhäutern durch Lithiumeinfluß auf nicht dazu vorgesehenes Blastem übertragen werden (S. 105).

Die Prozesse, die von der Eiarchitektur aus die Bildung der Körpergrundgestalt einleiten, sind jeweils an eine **Kerngenetische Basis** gebunden. An sämtlichen Entwicklungsreaktionen der Blasteme beteiligen sich die Genome aller Zellen.

Die zytoplasmatischen Faktorenbereiche der Eiarchitektur üben aktivierende Einflüsse auf bestimmte Gene aus, was naturgemäß nur an Furchungsstadien deutlich gemacht werden kann (I, S. 84 ff., 126 ff.). *Umgekehrt vermögen diese Faktorenbereiche ohne den Informationsfluß aktivierter Gene nur begrenzte Funktionen zu entfalten* (I, S. 93). Sie selbst sind, wie aus der matroklinen Vererbungsweise vieler ihrer Merkmale (I, S. 57 ff.) hervorgeht, auch durch Zusammenwirken von Kern- und Plasmafaktoren der Oozyte entstanden. Die *Bedeutung der Genwirkung für die Entwicklungsleistungen der Zytoplasma-Architektur* liegt nicht nur für Furchungsstadien, sondern unmittelbar auch *für Vorgänge zur Bildung der Körpergrundgestalt* klar zutage. Kreuzungsgenetisch war dies für die Größenverhältnisse und den Aufbau des Keimstreifs bei Insekten (S. 68 und I, S. 105), für Pluteusarme, Bewimperung und Skelet der Seeigel, für Ektoblastem der Gastrula und Kopfmesenchym des Schwanzknospenstadiums der geschwänzten Amphibien nachgewiesen. Anwendung der Transcriptions- und Translationshemmer Actinomycin D und 8-Azaguanin machte dies zusätzlich für die bilaterale Lagerung der primären Mesenchymzellen, für die Induktion zur Gastrulation und für die Skeletbildung im Pluteus bei Seeigeln (Abb. 29), für die Reaktion auf den Induktionsreiz zur Bildung des Achsensystems bei Amphibien (S. 166 f.) deutlich. Weiterhin ließen die unmittelbaren biochemischen Analysen der Neusynthesen von t-RNS und m-RNS gleiches für die Stadien der Bildung von Präblastoderm, Blastoderm, Keimanlage und Körpergrundgestalt der Insekten erkennen (S. 79). Als wichtig muß der bei Amphibien erbrachte, aber wohl allgemein gültige Hinweis erscheinen, daß der Funktion stabiler mütterlicher RNS stets eine Neusynthese von RNS parallel geht.

Gegenüber Feststellungen zur genetischen Information aus der Kreuzungsgenetik streben Untersuchungen über den Zeitpunkt und das Ausmaß der Neusynthese von RNS an, bei der Genwirkung nicht nur das Einsatzstadium und das Endziel, welches zur Entwicklung bestimmter Merkmale führt, kennenzulernen, sondern die Vorgänge sichtbar zu machen, die von der Transcription an über die Translation die einzelnen Aufbauvorgänge für die Bildung der Körpergrundgestalt bedingen.

Das ist zur Zeit nur bis zu ersten Schritten der Proteinsynthese möglich (I, S. 28 ff.).

Da die Induktionsstoffe in ihren wirksamen Teilen Proteinnatur besitzen, so können die molekularbiologischen Untersuchungen gerade zu den Induktionsvorgängen gute Aufschlüsse vermitteln. Sie werden Bd. III ausführlich behandelt. Wie hier kurz erwähnt sei, entfaltet nach den derzeitigen Vorstellungen (S. 166 ff. u. Abb. 43) das vom Aktionsblastem erzeugte Induktionsagens eine Wirkung auf die Gene im Reaktionsblastem. Sie leisten daraufhin ihren Faktorenbeitrag zum induzierten Entwicklungsvorgang. Mittels dieses Reaktionsmechanismus sind im allgemeinen Induktoren befähigt, überzeitlich zu wirken (vgl. S. 141 ff.), während die Reaktionssysteme infolge ihres vielschichtigen Aufbaues meist an engere sensible Perioden gebunden sind. Auch wird verständlich, daß die induzierten Organe sich stets entsprechend der eigenen genetischen Konstitution ausbilden. Das „Wie" des induzierten Vorgangs darf man dem Induktor nicht zuschreiben.

Formgestaltung und Strukturbildung sind an die Möglichkeit für eine **transportierende und gliedernde Materialbewegung** gebunden. Sie kann eine innerzellige, die Plasmen oder ihre Bestandteile betreffende, sein. Sie kann durch Lageveränderung oder Produktion von einzelnen Zellen geschehen. Sie kann auch überzellig ganze Blasteme ergreifen. *Bewegungsbereitschaft* ist bereits bestimmten Orten der Zytoplasmaarchitektur des Eies eigen, meist *nach Art von Gefällen* an bestimmten Höhepunkten am stärksten hervortretend und von dort nach den Rändern des Bezirks schwächer werdend. Sie betrifft nicht nur die unmittelbar auszulösenden, sondern auch die erst später notwendigen Materialbewegungen, die einer zeitgerechten Auslösung harren. Wie die Untersuchungen der *Reaktionsfolgen* in den sich entwickelnden Keimen gezeigt haben, sind einerseits Bewegungsvorgänge durch bestimmte Reaktionen verursacht. Andererseits schaffen Bewegungsvorgänge wieder Ausgangspunkte für neue Reaktionen, auf Grund welcher dann wieder weiterführende Bewegungsvorgänge mit ihren Reaktionsmöglichkeiten entstehen können. So ergeben sich zur Aufklärung der Bildung der

Körpergrundgestalt zwei wesentliche Probleme: Nicht nur ist zu ergründen, auf welche Weise durch bestimmte Reaktionen fortlaufend höhere Synthesen des plasmatischen Materials geschehen, neue Strukturen und Formen entstehen, sondern vor allem ist auch zu untersuchen, wie Gestaltungsbewegungen eingeleitet werden. Das Studium *chemotaktischen Verhaltens* in seiner Beziehung zum Auftreten bestimmter Ionengruppierungen im Keiminnern gibt dazu Anhaltspunkte (vgl. S. 132 f.). *Affinitäten,* Tendenzen von ganzen Zellen und Blastemen, sich zu trennen oder sich miteinander zu verbinden, lassen sich auf Kontaktnahme, -verstärkung, -minderung, -lösung von Zelloberflächen auf Grund ihrer strukturellen und biochemischen Eigenschaften (vgl. S. 177 f.) zurückführen. Ähnliche Vorgänge, vielleicht kombiniert mit Induktionen, mögen den *polarisierenden Einflüssen,* die zur Ausformung und Aufgliederung von Zellen, Zellaggregaten und Blastemen führen, zugrunde liegen. Solche Einflüsse werden unterstützt durch die *Ausbildung polarisierter Strukturanordnungen* innerhalb oder außerhalb der Zellen selbst oder an ganzen Blastemen, wie sie durch eine hyaline Oberflächenhaut gegeben sein können (S. 131). Durch sie sind polarisiert koordinierte Massenbewegungen von Zellen und Blastemen möglich.

Beispiele für *reaktionsauslösende Bewegungsvorgänge* innerzelliger Art geben der *Tubifex-* (I, S. 34), Weichtier- oder Insektenkeim (S. 40), für solche von Einzelzellen der *Tubifex-* und Seeigelkeim (S. 24, 99), zusätzlich die Amöbe *Dictyostelium,* während die Aufeinanderfolge von Bewegungen an Blastemen und Reaktionen zwischen ihnen bei allen genannten Tiergruppen zu studieren waren (vgl. S. 40, 169). – Gegenseitige *Zell- und Blastemaffinität* mit entsprechenden *Kontaktreaktionen* fanden sich bei der Bewegung der Skeletbildner und dem Auswachsen des Urdarms der Echinodermen (S. 89 ff.), bei der Umwachsungsgastrula der marinen Borstenwürmer (S. 15), der Umfassung des Dotters durch den Keimstreif der Süßwasserwürmer und Insekten (S. 24, 30), der Blastodermbildung der Insekten (I, S. 35), der Gastrulation und Neurulation der Amphibien (S. 131). Ausgesprochen *chemotaktisches Verhalten* konnten wir bei der Bewegung der primären Mesenchymzellen in der Seeigelblastula (S. 91), sowie bei der Gastrulation des Amphibienkeimes demonstrieren (S. 133). Chemotaktisch sind auch offenbar die Einflüsse, welche embryonale Keimzellen und Neuralleistenabkömmlinge über weite Entfernungen an die Orte ihrer endgültigen Differenzierungen führen. *Polarisierende Einflüsse* ließen sich zwischen animaler und vegetativer Hälfte des Seeigeleies (S. 103 ff.), bei der Armbildung des Pluteus (S. 94), der Somatoblastenbildung und Somatoblastentätigkeit der Würmer (S. 22), der Gliederung des ektoblastemalen Keimstreifs der Würmer und Insekten (S. 24, 42), der Ausformung der Achsenorgane im Amphibienembryo (S. 170) nachweisen. Polarisierte Zellstrukturen sind von der Echinodermen- und der Amphibienblastula her bekannt (S. 92).

Sehr wesentlich für das Verständnis der Bildung der Körpergrundgestalt ist die durch Regulationsvorgänge aufzuweisende Tatsache, daß die Gestaltungsbewegungen nicht starr festgelegt sind. Bei abgeänderter Keimgestalt, falls nur Teile aller bewegungsbedingenden Bereiche erhalten bleiben, tritt die **ganzheitsbezogene Wirkung der Gestaltungsbewegungen** deutlich hervor. Solange sich die Bewegungsvorgänge frei entfalten können, führen sie einen Gleichgewichtszustand der Plasmen, Zellen, Blasteme innerhalb des Keimes herbei, daß die aus ihnen entstehenden Körpergebiete harmonisch zum Körperganzen angeordnet werden. Daher ist auch Regulation von Keimfragmenten zum Ganzen nur dann möglich, wenn sie in ihrem Innern soweit plastisch sind, daß dies harmonische Bewegungsgleichgewicht herstellbar ist. Äußere oder innere Faktoren, die in das Keimgefüge bewegungsändernd eingreifen, stören nur dann die Harmonie der Körpergrundgestalt nicht, wenn sie während der Zeit der Regulationsmöglichkeit einwirken.

Da die Gestaltungsbewegungen ständig die Beziehung zum Keimganzen aufrecht erhalten und entsprechend stets jederzeit bei Abänderung dieses Ganzen mit Verschiebungen ihrer eigenen Bahn reagieren können, so ist der **Aufbau der blastematischen Faktorenbereiche für die stoffliche oder strukturelle Differenzierung** beweglich gestaltet. Plasmen oder Blasteme sind weder in ihren Abgrenzungen gegeneinander, noch in der inneren

Gliederung starr festgelegt. Auch sie stellen in ihrem Faktorengefüge *Gefälle mit bestimmten Zentren* dar. Durch die Gestaltungsbewegungen werden die Bereiche gesondert, in ihren Größenmaßen zum Ganzen abgestimmt. Sie erhalten durch den Bewegungsvorgang ihre Grenzen, innerhalb deren sie sich durch Reaktion mit anderen Bereichen oder durch innere Vorgänge organisieren. *Regulative Abänderungsmöglichkeiten der Gestaltungsbewegungen und gefälleartige Anordnung der Entwicklungsfaktoren bedingen einander.* Wo, wie bei der diskreten Anordnung der Bildungsfaktoren in den Blastomeren des „Mosaikkeimes", ein überzelliges Faktorengefälle fehlt, vermißt man auch im Umordnungsexperiment jegliche Regulationsmöglichkeit. Sie kann sich dort nur innerzellig oder nach Wiederaufhebung des Prinzips der starren Gliederung auswirken.

Die entwicklungsphysiologische Analyse der Vorgänge bei der Entstehung der Körpergrundgestalt läßt bestimmte **Bildungsweisen von allgemeiner Bedeutung** erkennen: Gestaltungsvorgänge, welche sowohl *kausalgesetzlich*, wie auch *systemgesetzlich,* d.h. nach ihrer Einordnung in das Gesamtsystem, betrachtet wurden.

Den systemgesetzlichen Rahmen für die vielfältigen Kausalabläufe bilden die aus der Eiarchitektur ableitbaren Entwicklungskorrelationen. Nach Entstehung der Blastomeren und der Blastula-Zellwand bzw. des Blastoderms wird die weitere Entwicklung von Prozessen der Segregation in Form einer Selbstgliederung oder einer abhängigen Gliederung beherrscht. Auf sie folgen Bewegungsvorgänge, und weiterhin Interaktionen zwischen allen entstehenden Teilsystemen mit wiederum sich anschließenden neuen Gliederungen und Gestaltungsbewegungen. Die Anzahl der in jedem Entwicklungsvorgang auffindbaren einschlägigen Kausalreihen geht ins Unermeßliche. Aber dadurch, daß diese sich in die Interaktionssysteme als übergeordnete Gebilde einreihen, sind sie zu lokalisieren und in ihrer Bedeutung für den Entwicklungsprozeß zu kennzeichnen. Daß als Interaktionen die *Induktionen, die affinitätsbedingten wie chemotaktisch auslösbaren Bewegungsreaktionen, die polarisierenden formgebenden*

Einflüsse und polarisierten Zellstrukturen im Tierreich allgemein verbreitet sind, ist durch die Aufzählungen S. 182 und 185 hinreichend belegt. Die umfassenderen, jeweils für die embryonale Gesamtgestalt entscheidenden Bildungsvorgänge, die Wirkungen eines *Sprossenzentrums* auf die Formung des Anneliden-Keimstreifs, eines *Faktorenbereichs der Differenzierung* auf die Entstehung der Arthropoden-Keimanlage, eines *Organisationszentrums* auf die Bildung des Achsensystems der Amphibien, besitzen nicht so weitreichende Bedeutung im Tiersystem. Sie sind zwar analytisch in Interaktionssysteme allgemeinerer Gültigkeit auflösbar, bewahren aber doch als Wirkungsprinzipien so viele, allein den Differenzierungsordnungen der Würmer, Insekten, Amphibien eigene Besonderheiten, daß man sie *nicht nach dem kausalgesetzlichen Ablauf, sondern nur systemgesetzlich,* nach der jeweiligen Eingliederungsweise in das Keimsystem, *vergleichen* kann: Immer sind die reagierenden Faktorenbereiche bestimmten, dem Keimganzen verbundenen Bewegungssystemen eingeordnet. Es scheiden sich dabei wieder die differenziertzelligen und die indifferentzelligen Formen. Bei den Würmern ist das keimstreifbildende Zentrum innerhalb der Somatoblasten mit einem Wachstumssystem vereinigt. Es paßt durch die jeweilige Intensität des Sprossungswachstums den entstehenden Keimstreif dem Keimganzen an. Bei den Amphibien und Insekten sind die Entwicklungszentren in Blasteme eingefügt, welche sich als fähig erweisen, durch die Art ihrer Gestaltungsbewegungen die durch das Zentrum hervorgerufenen Formbildungen dem Keimganzen harmonisch einzugliedern. So besteht eine formale Vergleichsmöglichkeit der physiologischen Entwicklungsvorgänge für die Körpergrundgestalten, die den morphologischen Vergleich der Entwicklungstypen, der formbildenden Bewegungsvorgänge und der Differenzierungsordnungen vervollständigen kann und vielleicht schließlich zur Erkenntnis allgemeiner Bildungsprinzipien der Eisysteme führen wird.

Erklärung von Fachausdrücken

(Vgl. auch Verzeichnis Band I [S. 203] und Band III)

A c h s e n s y s t e m : Kennzeichnende Systemteile in der Längsachse des Wirbeltierembryo: Neuralrohr mit Sinnesorganen, Chorda, Myotom, Splanchnotom (Seitenplatten), Darm.

A d h ä s i o n s f e l d : Sekretschicht an der Basis der Zellen eines Blastems, so daß Möglichkeit zur Anheftung von anderen Zellen oder Blastemen gegeben ist (lat. *adhaerēre* = ankleben).

A f f i n i t ä t : Positive oder negative Tendenz von Plasmen, Zellen oder Blastemen zum Zusammenschluß (lat. *affīnitas* = Verwandtschaft).

Á g e n s (plur. Agéntien): Wirkstoff (lat. *ágere* = in Bewegung setzen).

A g g r e g a t i o n : Zusammenscharung, Anhäufung, Zusammenschluß von Zellen (lat. *aggregāri* = sich beigesellen, sich zur Herde scharen).

A k t i o n : siehe Reaktion.

A k t i o n s s y s t e m : Organismischer Faktorenbereich. Im allgemeinen steht dieser zu anderen Faktorenbereichen in Beziehung, die dem Aktionssystem gegenüber ein „Reaktionssystem" darstellen. Zum Beispiel können ein induzierendes System als Aktionssystem, das dazu kompetente Blastem als Reaktionssystem bezeichnet werden (lat. *áctio* = das Tun, Handeln; *rē* = zurück-, gegen-).

A l l ē l e : Durch Mutation entstandene Zustandsformen eines Gens, die phänotypische Unterschiede zur Ausgangsform hervorrufen. Da sämtliche Allēle dem gleichen Genlocus zugehören, liegen sie in einem diploiden Chromosomensatz einander in homologen Chromosomen als Gegengene gegenüber (gr. *allélōn* = wechselseitig; *morphē* = Gestalt).

A l l e l i e - T e s t : siehe Komplementationstest.

allotypische Differenzierung: Bedeutungsfremde, d. h. nicht normentsprechende Differenzierung (gr. *állos* = andersartig; *týpos* = Gepräge).

Ámnion: Innere Embryonalhülle. Zwischen dieser und dem Embryo sammelt sich in der „Amnionhöhle" Flüssigkeit zum Schutz und als Medium für den Embryo. Bei Insekten ist das Amnion einschichtig (Abb. 12 c_3). Es bildet sich durch artspezifische Auffaltung des extraembryonalen Blastems. Von der Falte, die sich über dem Embryo schließt, stellt jeweils das innere, dem Embryo zugewandte Blatt das Amnion, das äußere, dem Embryo abgewandte Blatt die „Serosa" dar. Die Serosa umgibt als äußere Embryonalhülle den Embryo mitsamt seinem Amnion (gr. *amneīon* = Schafhaut, weil bei Schafen zuerst beobachtet; *chōríon* = Hülle, Haut; lat. *sērum* = Molke).

Amplifikation: Vervielfachung von Genen durch Auftreten von Kopien, z. B. bei Genen für die Produktion von r-RNS in manchen Oozyten (Amphibien, Insekten) und bei Histongenen; siehe Redundanz (lat. *amplificāre* = vermehren, verstärken, erweitern).

animaler Pol: Eipol, an dem sich die Hauptmenge des Bildungsplasmas befindet und die Richtungskörperbildung erfolgt. Ursprüngliche Bedeutung: Bildungsstätte von Organen, die den tierischen Organismus kennzeichnen (Sinnesorgane, Nervenzentrum) (lat. *ánimal* = Tier).

Árchencéphalon: Anfangshirn = Prosencephalon des dreiteiligen embryonalen Wirbeltiergehirns, aus welchem das Endhirn (Telencephalon, Großhirn) und das Zwischenhirn (Diencephalon) hervorgehen (Abb. 42). Bei Amphibienembryonen ist das Archencephalon nicht von der Chorda dorsalis, sondern von der prächordalen Platte unterlagert (gr. *kephalē* = Kopf; *archē* = Anfang; *en* = darin; *prōtos* = vorderster; *télos* = Ende, Ziel; *diá* = zwischen ... hin).

Assimilatorische Induktion: Induktion im Sinne der Angleichung an den Differenzierungszustand des induzierenden Gebildes (lat. *assimilātio* = Angleichung).

asynchrone Furchungsteilungen: Zeitlich nicht koordinierter Beginn der Teilungsschritte; siehe synchrone F. (gr. *sýn* = zugleich; *chrónos* = Zeit; *a* = ohne).

Atrophie: Schwund von lebender Substanz (gr. *atrophein* = an der Auszehrung leiden).

Auto-Induktion: Aktivierung von Zellen zu Leistungen (z. B. Neuralplattenbildung in Ektoblastemzellen), die normalerweise nur durch Fremdinduktion ermöglicht werden (gr. *autós* = selbst; lat. *indūcere* = hineinbringen, veranlassen).

autotypische Differenzierung: Bedeutungseigene, d. h. normentsprechende Differenzierung (gr. *autós* = selbst; *týpos* = Gepräge).

BALBIANI-Ring: Größere Anschwellung der Riesenchromosomen als bei normalem puffing, ausgezeichnet durch besonders weitreichende Aufsplitterung und durch periphere Schleifenbildung der Chromosomen sowie durch um Größenordnungen stärkere RNS-Synthese. BALBIANI-Ringe kontrollieren als Genloci Funktionen, die den Stoffwechsel der differenzierten Zelle besonders auszeichnen. Zwischen den beiden Typen des puffing gibt es fließende Übergänge.

Bastard: Mischling, Nachkomme von Eltern verschiedener systematischer Einheiten. Im engsten Sinne bezogen auf einzelne mendelnde Erbfaktoren: Organismus mit unterschiedlichen Allelen in homologen Chromosomen (mittellat.).

Bastárd-Merogōn: Individuum aus einem Eibruchstück mit einem erbmäßig unterschiedenen, meist art- oder gattungsfremden väterlichen Kern (gr. *méros* = Teil, *gónē* = Geburt, Sproß).

-blast: Endigung zur Bezeichnung von Bildungszellen (gr. *blástos* = Keim, Sproß).

Blastēm: Bildungsgewebe aus embryonalen Zellen (gr. *blástēma* = Keim, Sproß).

Blastoderm: Zellschicht, die am Ende der Furchung den massigen Dotter des Insekteneies umgibt und der Oberflächenschicht einer Blastula entspricht (gr. *blástos* = Keim; *dérma* = Haut).

Blastokinēse: Planmäßige Bewegung des Insektenkeimes innerhalb des Dotters während der Ausbildung der Körpergrundgestalt (gr. *blástos* = Keim, Sproß; *kínesis* = Bewegung).

Blastozöl: Hohlraum der Blastula, primäre Leibeshöhle (gr. *blástos* = Keim; *koīlos* = hohl).

Blastula: Das Endergebnis im Furchungsprozeß, eine hohle Keimblase, deren Wand ein Blastem ist (gr. *blástos* = Keim).

Cardioblast: Herzbildende Zelle (gr. *cardía* = Herz, *blástos* = Keim).

Cauda: Schwanz (lat. *caūda* = Schwanz).

Chemotáxis: Freie Bewegung auf chemischen Reiz hin (gr. *táxis* = Anordnung, Bestimmung).

Chimäre: Organismus, dessen Teile verschiedenen systematischen Einheiten angehören (gr. *Chímaira* = feuerspeiendes Untier in Lykien).

Chorda dorsalis: Rückensaite, Stützorgan der Wirbeltiere (lat. *chórda* = Darmsaite; *dórsum* = Rücken).

Chōrion: Bei Insekten Eihülle, vom Follikel (lat. *follículus* = überziehende Haut) abgesondert (gr. *chōreín* = Raum haben, um [als Gefäß] etwas aufnehmen zu können).

Cis/trans-Test: siehe Komplementationstest.

Coat: Hyaline Oberflächenhaut. Strukturarme, bei Echinodermen im elektronenoptischen Bild zweischichtige, der Eioberfläche nach der Besamung aufliegende und sich während der Furchung erhaltende hyaline Membran (engl. *coat* = Überzug, Schicht).

Cortex, Cortikalplasma: Rinde, Ektoplasma des Eies bzw. einer Teilschicht des Ei-Ektoplasmas (lat. *córtex* = Rinde).

Dedifferenzierung: Entdifferenzierung, siehe Differenzierung (lat. *dē* = von . . weg; *differéntia* = Verschiedenheit).

Deplantation: Einpflanzung abseits der normalen Umgebung (lat. *dē* = von ... ab; *plantāre* = pflanzen).

Derepression: Entblockierung; siehe Repressor (lat. *dē* = von ... weg; *reprīmere* = zurückdrängen).

Desaggregierung: Zerstreuung von Zellgruppierungen (lat. *dē* = von ... ab; *aggregāre* = beischaren, beigesellen).

Determination: Bestimmung der Keimteile für ihre Entwicklungsaufgabe, so daß sie der Selbstdifferenzierung im Sinne dieser Aufgabe fähig sind (lat. *determināre* = begrenzen, bestimmen).

Deūterencéphalon: Zweithirn = Mesencephalon + Rhombencephalon des dreigeteilten embryonalen Wirbeltiergehirns, aus welchem das Mesencephalon (Mittelhirn), das Metencephalon (Hinterhirn) und das Myelencephalon (Nachhirn, verlängertes Mark) hervorgehen (Abb. 42). Bei Amphibien ist das Deuterencephalon embryonal von der Chorda dorsalis unterlagert (gr. *deūteros* = zweiter; *kephalē* = Kopf; *en* = darin; *mésos* = mittlerer; *rhómbos* = Kreisel, übertr. Raute, Rhombus = schiefwinkliges gleichseitiges Viereck; *metá* = dahinter, danach; *myelós* = Mark, Gehirn).

Díapause: Entwicklungsruhe, siehe Dormánz (gr. *dia* = zwischen; engl. *pause* = Unterbrechung).

Díencéphalon: Zwischenhirn im fünfgliedrigen embryonalen Wirbeltiergehirn, siehe Archencephalon.

differentielle Zellteilung: Teilung mit unterschiedlichen Tochterzellen (lat. *dífferens* = verschieden, unähnlich).

differenziertzellig: Keim aus Zellen verschiedenartiger Qualität bestehend (lat. *differéntia* = Unterschied, Verschiedenheit).

Differenzierung: Verschiedenwerden der Keimteile. Änderung der Bildungstendenzen in den Teilbereichen. Entstehung neuer Muster.

In allgemeiner Fassung: Veränderung des Mannigfaltigkeitsgrades im biologischen System hinsichtlich Substanz und Struktur, der Form und der Funktionsfähigkeit. Zum Ablauf der Differenzierung gehören: Stufenweise Segregation, Auftreten von Bewegungsprozessen, Veränderung der Kontaktnahmen und nachfolgende Aktion oder Interaktion von segregierten Teilsystemen (lat. *differéntia* = Unterschied, Verschiedenheit).

Disaggregierung: Zerstreuung von miteinander verbundenen, in Kontakt befindlichen Zellen (lat. *dis* = auseinander; *aggregāri* = sich anschließen).

dissoziieren (im biologischen Bereich): Vereinzeln, zerstreuen von Zellen (lat. *dissociātio* = Trennung; *dissociāre* = auseinander gesellen).

DNS-DNS-Reassoziierung: Nach Denaturierung und mechanischer Zerkleinerung von DNS (Kettenlänge etwa 400 Nucleotidpaare) reassoziieren diese DNS-Stücke zu Doppelsträngen mit unterschiedlicher Geschwindigkeit und um so schneller, je häufiger sie im Gemisch vorliegen. Die Kinetik dieser Reassoziation kennzeichnet das Genom des Organismus, von dem die DNS stammte, im Hinblick auf den Anteil redundanter und singulärer Basensequenzen; aus letzteren läßt sich die Komplexität der DNS (bezogen auf *E. coli*) ermitteln.

Dormanz: Übergeordneter Begriff für alle Abweichungen von der normalen Entwicklungsgeschwindigkeit. Eine streng an ein bestimmtes ontogenetisches Stadium gebundene Entwicklungsruhe bezeichnet man als *Diapause* bzw. *Eudiapause*. Letztere ist meist durch bestimmte Tageslängen in ontogenetisch festgelegter sensibler Periode induzierbar, aber nicht durch den gleichen Faktor aufhebbar (lat. *dormīre* = schlafen).

dorsal: An der Rückenseite (lat. *dórsum* = Rücken).

Dotter-Entoplasma-System (siehe Entoplasma): Der vom Innenplasma des Eies netzförmig durchzogene Dotter. Im Insektenei werden die Dotterschollen auf diese Weise in das Ooplasma einbezogen, so daß einheitliche Reaktionen, insbesondere bei Gestaltungsbewegungen zur Bildung der Keimanlage und bei der Umlagerung des Keimstreifs in der Blastokinese möglich sind.

duplicitas cruciata: Kreuzdoppelbildung (lat. *dūplex* = doppelt, *crux* = Marterholz, Kreuz).

Effektor: Kontrolliert z.B. die Synthese von Enzymproteinen. Als kleines spezifisches Molekül kann es den Repressor zu positiver oder negativer Wirkung auf ein Operon abändern (allosterischer Effekt) (lat. *efféctor* = Hersteller, Urheber).

Einsteckversuch: Testung der induzierenden Fähigkeiten von Blastemen oder von Substanzen. Man führt sie in das Blastozöl einer Amphibienblastula ein. Wirkstoffe werden dabei zweckmäßig von Agar umhüllt.

Ektoblastēm (Ektoderm): Haut, Hautderivate und Nervensystem bildende äußere Keimschicht (gr. *ektós* = außen; *blástema* = Keim, Sproß; *dérma* = Haut).

Ektoplasma: Äußere, meist sehr dichte Plasmaschicht, Außenplasma der Zelle, welches die Rinde (Cortex) des Eies als äußerste Schicht enthält oder ihr gleichkommt (gr. *ektós* = außen; *plāsma* = Gebilde).

Energide: Zellkern mit der ihn umgebenden und mit ihm in physiologischer Wechselwirkung stehenden Portion von Protoplasma, meist im Verband eines Plasmodiums. Energiden besitzen die Potenz, nach ihrer Isolierung typische, lebensfähige Zellen zu bilden. Wie eine Zelle muß die Energide als elementare Einheit des Organismus angesehen werden (gr. *enérgeia* = wirksame Kraft).

Entoblastēm (Entoderm): Innere, den Darm und seine Anhangsorgane bildende Keimschicht (gr. *entós* = innen; *blástema* = Keim, Sproß; *dérma* = Haut).

Entoplasma: Innenplasma des Eies oder der Zelle, das sich oft vom Außenplasma durch geringe Dichte und mehr Einschlüsse unterscheidet (gr. *entós* = innen; *plásma* = Gebilde).

Epibolie: Umwachsung einer Zellgruppe durch eine andere.

Epibolische Gastrula: Umwachsungsgastrula, die durch Umwachsung des vegetativen Blastems einer Blastula durch das animale entsteht (gr. *epibállesthai* = sich auf etwas werfen).

Epidermis: Oberhaut, aus dem Ektoblastem hervorgehend (*epi* = darauf; *dérma* = Haut).

Episphäre: Obere (animale) Hälfte einer Trochophoralarve (gr. *epi* = darauf; *sphaîra* = Kugel).

Exogastrula: Gastrula mit ausgestülptem Urdarm (gr. ektós = außerhalb; *gástra* = bauchiges Gefäß).

Explantation: Kultivierung isolierter Blasteme oder Gewebe in künstlichen oder natürlichen Medien außerhalb des Organismus (lat. *ex* = heraus; *plantāre* = pflanzen).

Faktor: Teilursache, die materiell oder aber allein nach ihrer Wirkung bestimmt sein kann (lat. *fácere* = machen, bewirken, hervorbringen).

Faktorenbereich: 1. Plasmatischer F. = Ei- oder Zellbezirk, dessen Protoplasma durch seinen Gehalt an besonderen Faktoren zu bestimmten Aktionen im Entwicklungsverlauf befähigt ist.

– 2. Blastematischer F. = eine Zellgruppe enthält besondere Faktoren und ist zu bestimmten Entwicklungsleistungen befähigt (lat. *facere* = machen, bewirken, hervorbringen).

Furchungsenergide: Bezirk eines Eies, insbesondere Insekteneies, der entwicklungsphysiologisch einer Blastomere entspricht, aber eine Zellmembran nicht ausbildet. – Ursprünglich nach SACHS allgemeine Bezeichnung für einen Zellkern mit einem ihn umgebenden und mit ihm in physiologischer Wechselwirkung stehenden Bereich von Protoplasma (gr. *enérgeia* = wirksame Kraft).

Fusom: Unmittelbare Zytoplasma-Verbindung durch Zellwandpforten benachbarter Zellen (lat. *fūsio* = Ausguß, Ausfluß).

Gástrula: Becherkeim mit doppelter Blastemwandung, deren äußere die Hautschicht, deren innere die Urdarmschicht bildet (gr. *gástra* = bauchiges Gefäß).

GOLGI-Apparat: Örtlich umgrenzter Stapel flach-länglicher Säckchen und peripherer Bläschen. Mehrere GOLGI-Apparate (Diktyosomen) ergeben ein umfangreiches „GOLGI-Feld" („GOLGI-Komplex"), von GOLGI 1898 als *„apparato reticulare interno"* in Nervenzellen beschrieben).

Grauer Halbmond: Dorsal-Äquatorialer Ektoplasmabereich des Amphibieneies, insbesondere des Anureneies, der sich gegenüber der dunkel pigmentierten animalen Eihälfte durch eine Aufhellung auszeichnet. Er liegt an der Stelle des präsumptiven Urdarmdachs und Organisationszentrums für das Achsensystem und ist ein plasmatischer Faktorenbereich mit Tendenzen zur Bildung des embryonalen Achsensystems.

Hemimetabola: Insekten mit unvollkommener Verwandlung. Allmähliche Umbildung der Larve in die Imago (gr. *hēmi* = halb; *metabállein* = verwandeln).

Hemisphäre: Halbkugel (gr. *hēmi* = halb; *sphaīra* = Kugel).

Heteraúxesis: Wachstum im Sinne einer ungleichen Zunahme der Formteile bzw. Substanzen des Organismus, differentielles Wachstum (gr. *héteros* = ungleich, entgegengesetzt; *aúxesis* = Wachstum, Zunahme).

heterochrone Furchungsteilungen: Ungleichzeitiger Beginn der aufeinanderfolgenden Teilungsschritte; siehe synchrone F. (gr. *héteros* = anderer, abweichend, ungleich; *chrónos* = Zeit).

heterogener Induktor (im Extremfall auch „abnormer" Induktor): Nicht ursprünglich systemzugehöriger Induktor (gr. *héteros* = anders beschaffen; *génos* = Ursprung).

heteroplastische Transplantation: Verpflanzung mit art- oder gattungsfremdem Keimmaterial (gr. *héteros* = anderer Art, ungleich; *plássein* = formen, verfertigen).

Holoblastier: Keime, bei denen sich von Anfang an alle Teile des Eies an den Formungsvorgängen beteiligen. Ihre Furchung ist total (gr. *hólos* = ganz; *blástos* = Keim).

Hologenese: Entwicklung aus dem ganzen Ei, über totale Furchung, Blastula und Invaginationsgastrula zu einer Körpergrundgestalt, der die gesamte Gastrula als Bildungsgrundlage dient (gr. *hólos* = ganz; *génesis* = Werden, Entstehen).

Holometabola: Insekten mit vollkommener Verwandlung. Übergang von Larve zu Imago unter tiefgreifenden inneren

Veränderungen in einem Puppenstadium (gr. *hólos* = ganz; *metabállein* = verwandeln).

homoplastische Transplantation: Verpflanzung mit artgleichem Keimmaterial (gr. *homós* = der gleiche; *plássein* = formen, verfertigen).

homotop: An entsprechenden bzw. vergleichbaren Orten liegend. Gegensatz: heterotop (gr. *homós* = gleich; *tópos* = Ort; *héteros* = abweichend).

Hormon: In Zellen, Geweben oder Drüsen aufgebauter überzellig reaktionsbereiter Wirkstoff. Zu den Wirkstoffen gehören außerdem Enzyme (intrazelluläre Katalysatoren) und Vitamine (von außen zugeführt, nicht notwendg körpereigen) (gr. *hormāsthai* = sich in Bewegung setzen; *hormān* = anregen).

hyaline Membran (hyaline Oberflächenhaut, coat): Strukturarme der Eioberfläche nach der Besamung aufliegende und sich während der Furchung erhaltende zweischichtige Membran (gr. *hyálinos* = durchsichtig; *hýalos* = Glas).

Hypophyse: Hirnanhangsdrüse, unter dem Zwischenhirn liegende glandotrope Hormondrüse der Wirbeltiere, die unter den zahlreichen Hormonen im Vorderlappen das thyreotrope Hormon für die Metamorphose der Amphibienlarven, sowie ein Wachstumshormon ausscheidet (gr. *hypó* = unten; *phýein* = erzeugen, wachsen lassen).

Hyposphäre: Untere (vegetative) Hälfte einer Trochophoralarve (gr. *hypó* = darunter; *sphaīra* = Kugel).

Imāgo: Das auf Larven- und Puppenstadien folgende geschlechtsreife Stadium der Insekten (lat. *imāgo* = Abbild).

Implantation: Einpflanzung von Blastemen, Geweben oder Organen in einen Organismus (lat. *in* = hinein; *plantāre* = pflanzen).

Indifferentzellig: Keim aus Einzelzellen ohne bedeutende Unterschiedsqualitäten (lat. *indifferens* = ein Mittelding).

Induktion: Anregung zu einem Entwicklungsvorgang in einem organismischen System von einem anderen System aus.

– Auf formwechselphysiologischer Ebene: Anregung von Keimteil zu Keimteil (Induktions- und Reaktionssystem). – Auf substanzwechselphysiologischer Ebene: Einleitung einer entwicklungsphysiologischen Reaktion durch Zuführung einer Substanz. Diese kann gegebenenfalls einen Repressor inaktivieren (lat. *indūcere* = hineinbringen, veranlassen).

Informosōm: Transportpartikel für Messenger-RNS. „Verpackung" der m-RNS in Protein (lat. *informāre* = schildern, ein Bild geben, übermitteln; *sōma* = Körper).

Inhibitor: Hemmsubstanz für bestimmte Substanzsynthesen (lat. *inhibēre* = hemmen).

Initialbereich: Anfangsbereich für Differenzierungsprozesse, z. B. das morphologische Differenzierungszentrum im Ei der Insekten (lat. *initium* = Anfang).

inkretorische Drüse: Drüse mit innerer Sekretion, Hormondrüse, endokrine Drüse (lat. *secérnere* = ausscheiden; *éndon* = innen; *krínein* = aussondern).

in lōco = am Ort, ortsgebunden (lat. *lōcus* = Ort).

Interaktion: Wechselwirkung von Teilen des Organismus untereinander (lat. *inter* = zwischen; *áctio* = das Tun, Handeln).

interspezifisch: Zwischenartlich (lat. *inter* = zwischen; *speciēs* = äußere Gestalt, Art).

interzellulär: Zwischen den Zellen (lat. *inter* = zwischen; *céllula* = Kämmerchen).

intraspezifisch: Innerartlich (lat. *intra* = innerhalb; *speciēs* = äußere Gestalt, Art).

intrazellulär: Im Zellinnern (lat. *intra* = innerhalb; *céllula* = Kämmerchen).

Invagination: Einstülpung eines Blastems in ein anderes, welches dann die äußere Hülle bildet (lat. *vagīna* = Hülle, Scheide).

Invaginationsgastrula: Ensteht durch Einstülpung des vegetativen Blastems einer Blastula in den becherförmigen Hohlraum des animalen.

isopotent: Gleichbefähigt (gr. *ísos* = gleich; lat. *pōtens* = vermögend, fähig).

isotōp: Am gleichen Ort liegend. Gegensatz: anisotop (gr. *ísos* = derselbe; *tópos* = Ort; *án-ísos* = ungleich).

Kausalgesetzlichkeit: Beschreibung eines Vorgangs nach dem Prinzip Ursache/Wirkung. Experimentell gesicherte Kennzeichnung aller erreichbaren Bedingungen für den Ablauf des Vorgangs führt zu einer Erklärung dieses Ablaufs (vgl. Bd. I, S. 7 f., 172, 187). Die in solchem Faktorensystem herrschenden Beziehungen mathematisch zu formulieren, ist anzustreben (lat. *causa* = Ursache).

Keimanlage: Bei Arthropoden einschichtiges embryonales Blastem auf der Eioberfläche. Die extraembryonal angrenzenden Zellen bedecken die keimanlagenfreie Eioberfläche mit einem dünnen Blastem, der Serosa.

Keimblattchimäre: Siehe Chimäre.

Keimscheibe: Ein- oder mehrschichtiges, mehr oder weniger kreisförmig begrenztes Blastem auf der Eioberfläche zur Ausbildung des Embryo.

Keimstreif: Bei Articulaten mehrschichtiges, meist lang gestrecktes Blastem auf der Eioberfläche oder im Dotterinnern des Eies; siehe Blastokinese.

Kompetenz: Reaktionsbereitschaft (lat. *compétere* = fähig sein).

komplementäre Induktion: Induktion im Sinne einer Ergänzung der unvollkommenen Form des induzierenden Gebildes durch das induzierte Material (lat. *compleméntum* = Ergänzung).

konstituierend: Bestimmend, sachbestimmend (lat. *constitúere* = einsetzen, in den Stand setzen).

konstituierende Induktion: Induktion im Sinne der Übermittlung von formbildenden Fähigkeiten an ein fremdes Gebilde, ohne daß der Induktor mit Bildungsmaterial am Aufbau der induzierten Form teilnimmt (lat. *constítuo* = formieren, einsetzen, in den Stand setzen).

konstitutives Prinzip: Siehe regulatives Prinzip.

Kontakt: Vorübergehende oder dauerhafte Berührung von Zellen oder Blastemen. Kontaktbereite Zellen entwickeln in ihren Zellwänden Muster bestimmter Proteine, die nach immunbiologischem Modell die gegenseitige Aneinanderheftung fördern und die jeweilige Stärke des Kontaktdruckes mitbedingen. Wechselnder Kontaktdruck der Zellen dient bestimmten Blastemverformungen (lat. *contáctus* = Berührung).

LD, Röntgenletaldosis: Wird beurteilt nach der Todesrate der bestrahlten Tiere. *LD 50* = Dosis, bei der 50 % der Tiere sterben. Bei *LD 100* überlebt keines der bestrahlten Tiere (lat. *letāre* = töten; *lētālis* = tödlich).

Makromeren, Mesomeren, Mikromeren: Bei differentieller Furchung entstehende große, mittelgroße und kleine Blastomeren (gr. *makrós* = groß; *mésos* = die Mitte haltend; *mikrós* = klein; *méros* = Teil).

Mandibulares Mesoblastem: Leitet sich bei Amphibien vom Kopfentoblastem der Gastrula ab und setzt das Mesoblastem der Ursegmente nach vorn fort (Abb. 32 b_5, unsegmentiertes Ento-Meso-Blastem in Höhe des primordialen Palatoquadrat- bzw. Mandibular-[Kiefer-]Bogens) (lat. *mándere* = kauen; med. *mandībula* = Unterkiefer; gr. *mésos* = inmitten; *blástēma* = Keim, Sproß).

Meroblastier: Keime, bei denen sich anfangs nur ein Teil des Eies an den Formungsvorgängen beteiligt (gr. *méros* = Teil, *blástos* = Keim).

Merogenese: Entwicklung aus einem Teil des Eies, über partielle Furchung, Keimanlage, Keimstreif bzw. -scheibe, die vom Dotter abgesetzt sind und als Teilbildungen des Eies die gesamte Körpergrundgestalt aus sich hervorgehen lassen (gr. *méros* = Teil; *génesis* = Werden, Entstehen).

Merogonie: Entwicklung eines Individuums aus einem Eibruchstück mit lediglich dem väterlichen oder nur dem mütterlichen Kernanteil (gr. *méros* = Teil; *gónē* = Geburt, Sproß).

meroistische Ovariole: Eiröhre der Insekten, in der neben den Eifächern besondere Nährkammern mit Nährzellen ausgebildet sind (Abb. 16), entweder innerhalb des endständigen Germariums (*telotrophe Ovariolen*) oder in Verbindung mit jeder einzelnen Eikammer (*polytrophe Ovariolen*) (gr. *méros* = Teil; lat. *ōvum* = Ei; *gérmen* = Keim; gr. *télos* = Ende; *trophē* = Ernährung; *polýs* = viel).

Mesenchȳm: Mittels pseudopodienartiger Fortsätze untereinander in Verbindung stehende Zellen der mittleren Keimschicht (gr. *mésos* = inmitten; *énchyma* = das Eingegossene).

Mesoblastēm (Mesoderm): Mittlere, aus der Randzone der Blastula zwischen Ekto- und Entoblastem entstehende Keimschicht (gr. *mésos* = inmitten; gr. *blástema* = Keim, Sproß; *dérma* = Haut).

Mésencéphalon: Mittelhirn im dreiteiligen, wie auch im fünfteiligen embryonalen Wirbeltiergehirn, siehe Deuterencephalon.

Métanéphros: Nachniere, bleibende Niere der höheren Wirbeltiere (gr. *méta* = nach; *nephrós* = Niere).

Métencéphalon: Hinterhirn im fünfgliedrigen embryonalen Wirbeltiergehirn, siehe Deuterencephalon.

Morphogenese: Formbildung (gr. *morphē* = Gestalt, Form, äußere Erscheinung; *génesis* = Werden, Entstehen).

Mosaikentwicklung: Selbstdifferenzierung der Teile einer differenziertzelligen Anlage bei geringer Regulationsmöglichkeit.

Múltipoténz: Entwicklungsvermögen in vielfacher Richtung (lat. *múltus* = viel; *poténtia* = Fähigkeit).

Mȳelencéphalon: Nachhirn im fünfgliedrigen embryonalen Wirbeltiergehirn, siehe Deuterencephalon.

Myzetōm: Organartiger, mit Mikro-Symbionten angefüllter zelliger bzw. plasmodialer Komplex, wie er bei Insekten u. a. am Hinterende der Eier zu finden ist (gr. *mýkēs* = Pilz; *tómos* = abgeschnittenes Stück).

N e o t e n i e: Hinstrecken des Jugendstadiums über den Höhepunkt der Entwicklung, auf dem auch Geschlechtsreife eintritt (gr. *néos* = jung, jugendlich; *teínein* = ausstrecken, hinstrecken).

N e p h r o t o m: Ursprungsgebiet der Nieren im Wirbeltierembryo, zwischen Ursegmenten und Seitenplatten- bzw. Zölomgebiet (gr. *nephrós* = Niere; *tomē* = Schnitt, Abschnitt).

n e u r a l e R e g i o n: Siehe vegetale Region.

N e u r a l l e i s t e: So nennt man das Zellmaterial der seitlichen Neuralwülste. Während der Aufwölbung der Neuralplatte zum Rohr senkt sich dieses Material ins Keiminnere, und wandert in verteilten Portionen ventralwärts, um folgende Teile zu bilden: Pigmentzellen der Haut, Mesenchym des dorsalen Flossensaumes, Dentinkeime der Zähne, Knorpelspangen einiger Kiemenbögen, Spinalganglien, Ganglien des Sympathicus, Zellen der SCHWANN'schen Scheide peripherer Nerven, Nebennierenmark (gr. *neūron* = Sehne, Faser, Nerv).

N e u r a l p l a t t e (Medullarplatte): Dorsale Einsenkung des Ektoblastems. Anlage von Gehirn und Rückenmark (gr. *neūron* = Sehne, Faser, Nerv; lat. *medúlla* = Mark).

N e u r o b l a s t: Nervenbildungszelle (gr. *blástos* = Keim, Sproß; *neūron* = Sehne; lat. *nérvus* = Sehne, Saite, Nerv).

N e u r u l a der Wirbeltiere: Leitet das Stadium der Körpergrundgestalt ein. Dorsal ausgezeichnet durch die Neuralplatte und die Chorda, zu deren Seiten sich Muskelsegmente abgrenzen. Ventral der Chorda schließt sich das Darmlumen, das im Kopf bereits vollendet ist (gr. *neūron* = Sehne; lat. *nérvus* = Sehne, Saite, Nerv).

N i d a m e n t ā l d r ü s e: Drüse der Tintenfischweibchen zur Erzeugung von Schalenmaterial (lat. *nidaméntum* = Nistmaterial).

N u c l ē o l u s: Kernkörperchen, granuliert und ohne Hüllmembran. Seine Bildung erfolgt von einigen Genloci eines Chromosoms an seiner sekundären Einschnürung. Hauptbildungsort von r-RNS (lat. *nucléolus* = kleiner Kern).

Omnipoténz (Tōtipoténz): Unbegrenztes Entwicklungsvermögen (lat. *ómnis* = alles; *poténtia* = Fähigkeit; *tōtus* = ganz, alles zugleich).

Oralfeld: Mundfeld (lat. *ōs, ōris* = Mund).

Organisationszentrum: Blastematischer Faktorenbereich zur Induzierung des Achsensystems der Amphibien.

Ovariole: Eiröhre im Eierstock (lat. *ōvum* = Ei).

Ovarium: Weibliche Keimdrüse (lat. *ōvum* = Ei).

panoistische Ovariole: Eiröhre der Insekten, deren Germarium lediglich Keimzellen enthält (gr. *pántōs* = ganz; lat. *ōvum* = Ei; *gérmen* = Keim).

paraplasmatisch: Differenzierungen oder Substanzen, welche vom Plasma aufgebaut werden, aber nicht mehr alle Eigenschaften des Plasmas besitzen (gr. *pará* = daneben; *plásma* = Gebilde).

Periplasma: Plasmarinde bei dotterreichen Eiern, insbesondere Insekteneiern (gr. *perí* = um).

Phän: Teilstück von der äußeren Erscheinung, vom Phänotypus eines Organismus (gr. *phainómenon* = Erscheinung).

Phänokopie: Nachahmung des Entwicklungsgangs einer Mutante durch modifikatorische Beeinflussung der Ausgangsform (gr. *phainómenon* = Erscheinung).

Phänokritische Phase: Gabelpunkt der Entwicklungslinien zweier Genotypen, von dem aus die zum normalen und die zum mutierten Merkmal führenden Reaktionsfolgen sich trennen (gr. *phainómenon* = Erscheinung; *krínein* = scheiden, trennen).

Phänotypus: Erscheinungsform eines Organismus, das jeweils „verwirklichte Schicksal" (gr. *phaínesthai* = erscheinen, zum Vorschein kommen; *týpos* = Gepräge, Gestalt).

Phagozyten: Amöboide Zellen zur Aufnahme und zum Abtransport unzuträglicher Teilchen bzw. Körperchen aus dem Organismus (gr. *phageīn* = fressen; *kýtos* = Gefäß, Zelle).

Plakode: Plattenförmige Epithelverdickung als Anlage für Ganglien- bzw. Sinneszellen (gr. *plakoūs* = Kuchen).

Plasmodiales Blastoderm (Präblastoderm): Blastoderm vor Bildung der Zellgrenzen. Vielkernige periphere Plasmaschicht des Insekteneies nach Beendigung der Furchung vor der Vollendung des Blastoderms (gr. *plásma* = Gebilde; *blástos* = Keim; *dérma* = Haut).

Pleiotropie: Vielseitige Genwirkung (gr. *pleīon* = zahlreicher; *trépein* = hinwenden).

Plūtĕus: Larvenform der Stachelhäuter (Seeigel und Schlangensterne) (lat. *plúteus* = Gerüst).

polarisierende Einflüsse: Richtende Einflüsse, die sich auf die Gestalt, Struktur und Substanzanordnung von Zellen, Blastemen und Organanlagen, sowie auf die örtlichen Beziehungen der Organanlagen zueinander auswirken (neulat. *polarisāre* = nach einem Pol ausrichten; *pólus* = Drehpunkt, Pol).

Polplasma: Durch Lage im Ei und Qualität ausgezeichnetes Ooplasma. Bei Spiraliern gelangen animales und vegetatives Polplasma in die Somatoblasten. Bei Arthropoden dient das hintere Polplasma unterschiedlichen Bildungsprozessen, z. B. der Aktivierung der Keimanlagenbildung (Bildungszentrum), der Bildung der Geschlechtszellen, der Induzierung der Mitteldarmanlage, der Einleitung der Segmentierung (Myzetom) (gr. *plasma* = Gebilde).

Polydaktylie: Vielfingerigkeit (gr. *polýs* = viel; *dáktylos* = Finger).

Polygenie: Vielgenige Bestimmung eines Merkmals. Vielgenige Beeinflussung eines Entwicklungsverlaufes (gr. *polýs* = viel).

Polynemie: syn. mit Polytänie (gr. *polýs* = viel; *nēma* = Faden).

Polyploidie: Anwesenheit von mehr Chromosomensätzen als der Norm entspricht (gr. *polýs* = viel; *plékein* = falten).

Polytänie: Vielsträngigkeit eines (Riesen-)Chromosoms, hervorgerufen durch Längsteilung und Zusammenbleiben der Zentralfäden (gr. *polýs* = viel; *tainía* = Band).

polyvoltin = Tierform mit mehreren Generationen im Jahr (gr. *polýs* = viel; lat. *vúltus, vóltus* = Blick, äußere Gestalt).

post-trocheale Region der Trochóphora-Larve: Hinter dem äquatorialen Wimperring befindlicher Teil des Körpers (lat. *post* = hinter; gr. *trochós* = Rad; *phérein* = tragen).

Poténz: Entwicklungsvermögen (lat. *poténtia* = Fähigkeit).

Poténzbereich: Anlagengebiet, das in seinem Aufbau und seiner Begrenzung regulationsfähig ist (selbstregulierendes Faktorensystem). Bei der Regulation mehrerer benachbarter Potenzbereiche bleibt ihre gegenseitige harmonische Abgestimmtheit erhalten (lat. *poténtia* = Fähigkeit).

Präblastoderm: Siehe Plasmodiales Blastoderm (lat. *prae* = voraus; *blástos* = Keim; *dérma* = Haut).

prächordale Platte: Vordere Verlängerung der Wirbeltier-Chorda durch eine Blastemschicht, die zur Bildung der Schädelbasis beiträgt (lat. *prae* = vor; *chórda* = Darmsaite).

Prädetermination: Bestimmung von Entwicklungsvorgängen in der Oozyte (vor der Befruchtung) durch mütterliche Gen-, Plasma- oder Außenfaktoren (lat. *prae* = voraus; *determināre* = begrenzen, bestimmen).

präsumptiv: Voraussichtliche Entwicklungsleistung eines Keimteils (lat. *praesúmere* = im voraus sich vorstellen).

Proktodäum: Enddarm (gr. *proktós* = After, Steiß; *daīomai* = abteilen).

Proliferation: Sprossung, Wucherung, starke Teilungstätigkeit (lat. *prōlēs* = Sproß, Nachkomme; *fére* = tragen, hervorbringen).

Pronase: (Eiweißabbauendes) Enzym aus *Aspergillus oryzae.*

Prósencephalon: Vorderhirn im dreiteiligen embryonalen Wirbeltiergehirn, siehe Archencephalon.

prospektive Bedeutung: „Wirkliches Schicksal" eines Keimteils im Einzelfall. In übertragener Anwendung: Normgemäße Entwicklungsaufgabe eines Keimbezirks (lat. *prospícere* = in die Ferne hinschauen, voraussehen).

prospektive Potenz: „Mögliches Schicksal", und auch: Gesamtes Entwicklungsvermögen (lat. *prospícere* = voraussehen; *poténtia* = Fähigkeit).

Prothōrax: Erstes der drei Brustsegmente der Insekten (gr. *pro* = vorn; *thōrax* = Brust).

Prothoraxdrüse: Scheidet das Häutungs- und Metamorphose-Hormon ab. Ihr Wirkstoff ist biochemisch als Ecdysōn isoliert, siehe Prothorax.

Puff: Ring entspiralisierter Chromonemen am Ort einer oder weniger aktivierter Querscheiben im Riesenchromosom der Dipteren (engl. *puff* = Puderquaste, Puffärmel; *to puff* = aufbauschen).

pseudo- = Vorsilbe zur Bezeichnung eines vorgetäuschten Sachverhaltes oder Gegenstandes (z. B. Pseudoallelie, Pseudofurchung, Pseudoblastoderm) (gr. *pseudēs* = täuschend, fälschlich).

Radialsystem: System von Netzplasma-Fäden im Dotterinneren des Insekteneies, die mit einem Ende an einem Energidenkörper ansitzen, mit dem anderen Ende an der Eioberfläche festhaften. Kontraktion der Radien und Neuanbau am Energidenkörper mit nachfolgender Kontraktion bedingen die Wanderung der Energiden im Ei, deren Bewegungsfolgen Prinzipien einer Spiralfurchung erkennen lassen (lat. *radius* = Stab, Speiche, Strahl).

Reaggregierung: Wiedergewinnung eines Zusammenschlusses von Zellen (lat. *re-* = zurück; *aggregāri* = sich anschließen).

Reaktion: Gegenwirkung auf Einwirkungen. Reaktions-blastem, -gewebe, -organ: Gebilde, an denen sich auf Grund einer Einwirkung, einer „Aktion", eine Form-, Struktur- oder Substanzänderung vollzieht (lat. *rē* = zurück-, gegen-; *áctio* = das Tun, Handeln).

Redundanz: Wiederholte Information. In der Genetik: 1. Wiederholung einer genetischen Information durch Kopien von Genen, siehe Amplifikation; 2. Anteil repetitiver (sich wiederholender) Basensequenzen (z. T. ohne ersichtliche genetische Funktion) im Genom von Eukaryonten (lat. *redundāre* = überströmen, im Überfluß vorhanden sein).

Regeneration: Ersatz von verbrauchten oder verlorengegangenen Teilen des Organismus durch Neubildung von stehengebliebenen Teilen her (neulat. *regenerāre* = wiedererzeugen).

Regulation: Fähigkeit des Organismus zur Erhaltung des normalen Funktionszustandes. – Auf formwechselphysiologischer Ebene: Nach Entwicklungsstörungen des Gesamtsystems Wiederherstellung normaler Funktion durch Umbildung des zur Verfügung stehenden Systembereiches. – Auf substanzwechselphysiologischer Ebene: Fähigkeit des Organismus zur harmonischen Abstimmung von Reaktionsabläufen durch Regelkreissysteme (lat. *régere* = zurechtweisen; *régula* = Maßstab).

regulatives Prinzip: Prinzip der reflektierenden Urteilskraft, welche etwa im biologischen Geschehen zweckgerichtete Vorgänge sehen würde. Nach KANTs kritischer Darlegung besitzt die reflektierende Urteilskraft eine bloß regulative, d. h. wegweisende und hinleitende, eine heuristische Funktion, indem sie auf Probleme hinweist, die der exakten beschreibenden und kausalen Lösung zugeführt werden müssen. Es bedarf „konstitutiver" (bestimmender) Prinzipien. Die Urteilskraft vermag solche zu benutzen, wenn sie einen Einzelfall unter einen kategorialen Grundbegriff bzw. ein bekanntes allgemeines Gesetz unterordnen kann, also etwa einen Entwicklungsvorgang systemgesetzlich beschreibt und kausal begründet. Nur bei Anwendung eines solchen „konstitutiven" Prinzips ist gesicherte Erfahrung möglich (lat. *régula* = Richtscheit, Richtschnur; *constitūtio* = Feststellung, Begründung, Bestimmung, Gesetz).

Relais-Mechanismus (Vorspann-Mechanismus): Auslösung einer Reaktionsfolge durch eine ganz andere, welche lediglich ein Anfangsglied der auszulösenden Reaktionsfolge aktiviert. Dies kann bei innerzelligen Vorgängen z. B. von außen her durch Einleitung einer Zytolyse geschehen (franz. relais = Wechselpferde, Umspannort).

Replikation: DNS-Vermehrung durch Neusynthese, bei der die beiden DNS-Stränge als Muster dienen (lat. *replicatio* = Zurückfaltung).

Repressor: Substanz, die durch Verbindung mit anderen Substanzen oder Genen (Operator-Gen) als Unterdrücker von Reaktionen auftreten kann (lat. *reprīmere* = zurückdrängen).

Rhómbencéphalon: Rautenhirn (verlängertes Mark) im dreiteiligen embryonalen Wirbeltiergehirn, siehe Deuterencephalon.

RNS/DNS-Hybridisierung: Methode zum Basen-Sequenz-Vergleich, zur Feststellung der Komplementarität, des Grades der Übereinstimmung von RNS und DNS. Durch Darbietung einsträngiger körpereigener DNS (S. 128) kann man erfahren, ob und in welcher Hinsicht RNS-Moleküle in ihrer Basensequenz derjenigen der körpereigenen DNS komplementär sind. So wird man z.B. in den Stand gesetzt, zu prüfen, wie sich die RNS-Moleküle aus unterschiedlichen Embryonalbereichen oder Entwicklungsstadien zueinander verhalten (Hybride = Bastard, von gr. *(h)ȳbris* = Übermut, Frevel, Schändung, lat. *híbrida* = von zweierlei Abkunft).

Sandwich-Experiment: Testung von Wirkstoffen durch Umhüllung mit totipotentem Blastem, z.B. mit Ektoblastem der Amphibien-Blastula (engl. *sandwich* = belegtes Butterbrot).

Segregierung: Sonderung von plasmatischen Faktorenbereichen innerhalb eines Eies oder einer Zelle bzw. Sonderung von zelligen Faktorenbereichen innerhalb von Blastemen und Organanlagen. Segregation ist ein erster Schritt der Differenzierung. Bei einem Blastem führt Segregation zur Gliederung (lat. *segregāre* = von der Herde absondern).

Seitenplatten: Entwickeln sich aus den seitlichen Randpartien des Urdarmdachs und bilden später je eine innere und eine äußere Wand, welche die jederseits des Wirbeltierdarmes gelegene, nicht segmentierte sekundäre Leibeshöhle, das Zölom, umschließen. – Vielfach werden nicht nur die aus den Seitenrändern des Urdarmdachs hervorgehenden Blasteme als je „eine rechte und eine linke Seitenplatte“ bezeichnet, sondern auch die in den späteren Stadien aus jeder dieser Seitenplatten hervorgehenden Zölomwände (Somatopleura = Hautfaserblatt und Splanchnopleura = Darmfaserblatt) als einzelne Seitenplatte benannt, so daß es dann je zwei, „zwei rechte und zwei linke Seitenplatten“ gibt (gr. *sōma* = Körper; *splángchnon* = Eingeweide; *pleurā* = Seite des Leibes).

Selbstgliederung: Siehe Segregierung, Potenzbereich.

Serosa: Äußere Embryonalhülle. Das extraembryonale Blastem, das bei Insekten die keimanlagenfreie Oberfläche des Eies bedeckt, bildet zur Umhüllung des Embryo die Amnionfalte. Die Serosa stellt zunächst das Außenblatt der Falte dar (Abb. 12 c_3). Nach Zusammenschluß der Faltenränder über dem Keimstreif bzw. Embryo umgibt die Serosa das gesamte Ei einschließlich Embryo + Amnion (lat. *sērum* = Molke).

Sklerotōm: Ursprungsgebiet der mesenchymalen Skeletbildner im Wirbeltierembryo am sog. Ursegmentstiel, zwischen Ursegmenten und Seitenplatten (gr. *sklērós* = hart; *tomē* = Schnitt, Abschnitt).

Somatoblast: Embryonale, eine Keimstreifschicht (Ekto- oder Mesoblastem) sprossende Bildungszelle (*sōma* = Körper; *blástos* = Sproß, Keim).

Somatopleura: Der Körperwand zugekehrtes äußeres Blatt der mesoblastemalen Seitenplatte beim Wirbeltierembryo. Splanchnopleura = Darmfaserblatt (innen) und Somatopleura = Hautfaserblatt (außen) umgrenzen das Zölom. Siehe Seitenplatten (gr. *sōma* = Körper; *pleurā* = Seite des Leibes).

Somit: Siehe Ursegment.

Spinalganglion: Segmental zu beiden Seiten der Wirbelsäule und des Rückenmarks liegende Ganglien mit den Zellkörpern der sensiblen, dorsal ins Rückenmark einstrahlenden Nerven (gr. *gánglion* = Knoten; lat. *spinālis* = zur Spina gehörig; *spīna* = Dorn, übertr. Wirbelsäule).

Spino-caudale Region: Rumpf-Schwanzregion der Wirbeltier-Embryonen (lat. *spīna* = Dorn, Rückgrat; *caūda* = Schwanz).

S p i r a l f u r c h u n g : Besondere Art totaler Furchung von Anneliden und Mollusken (Spiralier), bei der die animalen Blastomeren nicht genau über den vegetativen liegen, sondern auf Lücke gesetzt werden (Abb. 1). Stets ist eine exakte spezifisch geordnete Zellfolge (*cell lineage*) vorhanden.

S p l a n c h n o p l e u r a : Dem Darm zugekehrtes inneres Blatt der mesoblastemalen Seitenplatte beim Wirbeltierembryo. Siehe Somatopleura und Seitenplatte (*splángchnon* = Eingeweide; *pleurā* = Seite des Leibes).

S t e r e o z i l i e (Sterrozilie): Starre, meist lange Wimper. Gruppenform z. B. Sterrozilienbüschel (gr. *stereós* = starr, hart; *sterrós* = *stereós;* lat. *cílium* = Lid, Wimper).

S t o m o d ä u m : Durch ektoblastemale Einstülpung entstehender Vorderdarm (gr. *stóma* = Mund; *daīomai* = abteilen).

s u b ä q u a t o r i a l : Unterhalb vom Äquator liegend (lat. *sub* = unter; *aequāre* = gleichmachen).

s u b l ē t á l : Fast tödlich (lat. *sub* = unter, fast; *lētālis* = tödlich).

s u p e r f i z i e l l e F u r c h u n g : Furchungsweise, bei der die im Eiinnern sich teilenden Furchungskerne nur von einem geringen Plasmahof umgeben sind. Dem Ablauf dieser Furchung liegen Prinzipien einer Spiralfurchung zugrunde. Zellen grenzen sich erst an der Eioberfläche ab, nachdem die Kerne dorthin gewandert sind; siehe Blastoderm (lat. *superfíciēs* = Eioberfläche).

S y m p ā t h i c u s : Autonomes Eingeweidenervensystem (gr. *sympatheīn* = mitempfinden).

s y n c h r o n e F u r c h u n g s t e i l u n g e n : Gleichzeitiger Beginn der aufeinanderfolgenden Furchungsschritte. Bei „adsynchroner“ Teilungsfolge wird nahezu Gleichzeitigkeit erreicht; siehe heterochrone F. (gr. *sýn* = zugleich; *chrónos* = Zeit; lat. *ad* = nach ... hin).

S y n z y t i u m : Durch Verschmelzung ursprünglich freier Zellen entstandener Zellverband (gr. *syn* = zusammen; *kýtos* = Zelle).

System: Gefüge, bei biologischen Objekten gekennzeichnet durch die Mannigfaltigkeit der Teile und ihren sinnvollen Funktionszusammenhang (gr. *sýstēma* = Zusammenordnung, das Ganze).

Systemgesetzlichkeit: Gesetzmäßige Bedingungen für den Ablauf eines Vorgangs, die durch seine Einfügung in ein umfassendes System von vielen gleichzeitig ablaufenden Vorgängen entstehen, siehe Bd. I, S. 188 ff. (gr. *sýstēma* = Gesamtheit, das Ganze).

Télencéphalon: Endhirn im fünfgliedrigen embryonalen Wirbeltiergehirn, siehe Archencephalon.

Teloblast: Eine der am Ende des Ringelwurm-Keimstreifs befindlichen Sprossungszellen (gr. *télos* = Ende; *blástos* = Keim, Sproß).

template-aktive RNS: RNS-Fraktionen, die im in vitro-Testsystem Synthese von Proteinen steuern. Dazu gehören z.B. die an Polysomen gebundene m-RNS und andere RNS-Species in Ribonucleoproteinpartikeln (RNP, z. B. Informosomen) (engl. *template* = Muster).

template-DNS: Muster-DNS, bezeichnet die Stränge der DNS-Doppelhelix oder Abschnitte eines Stranges, deren Basensequenzen bei der Replikation (DNS-Synthese) oder Transcription (RNS-Synthese) kopiert werden. Dabei entstehen Tochterstränge (DNS-Replikation) oder RNS-Moleküle (DNS-transcription). In beiden Fällen ist das DNS-Molekül das Muster (engl. *template* = Muster).

Totipotenz: Ganzes uneingeschränktes Entwicklungsvermögen (lat. *tōtus* = ganz, alles zugleich; *poténtia* = Fähigkeit).

Transplantation: Überpflanzung eines Keimteils auf einen anderen Keim (lat. *trans* = über; *plantāre* = pflanzen).

Trochóphora: Larve der marinen Ringelwürmer und Weichtiere mit einem oder mehreren Wimperringen (*Trochus*) (gr. *trochós* = Rad; *phérein* = tragen).

– trop: Endigung der Bezeichnung einer gerichteten Wirkung auf etwas (gr. *trópos* = Richtung).

Trophozyte = Nährzelle für Oozyte (gr. *trophē* = Ernährung; *kýtos* = Gefäß).

univoltin = Tierform mit nur einer Generation im Jahr (lat. *unus* = einer, ein einziger; *vultus, voltus* = Blick, äußere Gestalt).

Urdarm: Darmartige Einstülpung der Gastrula. Bei Amphibien stellt der Urdarmboden die embryonale Anlage des Darmes, das Urdarmdach diejenige von Chorda, Ursegmenten, Seitenplatten dar.

Ursegmente (Somite): Die im Wirbeltierembryo an seiner Dorsalseite ausgeprägte Segmentierung macht sich zuerst in den Mesoblastempartien neben der Chorda bemerkbar. Alle anderen Segmentierungen sind Folgeerscheinungen dieser primären Ursegmentbildung. Aus den Ursegmenten gehen u. a. Skelet, Muskulatur und Unterhautbindegewebe hervor (lat. *segméntum* = Einschnitt; gr. *sōma* = Körper; *mȳs, myós* = Maus, Muskel; *tomē* = Schnitt, Abschnitt).

vegetale Region: Bei Wirbeltieren stellt sie gegenüber der „neuralen" Region, die durch Bildungen der Neuralplatte dargestellt wird, diejenige Region dar, die sich vom Urdarm herleitet, also mesoblastemale + entoblastemale Anteile enthält (lat. *vegetāre* = leben; gr. *neūron* = Sehne, übertragen Nerv).

Verpuppung: Bei holometabolen Insekten Häutung des letzten Larvenstadiums bzw. der Vorpuppen-Larve zum stark chitinisierenden Puppenstadium (lat. *púppa* = Kind, Puppe).

Vor-Keimanlage: Getrennt bilateral angelegte Seitenpartien eines einschichtigen Keimanlagenblastems auf der Eioberfläche der Insekten, aus dem durch Zusammenlagerung dieser Seitenpartien die einheitliche ventrale „vollendete" Keimanlage entsteht und später der mehrschichtige „Keimstreif".

Vorpuppe: Erwachsene Larve der holometabolen Insekten, welche nicht mehr frißt und sich einspinnt oder einhüllt. Bei Schmetterlingen zeigt sich durch Abwandern der Raupen-Ocellen von den Cutikularlinsen die Vorbereitung zur letzten

Larvenhäutung und damit der Beginn der inneren Metamorphose, also des Puppenstadiums, an. Bei Fliegen bleibt nach der Häutung des dritten, vorletzten, Larvenstadiums zur Vorpuppe die Larvenhaut erhalten und bildet sich zum umhüllenden (Vor)puppentönnchen um. Durch neue Häutung wandelt sich die Vorpuppe innerhalb des Tönnchens in die Puppe um.

xenoplastische Transplantation: Verpflanzung mit ordnungsfremdem Keimmaterial (gr. *xenos* = fremd, fremdartig; *plássein* = formen, verfertigen).

Zilie: Bewegliche Wimper, im Verein als Wimperfeld, Wimperschnur, Flimmerband, Wimperschopf (mit meist längeren Zilien) bezeichnet. Vgl. Stereozilie (lat. *cílium* = Lid, Wimper).

Zölom: Körperhohlraum, von Mesoblastem gebildet und umgrenzt, sekundäre Leibeshöhle (gr. *koílēma* = Höhlung).

Zölomblock = Große Zelle im Mesoblastem des Keimstreifs der Ringelwürmer. Innerhalb der von den Somatoblasten gesproßten Zellreihe bildet jede einzelne eine ganze rechte oder linke Segmenthälfte mit dem zugehörigen Zölom aus (gr. *koílēma* = Höhlung).

Zytolyse: Auflösungserscheinungen der Zellen (gr. *kýtos* = Gefäß, Zelle; *lýein* = lösen).

Namenregister

Sachregister

FSC
www.fsc.org
MIX
Papier | Fördert
gute Waldnutzung
FSC® C083411

Zeitfracht Medien GmbH
Ferdinand-Jühlke-Straße 7
99095 Erfurt, Deutschland
produktsicherheit@kolibri360.de